● 高等学校水利类专业教学指导委员会
● 中国水利教育协会
● 中国水利水电出版社

共同组织编审

普通高等教育“十二五”规划教材
全国水利行业规划教材

水资源优化配置与调度

主　编　邱　林　王文川
副主编　吕素冰　魏明华　徐冬梅

内 容 提 要

本教材较全面地反映了当今水资源优化配置与调度的新进展，全书除绪论外共分6章，主要包括：水资源优化配置与调度的理论与技术、水资源优化配置与调度的量化分析、水资源优化配置模型、水资源优化配置的智能算法、基于模糊模式识别理论的水资源优化配置模型、基于可变模糊集合理论的水资源优化调度模型。

本教材适用于高等学校水文与水资源工程专业，也适用于水利水电工程、工程管理、农业水利工程、城市水务工程等专业，并可供相关专业的工程技术人员参考。

图书在版编目（CIP）数据

水资源优化配置与调度 / 邱林，王文川主编. -- 北京 : 中国水利水电出版社，2015.6

普通高等教育“十二五”规划教材 全国水利行业规划教材

ISBN 978-7-5170-3289-2

Ⅰ. ①水… Ⅱ. ①邱… ②王… Ⅲ. ①水资源管理－高等学校－教材 Ⅳ. ①TV213.4

中国版本图书馆CIP数据核字(2015)第138736号

书　名	普通高等教育“十二五”规划教材 全国水利行业规划教材 **水资源优化配置与调度**
作　者	邱林 王文川 主编
出版发行	中国水利水电出版社 （北京市海淀区玉渊潭南路1号D座 100038） 网址：www.waterpub.com.cn E-mail：sales@waterpub.com.cn 电话：（010）68367658（发行部）
经　售	北京科水图书销售中心（零售） 电话：（010）88383994、63202643、68545874 全国各地新华书店和相关出版物销售网点
排　版	中国水利水电出版社微机排版中心
印　刷	北京瑞斯通印务发展有限公司
规　格	184mm×260mm 16开本 11.25印张 267千字
版　次	2015年6月第1版 2015年6月第1次印刷
印　数	0001—3000册
定　价	**25.00**元

前言

水资源是人类生存和经济社会发展的物质基础，是不可替代的重要自然资源。随着社会经济的快速发展，水资源紧缺已经成为21世纪我国社会经济发展的重要制约因素，通过水资源的优化配置，提高水资源的利用效益，实现水资源可持续利用是我国水利工作的首要任务。

我国水资源南北差异显著，地区不均衡现象普遍存在。在过去的几十年，我国的经济发展迅速，用水总体增长迅速，这使水务管理问题突出、用水竞争加剧，极大地限制了我国国民经济健康稳定的发展，同时不利于社会的和谐稳定。水资源配置是实现水资源在不同区域和用水户之间的有效公平分配，从而达到水资源可持续利用的重要手段。通过水资源配置可以实现对流域水循环及其影响的自然与社会诸因素进行整体调控。水资源配置也从最初的水量分配到目前协调考虑流域和区域经济、环境和生态各方面需求进行有效的水量调控，水资源优化配置研究日益受到重视。

华北水利水电大学水文水资源教研室相关任课教师结合多年的课堂教学经验和工作实践，组织编写了《水资源优化配置与调度》这本教材。水资源优化配置与调度是水文与水资源工程专业的一门重要的基础课，主要内容包括：绪论、水资源优化配置与调度的理论与技术、水资源优化配置与调度的量化分析、水资源优化配置模型、水资源优化配置的智能算法、基于模糊模式识别理论的水资源优化配置模型、基于可变模糊集合理论的水资源优化调度模型等。本教材适合作为高等院校水利水电工程、农业水利工程、工程管理、水文学及水资源等专业的教学参考书，也可供水利水电工程技术人员参阅。

本教材由邱林、王文川担任主编，吕素冰、魏明华、徐冬梅担任副主编。其中，第1章由邱林教授编写、第2～4章由吕素冰、魏明华博士编写、第5～7章由王文川、徐冬梅副教授编写。全书由邱林、王文川统稿。

本教材在编写的过程中参阅并引用了大量的教材、专著，在此对这些文献的作者们表示诚挚的感谢。

由于编者水平有限，书中难免出现不妥之处，恳请读者批评指正。

编者

2014 年 11 月

目录

前言

第1章 绪 论

水是人类赖以生存和社会发展不可缺少的物质基础，而水资源开发利用关系全球发展。随着人类社会经济的快速发展和世界人口不断地增长，人类正在以空前的速度和规模开发利用极其有限的水资源，水资源问题已从一些缺水国家和地区发展为全球性问题。2001年5月美国《时代》周刊刊登题为“世界出现干旱危机”的文章，认为淡水短缺已经成为21世纪人类继全球变暖之后所面临的第二大问题。随着社会的不断发展，一方面水资源的开发利用水平逐步提高，水资源的需求量不断增加，供需矛盾日益突出；另一方面，由于人类对水资源的合理开发利用和保护重视不够，出现了水资源利用效率低、浪费严重、水资源过度开发利用、生态环境遭到严重破坏等现象，造成了全球变暖、土地荒漠化乃至沙化、干旱和洪涝灾害频繁发生等负面影响。20世纪90年代以来黄河频繁断流、北方地区沙尘暴、江河湖海水污染以及1998年长江和嫩江特大洪水等受到全世界的关注，人们越来越清楚地认识到在社会经济水平和科技水平高度发展的今天，在众多自然资源中，水资源将是制约社会发展和人类进步的主要因素之一，水资源正日益影响全球的环境与发展，甚至可能导致国家间的冲突。人类必须充分、合理地利用有限的水资源以满足社会发展和经济增长对水资源的需要，实现水资源的开发利用与社会经济、生态环境的协调发展，最终促进水资源的可持续利用，保证社会经济可持续发展。因此，探讨21世纪水资源的相关科学问题，是全球共同关注的重要议题之一。

水资源作为一种基础性自然资源，是生态环境的控制性因素之一。同时，水资源又是战略性经济资源，是一个国家综合国力的有机组成部分。因此，水资源开发利用研究必然涉及到社会科学和自然科学等众多交叉科学，必须突破传统的理论框架、引进先进的研究方法和技术手段、建立合理的水资源优化配置理论和综合评价模型，以便为水资源的可持续利用提供理论基础和决策依据[1]。

1.1 水资源概况及供需分析

1.1.1 世界水资源概况

水是由氢氧两种元素组成的化合物，它是如何形成的，目前学术界存在着较大的争议，尚未定论。水是地球极其丰富的自然资源，也是生物生存不可替代的环境资源，它成为现代社会可持续发展的关键因素之一，这种观点逐渐被理论界和决策层所接受。水以固态、液态和气态三种基本形态存在于自然界之中，分布极其广泛。

所谓的水圈是由地球地壳表层、表面和围绕地球的大气层中固态、液态和气态的水组成的圈层，它是地球“四圈”（岩石圈、水圈、大气圈和生物圈）中最活跃的圈层。在水圈内，大都分水以液态形式存在，如海洋、地下水、地表水（湖泊、河流）和一切动植物体内存在的生物水等，少部分以水汽形式存在于大气中形成大气水，还有一部分以冰雪等固态形式存在于地球的南北极和陆地的高山上。地球上的水量是极其丰富的，其总储水量约为13.86亿km^3，但我们必须注意到，水圈内水量的分布是十分不均匀的，大部分水储存在低洼的海洋中，占96.54%，而且其中的97.47%（分布于海洋、地下水和湖泊水中）为咸水，淡水仅占总水量的2.53%，且主要分布在冰川与永久积雪（占68.70%）和地下水（占30.36%）中。如果考虑现有的经济、技术能力，扣除无法取用的冰川和高山顶上的冰雪储量，理论上可以开发利用的淡水不到地球总水量的1%。实际上，人类可以利用的淡水量远低于此理论值，主要是因为在总降水量中，有些是落在无人居住的地区如南极洲，或者降水集中于很短的时间内，由于缺乏有效的水利工程措施，很快地流入海洋之中。由此可见，尽管地球上的水是取之不尽的，但适合饮用的淡水水源则是十分有限的。

水圈中的水并不是静止不变的，而是处于不断的运动之中，存在着明显的水文循环现象，水文循环可以分为大循环和小循环两种基本形式。水文大循环就是水在陆地、海洋、大气中的相互转化，如海洋中的水，经过蒸发转化为大气水，大气水在一定条件下凝结，以降水的形式回到陆地表面，最后通过不同的形式回到海洋之中，完成一个循环过程。小循环就是上述三种介质中任意两种之间的水相互移动，如陆地中的水，通过植物蒸腾的形式进入大气，然后又回到陆地的过程。值得说明的是，不同的淡水和海洋正常更新循环的时间是不相等的，有的更新时间较长，有的更新时间极短，表1-1是各类淡水水体的更新周期。

表1-1 淡水更新周期

水体	更新周期	水体	更新周期
永久积雪	9700年	沼泽水	5年
海水	2500年	土壤水	1年
地下水	1400年	河流	16天
湖泊水	17年	大气水	8天

资料来源 UNEP1993，Freshwater Pollution，世界环境。

从表1-1可以看出，各种淡水更新周期存在着较大的差异，大气中的水只需8天时间就更新一次，是可更新资源；永久积雪更新一次需要9700年；地下水更新一次需要1400年，时间较长，它告诉我们对于这种近似于不可更新的水资源而言，在开发利用时，必须慎而又慎。

不管地球上的水如何运动和更新，但是地球上的水从总体上来看是平衡的，它遵循着质量守恒定律。表1-2是全球年水量平衡表。

表1-2表明，地球上的水在海洋与陆地之间不断地进行循环，径流与蒸发的代数和等于降水量，从全球角度来看，降水量等于蒸发量。如果细加分析，它暗含了这样一个真理：地球上的水数量基本上是恒定的，它具有一定的承载力，我们没有能力改变这种客观存在，我们所能做到的是，在开发利用水资源时，不要超过其限度。

表 1-2 全球年水量平衡表

分区	面积/$10^6 km^2$	水量/$10^3 km^3$			水深/mm		
		降水	径流	蒸发	降水	径流	蒸发
海洋	361	458	−47	505	1270	−130	1400
陆地	149	119	47	72	800	315	485
全球	510	577	—	577	1130	—	1130

资料来源 UN. Water Development and Management. Proceeding of the UN Water Conference 1977. Part4. Oxford: Programon Press, 1978。

1.1.2 世界水资源供需分析

世界水资源供需状况并不乐观。1996 年 5 月，在纽约召开的"第三届自然资源委员会"上，联合国开发支持和管理服务部（United Nations Department of Development Support and Management）对 153 个国家（占世界人口的 98.93%）的水资源，采用人均占有水资源量、人均国民经济总产值、人均取（用）水量等指标进行综合分析，将世界各国分为四类，即水资源丰富国（包括吉布提等 100 多个国家）、水资源脆弱国（包括美国等 17 个国家）、水资源紧缺国（包括摩洛哥等 17 个国家）、水资源贫乏国（包括阿尔及利亚等 19 个国家）。按此种评价法，目前世界上有 53 个国家和地区（占全球陆地面积的 60%）缺水，其中包括：西班牙、意大利南部、达尔马提尼亚沿岸、希腊、土耳其、阿拉伯国家（叙利亚除外）、伊朗大部分地区、巴基斯坦、印度西部、日本、朝鲜、澳大利亚、新西兰的西部地区和南部地带、西北非和西南非沿岸、巴拿马、墨西哥北部、智利中部和美国西南部以及中国。目前的趋势已经表明，21 世纪初，水危机已成为几乎所有干旱和半干旱国家普遍存在的问题。联合国发表的《世界水资源综合评估报告》预测结果表明，到 2025 年，全世界人口将增加至 83 亿，生活在水源紧张和经常缺水国家的人数，将从 1990 年的 3 亿增加到 2025 年的 30 亿，后者为前者的 10 倍，第三世界国家的城市面积也将大幅度增加。除非更有效地利用淡水资源、控制对江河湖泊的污染、更有效地利用净化后的水，否则，全世界将有 1/3 的人口遭受中高度到高度缺水的压力。

总之，水危机已是全人类面临的重大环境问题，水资源危机发展将更加迅速，前景令人担忧！如何合理地开发利用保护水资源，已是摆在全人类面前刻不容缓的课题[2]。

1.2 我国水资源及存在的问题

1.2.1 我国水资源的特点

我国地域辽阔，气候、地理等自然条件复杂多变，降水受季风气候控制，水资源时空分布不均，各地水资源条件差别很大，从总体分析，我国的水资源主要有以下特点。

1.2.1.1 河流湖泊众多

1. 河流

我国共有流域面积 $100km^2$ 以上的河流 5 万多条，总长约 43 万 km，其中可通航不同船舶的各级航道约13.5万km。在这些河流中，流域面积大于1000km^{2}的有1500多条，流域面积大于1万km^{2}的有79条，流域面积大于10万km^{2}的有18条（数据来源：《中国江河》）。

在我国的主要江河中，年径流量超过100亿m^{3}的有40余条，其中超过500亿m^{3}的有19条（数据来源：《中国水资源评价》《全国水资源调查评价成果》）。

2. 湖泊

目前，中国境内（包括香港、澳门和台湾）共有1.0km^{2}以上的自然湖泊2693个，总面积81414.6km^2，约占全国国土面积的0.9%，分别分布在除海南、福建、广西、重庆、香港、澳门外的28个省（自治区、直辖市）。其中，大于1000km^{2}的特大型湖泊有10个，分别为色林错、纳木错、青海湖、博斯腾湖、兴凯湖、鄱阳湖、洞庭湖、太湖、洪泽湖、呼伦湖；面积在1.0～10.0km^2、10.0～50.0km^2、50.0～100.0km^2、100.0～500.0km^{2}和500.0～1000.0km^{2}的湖泊分别有2000个、456个、101个、109个和17个。

青海湖是全国最大的咸水湖，湖水位3193.9m时水面面积为4340km^2。鄱阳湖是全国最大的淡水湖，湖水位21.7m时水面面积2940km^2。全国第二大咸水湖纳木错，藏语是“天湖”之意，湖面海拔4718m，水面面积1961.5km^2。新疆的艾丁湖水面低于海平面154m，是我国海拔最低的湖泊。长白山天池最大水深约为370m，是我国最深的湖泊。

1.2.1.2　水资源总量比较丰富

我国多年平均河川径流量2.7万亿m^3，多年平均水资源总量2.84万亿m^3，约占世界淡水资源量的6%，居世界第6位（第1～5位依次为：巴西6.95万亿m^3，俄罗斯4.27万亿m^3，加拿大3.1万亿m^3，美国2.97万亿m^3，印度尼西亚2.90万亿m^3）。2005年水资源总量国家排序：巴西8.2万亿m^3，俄罗斯4.5万亿m^3，美国3.05万亿m^3，加拿大2.9万亿m^3，印度尼西亚2.84万亿m^3，中国2.8万亿m^3，中国仍居第6位。第7～10位依次为哥伦比亚2.13万亿m^3，秘鲁1.91万亿m^3，印度1.9万亿m^3，刚果民主共和国1.28万亿m^3。

1.2.1.3　水资源时空分布不均

我国降水受东南季风和西南季风控制，年际变化大，年内季节分布不均，主要集中在6—9月，约占全年的60%～80%，其中北方有些地区可达90%以上。如根据北京市110年实测资料，降水量最少的1869年为242mm，降水量最多的1959年为1406mm，相差5.8倍；1869年7月的降水量为5.8mm，1891年7月的降水量为996mm，相差172倍。在降水空间分布上，全国年降水量小于400mm的地区占国土面积的2/5以上，降水最多的东南沿海地区在2600mm以上，降水最少的西北内陆地区不足5mm，相差500多倍。

受降水时空分布不均的影响，河川径流量也呈现与此相似的时空分布不均的特点。全国外流区面积占国土面积的64%，水资源量占全国的95%，内流区面积占国土面积的36%，但水资源仅占全国的5%。北方地区（包括松花江、辽河、海河、黄河、淮河、西北诸河等6个水资源一级区）的面积占全国的64%，耕地面积和人口分别占全国的65%和46%，但水资源仅占全国的18.5%；南方地区（包括长江、东南诸河、珠江、西南诸河等4个水资源一级区）的面积占全国的36%，耕地面积和人口分别占全国的35%和54%，但水资源占全国的81.5%。地处内陆腹地的新疆，面积占全国的1/6，但水资源量不足全国的1/30。这种水资源南多北少、东多西少和汛期水量集中（6—9月河川径流量占全年的60%～80%，最多的超过90%）的时空分布格局，是我国水旱灾害频繁发生、北方地区水资源严重短缺和生态环境极其脆弱的主要原因。

1.2.1.4　水能资源丰富

我国的地势西高东低，从西部的青藏高原到中部的山区丘陵和东部沿海地区形成了三级阶地。青藏高原平均海拔在4500m以上，被誉为“世界屋脊”和“亚洲水塔”，我国的长江、黄河、澜沧江、怒江、雅鲁藏布江等主要江河都发源于青藏高原。这些河流水量丰富，落差大（如长江、黄河从河源到河口的总落差达4800～5000m），蕴藏着丰富的水能资源，从而使我国成为世界上水能资源最丰富的国家。

1. 全国水能资源分布情况

根据中华人民共和国水力资源复查成果（2003年），全国共复查水力资源理论蕴藏量10MW以上的河流3886条，水力资源理论蕴藏量共计6.08×10^{12}kW·h，平均功率694GW，居世界第一位。其中技术可开发量（指当前技术条件下可能开发的水能资源量）为2.47×10^{12}kW·h，平均功率542GW；经济可开发量（指当前经济技术条件下，综合开发成本与其他能源相比具有比较优势，并且不存在不可克服的环境问题和社会问题的水力资源可开发量）为1.75×10^{12}kW·h，平均功率为402GW［数据根据《中国水力资源复查成果总报告（简要本）》有关资料整理］。

2. 我国重点水力资源分布情况

（1）中国大型水电基地。中国的水力资源绝大部分分布在西部地区的河流或河段，形成了一批可供梯级滚动开发的水电基地。按目前的经济可开发量，主要的水电基地有长江中上游、金沙江、雅砻江、大渡河、乌江、澜沧江、红水河、黄河中上游以及东北、湘西、闽浙赣等。怒江的水力资源理论蕴藏量近45000MW，技术可开发量32000MW，但由于在水电开发与生态环境的问题上存在争论，需要进行全面协调和论证［数据根据《中国水利百科全书（水力发电卷）》有关资料整理］。

（2）全国装机容量300MW以上水电站概况。全国可装机300MW以上的大型水电站共有243+10/2座，总装机容量371379MW（其中装机容量1000MW以上的特大型和巨型水电站110+5/2座），占全国技术可开发量的68.6%，其中绝大部分分布在长江流域、西南诸河和西藏诸河［数据根据《中国水力资源复查成果总报告（简要本）》有关资料整理］。

1.2.1.5　我国水资源的国际比较

我国多年平均降水深约650mm，为全球陆地平均降水深（800mm）的81%；多年平均径流深288mm，为全球陆地平均径流深（315mm）的91%。同时，我国的降水深和径流深也低于亚洲的平均值（731mm和332mm），所以我国按单位面积计算的水资源量在世界上处于中等偏下的水平。

我国是世界上人口最多的国家，总人口约占全世界的21%，但水资源仅占全世界的6%，所以人均水资源量仅为世界平均值的29%。在193个国家和地区中，我国的水资源总量居第6位，但按人均水资源量排序，我国居143位。人均水资源量超过1万m^3的有61个国家，其中超过10万m^3的有8个国家和地区。同时，世界上有14个国家的人均水

资源量低于 $300m^3$。

考虑到有些国家和地区的人口很少，缺乏可比性，所以在人口1000万以上、5000万以上和1亿以上的国家中再进行比较。在人口1000万以上的77个国家中，我国的人均水资源量居第54位；在人口5000万以上的23个国家中，我国的人均水资源量居第18位；在人口1亿以上的11个国家中，我国的人均水资源量居第9位。

在不同层面上按人均水资源量排序，我国分别排在倒数第51位（193个国家和地区）、倒数第24位（人口1000万以上的77个国家）、倒数第5位（人口5000万以上的23个国家）和倒数第3位（人口1亿以上的11个国家）。

根据世界上水资源开发利用的总体情况，通常以人均水资源 $3000m^3$ 以上为丰水，$2000\sim3000m^3$ 为轻度缺水，$1000\sim2000m^3$ 为中度缺水，$500\sim1000m^3$ 为重度缺水，低于 $500m^3$ 为极度缺水。按2005年人口，我国人均水资源量 $2140m^3$，已接近中度缺水（$1000\sim2000m^3$）的上限，但世界上还有50个国家的人均水资源量低于这一水平[3]。

1.2.2 我国面临的水资源问题

我国地处中纬度，受气候条件、地理环境及人为因素的影响，成为一个洪涝灾害频繁、水资源短缺、生态环境脆弱的国家。新中国成立后，水利建设工作取得了很大进展。初步控制了大江大河的常遇洪水，形成了5600多亿 m^3 的年供水能力，灌溉面积从2.4亿亩扩大到近8亿亩，累计治理水土流失面积78万 km^2。但在很多地区，水的问题仍旧是限制区域经济和社会可持续发展的瓶颈。从全国范围看，我国面临的水问题主要有以下三个。

（1）防洪标准低，洪涝灾害频繁，对经济发展和社会稳定威胁较大。20世纪90年代以来，我国几大江河已发生了5次比较大的洪水，损失近9000亿元。特别是1998年发生的长江、嫩江和松花江流域的特大洪水，充分暴露了我国江河堤防薄弱、湖泊调蓄能力降低等问题。防洪建设始终是我国的一项长期而紧迫的任务。

（2）干旱缺水日趋严重。农业、工业以及城市都普遍存在缺水问题。20世纪70年代全国农田年均受旱面积1.7亿亩，到90年代增加到4亿亩。农村还有3000多万人饮水困难，全国600多个城市中，有400多个供水不足。干旱缺水已成为我国经济社会尤其是农业稳定发展的主要制约因素之一。

（3）水生态环境恶化。近几年，我国水体水质总体上呈恶化趋势。1980年全国污水排放量为310多亿t，1997年为584亿t。受污染的河长也逐年增加，在全国水资源质量评价的约10万km河长中，受污染的河长占46.506%。全国90%以上的城市水域受到不同程度的污染。目前，全国水蚀、风蚀等土壤侵蚀面积367万 km^2，占国土面积的38%；北方河流干枯断流情况愈来愈严重，进入20世纪90年代，黄河多年断流，年均达107天。此外，河湖萎缩，森林、草原退化，土地沙化，部分地区地下水超量开采等问题，严重影响了水环境。

随着人口增加和经济社会发展，我国水的问题将更加突出。仅从水资源的供需来看，在充分考虑节约用水的前提下，2010年全国总需水量将达6400亿～6700亿 km^3；2030年人口开始进入高峰期，将达到16亿，需水量将达8000亿 km^3 左右，需要在现有供水能力的基础上新增2400亿km^3。保护开发利用水资源的任务十分艰巨。

1.2.3 我国水问题的根源

形成我国水问题严峻形势的根源，总体来看，主要有两个方面：

(1) 自然因素，与气候条件的变化和水资源的时空分布不均有关。在季风作用下，我国降水时空分布不平衡。在我国北方地区，年降水量最少只有40mm，最多也仅600mm，长江流域及以南地区，年降水量均在1000mm以上，最高超过2000mm。气候变化对我国水资源年际变化产生很大影响，从长期气候变化来看，在近500年中，中国东部地区偏涝型气候多于偏旱型，而近百年来洪涝减少、干旱增多。在黄河中上游地区，数百年来一直以偏旱为主。

(2) 人为因素，与社会经济活动和人们不合理地开发、利用和管理水资源有关。目前我国正处于经济快速增长时期，工业化、城市化的迅速发展，人口的增加和农业灌溉面积的扩大，使得水资源的需求量不可避免的迅猛增加。长期以来，由于水资源的开发、利用、治理、配置、节约和保护不能统筹安排，不仅造成了水资源的巨大浪费，破坏了生态环境，而且更加剧了水资源的供需矛盾。突出表现以下几方面：

1) 流域缺乏统一管理，上下游用水配置不合理，造成水资源的消退。如西北内陆区塔里木河已经缩短了约180km的流程。黄河严重断流，经专家们会诊，主要原因还是人类活动的影响。

2) 地表、地下水缺乏联合调度，过度开采地下水，造成地下水资源枯竭。

3) 水价不合理，水资源浪费严重。以农业用水为例，目前农业用水占全国总用水量的80%以上，北方农业用水则高达86.7%。但农业灌溉用水浪费现象最为严重，在一些地区仍采用漫灌、串灌等十分落后的灌溉方式，渠系水利用系数较低，只有0.5～0.6左右。灌溉定额高，亩均毛用水量在600m^3以上。工业上用水重复利用率平均只有30%～40%，而日本、美国则在75%以上。

4) 废水大量排放，使得生态环境恶化，水资源污染型短缺。如南方长江三角洲和珠江三角洲的一些缺水地区。

5) 人类的活动破坏了大量的森林植被，造成区域生态环境退化，水土流失严重，洪水泛滥成灾。一方面使河道冲沙用水量增加，另一方面使一部分本可以成为资源的水，却以洪水的形式宣泄入海，这样极大降低了可用水资源的数量。

1.2.4 水资源问题危及社会发展

中国乃至整个世界的水资源供需矛盾将随着人口与经济的增长进一步加剧，正如联合国在1997年《对世界淡水资源的全面评价》报告中指出的："缺水问题将严重地制约21世纪经济和社会发展，并可能导致国家间的冲突。"水资源短缺、水质污染、洪涝灾害等水问题严重威胁了社会经济发展，主要表现在：

(1) 水资源危机导致生态环境的恶化。水不仅是社会经济发展不可替代的重要资源，同时也是生态环境系统不可缺少的要素。随着社会经济的发展，水资源的需求量越来越大，为了取得足够的水资源供给社会，人们过度开发水资源，争夺生态用水量，结果导致一系列的生态环境问题的出现。例如，我国西北干旱、半干旱地区水资源天然不足，为了满足社会经济发展的需要，盲目开发利用水资源，不仅造成了水资源的消退，加重了水资源危机，同时使得本已十分脆弱的生态环境进一步恶化。天然植被大量消亡、河湖萎缩、土地沙漠化等问题的出现，已经危机到人类的生存与发展。目前水资源不足与生态环境脆弱已经成为制约部分地区社会经济发展的两大限制性因素。

(2) 水资源短缺将威胁粮食安全。粮食是人类生活不可缺少的物质，粮食生产依赖于水资源的供给。目前由于缺水而不得不缩小灌溉面积和有效灌溉次数，因此造成的粮食年减产量达 250 多万 t。

(3) 水资源危机给国民经济带来重大损失。从现状看，全国城市年缺水量达 58 亿 m^3，每年因缺水造成的直接经济损失达 2000 亿元，仅胜利油田 1995 年因黄河断流就减产 30 亿元，给国民经济带来重大损失。

综上所述，中国水资源面临的形势非常严峻。造成如此局面的原因，一部分是天然因素，与水资源时空分布的不均匀性有关；另一部分是人为因素，与人类不合理地开发、利用和管理水资源有关。

如果在水资源开发利用方式上没有大的突破，在管理上没有新的转变，水资源将很难满足国民经济迅速发展的需要，水资源危机将成为所有资源问题中最为严重的问题，它将威胁我国乃至世界的社会经济持续发展。解决水资源问题的根本途径在于执行可持续发展的原则，将水资源规划与管理同可持续发展相结合，实现水资源可持续利用[4]。

1.3　水资源优化配置与调度与水资源的可持续利用

1.3.1　水资源可持续利用理论

可持续发展，是目前使用频率最高的词汇之一，已广泛被各国政府和学者所关注。水资源是可持续发展的基本支撑条件之一，保证水资源的可持续利用是可持续发展的基本要求。

1.3.1.1　可持续发展的概念及由来

第二次世界大战以来，随着科学技术的进步和社会生产力的飞速发展，人类创造了前所未有的物质财富，经济增长了近百倍，人口过快增长，世界总人口翻了两番，已达 60 亿，并且仍以每年约 9200 万的速度剧增，资源过度消耗、生态环境质量严重下降，使自然界生命支撑系统承受越来越大的压力。像环境污染、生态系统破坏等问题的发生给社会经济发展和生命财产带来严重损失。在这种严峻形势下，人类不得不重新反思自己的发展历程，重新审视自己的社会经济行为。人们终于认识到高消耗、高污染、先污染后治理的传统发展模式已不再适应当今和未来发展需要，必须寻找一条社会、经济、资源、环境相协调的可持续发展道路。

一些国际组织通过各种形式积极推动可持续发展进程。1972 年，在瑞典斯德哥尔摩召开的世界环境大会上，人们开始改变多年来习以为常的“世界实际是无限的”概念，开始明白只有一个“地球”的含义，孕育了“可持续发展”的萌芽。会议通过了《关于人类环境的斯德哥尔摩宣言》(The Stockholm Declaration on Human Environment) 和《人类环境行动计划》(Action Plan for Human Environment) 两个重要文件，联合国环境规划署 (United Nations Environment Programmed) 在会议后不久组建。

随着时间的推移，全球环境问题继续在恶化，国际社会也越来越关注。1983 年 12 月由挪威首相 Brundtland 夫人主持成立一个独立的特别委员会(即“世界环境与发展委员会”)，专门研究制订“全球的变革日程”。这个由政治家、学者组成的委员会经过 4 年努力，终于在 1987 年的世界环境与发展委员会上由 Brundtland 夫人等作了题为“Our Common Future”(“我们共同的未来”) 的报告。该报告明确提出了“可持续发展”的概念，即可持续发展是指“人类在社会经济发展和能源开发中，以确保它满足目前的需要后不破坏未来发展需求的能力”。它有 3 个基本要求：第一，开发不允许破坏地球上基本的生命支撑系统，即空气、水、土壤和生态系统；第二，发展必须在经济上是可持续的，能从地球自然资源中不断地获得食物和维持生态系统的必要条件与环境；第三，要求建立国际间、国家、地区、部落和家庭等各种尺度上的可持续发展社会系统，以确保地球生命支撑系统的合理配置，共同享受人类的发展与文明，减少贫富差别。

1991 年在北京召开了“发展中国家环境与发展部长级会议”，提出《北京宣言》，专门讨论了发展中国家面临的环境保护和经济发展问题。

1992 年 6 月，被称为“地球首脑会议”的“世界环境与发展大会”在巴西里约热内卢由联合国组织召开。通过了《关于环境与发展的里约热内卢宣言》(The Rio Declaration on Environment and Development)、《21 世纪议程》(Agenda 21)、《联合国气候变化框架公约》(The United Nations Framework Convention on Climate Change)、《联合国生物多样性公约》(The United Nations Convention on Biological Diversity) 和《关于所有类型森林的管理、养护和可持续开发的无法律约束力的全球协商一致意见的原则声明》(Non-legally Binding Authoritative Statement of Principles for a Global Consensus on the Management, Conservation and Sustainable Development of All Types of Forests) 等 5 个文件，会后不久成立了“联合国可持续发展委员会”(Commission on Sustainable Development)；“可持续发展世界首脑会议”通过了《关于可持续发展的约翰内斯堡宣言》(The Johannesburg Declaration on Sustainable Development) 和《可持续发展世界首脑会议实施计划》(Plan of Implementation of the World Summit on Sustainable development) 重要文件。

在可持续发展理论形成过程中，有三份重要的报告发挥了较大的促进作用，它们是罗马俱乐部 (The Club of Rome) 于 1972 年发表的《增长的极限》(The Limits to Growth)、国际自然保护联盟 (International Union for Conservation of Nature and Natural Resources) 为首，联合国环境规划署与世界野生基金会 (Word Wildlife Fund) 等国际组织于 1980 年共同发表的《世界保护策略——可持续发展的生命资源保护》(Living Resources Conservation for Sustainable Development) 和世界环境与发展委员会 (World Commission on Environment and Development) 于 1987 年发表的《我们共同的未来》(Our Common Future)。

《增长的极限》是罗马俱乐部于 1968 年成立以后提出的第一个研究报告，报告发表后，国际社会围绕着“经济的不断增长是否会不可避免地导致全球性的环境退化和社会解体”进行了广泛的讨论和争论，最终达成了一个共识，即经济发展可以不断地持续下去，但必须对发展加以调整，即必须考虑发展对自然资源的最终依赖性。

《世界保护策略》围绕保护与发展进行了深入的讨论，认为如果发展的目的是为人类提供社会和经济福利的话，那么保护的目的就是要保证地球具有使发展得以持续和支撑所有生命的能力，保护与可持续发展是相互依存的，两者应当结合起来加以综合分析。这里的保护意味着管理人类利用生物圈的方式，使得生物圈在给当代人提供最大持续利益的同时保持其满足未来世代人需求的潜能；发展则意味着改变生物圈以及投入人力、财力、生命和非生命资源等去满足人类的需求和改善人类的生活质量。尽管该报告没有给出明确的可续发展的定义，人们一般认为可持续发展概念的发端源于此报告，且此报告初步给出了可持续发展概念的轮廓或内涵。

《我们共同的未来》提出了“从一个地球走向一个世界”的总观点，并在这样的总观点下，从人口、资源、环境、食品安全、生态系统、物种、能源、工业、城市化、机制、法律、和平、安全与发展等方面比较系统地分析和研究了可持续发展问题的各个方面。该报告第一次明确给出了可持续发展的定义，所谓的可持续发展是既满足当代人的要求，又不对后代人满足其需求的能力构成危害的发展。此概念在1992年联合国环境与发展大会上得到共识，被国际社会广泛接受和认可。

2002年8月，世界首脑聚集在南非约翰内斯堡，回顾里约热内卢可持续发展全球峰会10年来的情况，可持续发展的进展和对策是会议的主题。水的问题成为本次会议的焦点之一。

国际社会进一步认识到水是维持生命和生态系统所必需的有限自然资源，是经济和社会发展的主要资源。可持续水资源开发、利用和管理需要把经济、社会与环境问题结合起来，在上游和下游水资源分配方面应优先考虑对环境的保护和关心。实现水资源的可持续利用，管理是关键因素之一。现实中，人们日益一致同意水资源综合管理和由需求驱动的管理办法是解决水供需矛盾的较有效办法。人们认识到为发挥水资源综合管理的潜力，必须有足够资金、人力和体制等方面的能力建设。在一些发展中国家，在把分散的水部门转变为一个新的战略综合部门方面已取得成功，尤其在国家、流域和地方各级的能力和体制建设方面取得了进展。管好水资源，利益相关者参与到管理之中十分重要。提倡和促进人力资源开发对有效的水资源管理是必要的。因此应采用水资源综合管理办法处理这些挑战，提倡和促进可持续水资源开发、利用和管理。

1.3.1.2 水资源可持续利用研究进展

从国内外研究状况来看，20世纪80年代末开始可持续水资源管理的研究。

1988年，Falkenmak提出水资源可持续利用的各种条件：①确保雨水能够渗透且能用于足够大范围的生物群落自我维持生产；②必须保持土壤的可渗透性和水资源保持能力；③必须有可利用的饮用水；④必须有足够的水源来保证公共卫生；⑤鱼和其他的水生生物必须得到保护并且能够食用。

1992年，在爱尔兰召开的“国际水和环境大会：21世纪的发展与展望”（ICWE），提出了水资源系统及可持续性研究问题。

1992 年在“环境与发展大会”上，通过了“21 世纪议程”行动纲领。议程的第 18 章强调了以河流流域为单元的淡水资源的统一利用和管理以及公众参与的重要性，还涉及有关财务和法律、强化管理、人才开发和能力建设等诸多问题。其主要包括：①水资源合理开发利用的基础由资源保护、需求管理和减少排污等诸多方面的工作组成；②应优先考虑防洪和水库泥沙淤积的控制；③为了对水资源进行评估以及缓解洪水、旱灾、沙漠化和污染的影响，必须建立相应的国家级数据库；④土地和水资源的一体化管理应以流域或子流域为单位加以实施。

水资源的可持续性开发和利用概括为：①适度开发，对资源利用后，不应该破坏资源的固有价值，并且尽可能地回避开发对资源的不利影响；②不妨碍后人未来的开发，为后来开发留下各种选择的余地；③不妨碍其他地区人类的开发利用及其对水资源的共享利益；④水的利用率和投资效益是策略选择中的主要准则；⑤不能破坏因水而结合的地理系统（包括自然系统和社会人文系统）。水资源开发利用必须从长期考虑，要求实施开发后不仅效益显著，而且不至于引起不能被接受的社会和环境问题。从水量讲，持续利用是指从水库和其他水资源引用的水不能多于快于通过自然的水文循环所能补充的数量和速率；从水质上讲，一定要满足于用户的要求不能低质高用，以量代质，不能高质低用，促使水资源短缺。进一步概括地讲，水资源可持续利用至少包括：①水资源开发利用不仅考虑当代，而且要将后代纳入考虑的范畴；②水资源可持续利用与人口、资源、环境和经济密切协调起来，相互促进；③水资源可持续利用要实现整体、协调、优化与高效。

1993 年 10 月，在德国召开的以研究不同时空尺度水信息变化的相似性和变异性为目标的“第二届国际实验与网络资料水流情势（FRIEND）学术大会”研讨了可持续水资源管理的水文学基础及信息资料问题。

1994 年 6 月，在德国 Karlsruhe 由联合国教科文组织（UNESCO）主持和国际水资源协会（JAW）与国际水文科学协会（IAHS）协办召开的“变化世界中的水资源规划暨国际学术大会”，探讨了可持续水资源管理的四个专题：可持续水资源管理研究的展望、水资源开发中的风险和不确定性、水资源可持续管理的决策支持系统、水资源开发与环境保护的协调。

1995 年，在美国召开的第 21 届国际大地测量及地球物理学联合大会（IUGG）期间，国际水文科技协会水资源系统委员会（ICWRS）举办了“流域尺度可持续水资源系统的模拟和管理”学术讨论会，并以国际水资源系统委员会为核心成立了“可持续水库开发和管理准则”（Criteria of Sustainable Reservoir Development and Management）国际研究组。

1996 年 10 月，在日本京都召开了“国际水资源及环境研究大会：面向 21 世纪新的挑战”。专门讨论了流域尺度可持续水资源系统管理的应用实例，水的利用，水库、监测、水质水量和科学的管理方法，水质水量的可持续模拟，风险和不确定性，模型的检验，地理信息系统（GIS）的应用等。

1996 年，联合国教科文组织（UNESCO）国际水文计划工作组将可持续水资源管理定义为“支撑从现在到未来社会及其福利而不破坏它们赖以生存的水文循环及生态系统完整性的水的管理与使用”，是“使未来遗憾可能性达到最小的水的管理决策”。

1997年4月，在摩洛哥召开的第5届国际水文科学协会（IAHS）科学大会期间，举办了“不确定性增加下的水资源可持续性管理学术大会”，其中专门讨论了洪水与干旱管理，水资源开发对环境的影响，水文生态模拟和环境风险评价等。

1998年5月，在中国武汉召开了“国际水资源量与质的可持续管理问题研讨会”。大会深入探讨了流域水质水量统一管理面临的问题，交流了国际水资源可持续管理的新的研究进展与经验。原国际水文科学协会（IAHS）水资源系统委员会（ICWRS）主席S. P. Simonovic教授总结了目前阻碍可持续水资源管理的主要障碍，它们来自：①水文自然过程物理变化的时空分布不均的障碍；②人口增长对淡水的需求增加造成的障碍；③水资源管理体制障碍（如不是流域上中下游统一管理的体制，或不是流域水质水量统一管理的体制等）；④水资源管理经济机制障碍（水价过低等）；⑤涉及管理者即人的素质的建设能力方面的障碍；⑥水的供给与需求管理关系不顺的障碍；⑦环境保护与经济发展矛盾的障碍等。

2001年9月，国际水文科学协会在荷兰召开了“区域水资源管理研讨会”。针对区域尺度水资源管理的许多科学问题进行了研讨，主要包括三大部分内容：过去管理实践中的经验和教训、面对挑战的区域可持续水资源管理、水资源管理的研究方法。其焦点问题是关于不同尺度建模方法的发展和水资源管理的各种模型的应用。

2002年9月，在中国北京召开的“变化环境下的水资源脆弱性国际学术研讨会”，主要围绕五大方面进行讨论和交流：①变化环境下的水文循环；②黄河流域水资源的时空演变态势；③水资源的可再生性；④水资源的脆弱性评价理论和方法；⑤无资料地区水文模拟与预测。

2003年10月在西班牙马德里举行了主题为“21世纪水资源管理”的第十四届国际水大会（XI WORLD WATER CONGRESS），大会报告和交流了最新的国际水资源研究计划和学术前沿报告。大会主题是：不确定性、气候变化、变异影响下的水规划；水的价值；新技术在水资源管理的影响；地下水开发的适宜性与可持续性；水的基础开发建设；社会经济、文化和宗教对水资源政策的影响；水管理的参与。

2004年9月，在法国巴黎举行了主题为“水文及水管理的尺度（Scales in Hydrology and Water Management）”学术研讨会以及联合国教科文组织国际水文计划（UNESCO-IHP）第16届政府间理事会。目前，正在执行的国际水文计划第六阶段（IHP-Ⅵ，2003—2007年）的研究方向是：水的相互作用——来自风险和社会挑战的体系。重点考虑来自“地表水与地下水”“大气与陆地”“淡水与咸水”“全球变化与流域系统”“质与量”“水体和生态系统”“科学与政治”“水与文化”等8个方面新的挑战问题。UNESCO-IHP第六阶段主题分别是：全球变化与水资源，流域地表水与地下水动力学集成，陆地生境水文学，水与社会，水教育与培训。联合国教科文组织国际水文计划（UNESCO-IHP）提出的第七阶段（IHP-Ⅶ，2008—2013年）研究方向是“水的相互依赖与作用：来自各方面压力的系统和社会响应”。UNESCO-IHP第七阶段主题分别是：全球变化、流域与浅层地下水；管理和社会经济；生态水文学与环境可持续性；水质、人类健康和粮食安全。

由于水资源可持续利用研究还没有形成完整的科学体系，只能列举一些有代表性的国际会议和有关组织活动的计划，由此可见国际上对可持续水资源管理研究的发展历程和研究内容[5]。

1.3.1.3 可持续发展的内涵

从可持续发展的概念可以看到，可持续发展的内涵十分丰富，涉及到社会、经济、人口、资源、环境、科技、教育等各个方面，但究其实质是要处理好人口、资源、环境与经济协调发展的关系。其根本目的是满足人类日益增长的物质和文化生活的需求，不断提高人类的生活质量。其核心问题是，有效管理好自然资源，为经济的发展提供持续的支撑力。

可持续发展的内涵概括如下：

（1）促进社会进步是可持续发展的最终目标。可持续发展的核心是“发展”，是要为当今和子孙后代造福。造福的标准不仅仅是经济增长，还特别强调用社会、经济、文化、环境、生活等多项指标来衡量，需要把当前利益与长远利益、局部利益与全局利益有机地结合起来，使经济增长、社会进步、环境改善统一协调起来。

（2）可持续发展是以资源、环境作为其支撑的基本条件。因为社会发展与资源利用和环境保护是相互联系的有机整体，如果没有资源与环境作为基本支撑条件，也就谈不上可持续发展。资源的持续利用和环境保护的程度是区分传统发展与可持续发展的主要标准，所以如何保护环境和有效利用资源就成为可持续发展首要研究的问题。

（3）可持续发展鼓励经济增长，但可持续发展所鼓励的经济增长绝不是以消耗资源、污染环境为代价，而是力求减少消耗、避免浪费、减小对环境的压力。

（4）可持续发展强调资源与环境在当代人群之间以及代际之间公平合理地分配。为了全人类的长远和根本的利益，当代人群之间应在不同区域、不同国家之间协调好利益关系，统一、合理地使用地球资源和环境，以期共同实现可持续发展的目标。同时，当代人也不应只为自己谋利益而滥用环境资源，在追求自身的发展和消费时，不应剥夺后代人理应享有的发展机会，即人类享有的环境权利和承担的环境义务应是统一的。

（5）可持续发展战略的实施以适宜的政策和法律体系为条件，必须有全世界各国及全社会公众的广泛参与。可持续发展是全球的协调发展。虽然各国可以自主选择可持续发展的具体模式，但是生态环境问题是全球的问题，必须通过全球的共同发展综合地、整体地加以解决。因此，各国必须着眼于整个人类的长远和根本利益，积极采取统一行动，加强合作，协调关系。同时，积极倡导全社会公众的广泛参与。

以挪威首相 Brundtland 夫人为主席的世界环境与发展委员会在 Our Common Future 报告中提出了下列可持续发展政策的主要目标：①恢复增长；②改变增长的质量；③满足就业、粮食、能源、水和卫生的基本需求；④保证人口的持续水平；⑤保护和加强资源基础；⑥重新调整技术和控制危险；⑦把环境和经济融合在决策中。

Brundtland 夫人等提出的可持续发展目标是他们提出的“可持续发展”定义的具体体现。可见达到这些目标是可持续发展的愿望，只有全球范围内各国政府和国际组织做出巨大的努力，才能真正走可持续发展道路[4]。

1.3.1.4　我国水资源可持续利用前景与展望

1. 近期（2015 年）定性描述

（1）初步建立节水型社会建设的法律、法规和经济技术政策、宣传教育体系。

（2）北方主要河流及南方部分河流初步建立水量分配与管理机制。

（3）基本建立水资源总量控制和定额管理指标体系。

（4）基本建立有利于促进节约和保护水资源的水价体系，逐步推行两部制水价、阶梯式水价、季节性浮动水价和分质供水水价等。

（5）南水北调东线、中线一期工程和其他区域性调水工程建成通水，初步形成流域间、区域间的水资源配置网络。

（6）北方严重缺水地区的缺水矛盾得到初步缓解。

2. 近期定量描述

（1）按照节水型社会建设的规划目标，建成国家级节水型城市 50 个，省级节水型城市 150 个。

（2）2015 年全国用水总量控制在 6300 亿 m^3 以内。

（3）万元 GDP 用水量下降到 150m^3 以下。

（4）全国工业用水重复利用率达到 70%左右，工业用水总量控制在 1600 亿 m^3 以内。

（5）工程节水灌溉面积达到 5 亿亩，灌溉水利用系数达到 0.5 以上，亩均灌溉用水量下降到 420m^3 左右，粮食水分生产率提高到 1.2kg/m^3 左右。

（6）城市供水管网平均漏损率控制在 12%以下，节水器具普及率达到 90%以上，城市污水集中处理率达到 70%以上，再生水回用率达到 20%以上。

3. 中期（2030 年）定性描述

（1）基本建成与全面小康水平相适应的节水型社会。

（2）基本建立全国用水权分配与管理体系。

（3）建立完善的节水指标体系和水价体系。

（4）进一步完善跨流域、跨区域的水网络体系。

（5）基本建立水资源节约和保护的投入机制与补偿机制。

（6）综合用水效率达到世界中等以上水平。

4. 中期定量描述

（1）全国用水总量控制在 7000 亿 m^3 左右。

（2）万元 GDP 用水量下降到 60m^3 左右。

（3）工业取水量控制在 1700 亿 m^3 以内，重复利用率提高到 75%以上。

（4）工程节水灌溉面积达到 6 亿亩以上，灌溉水利用系数提高到 0.6 以上，亩均灌溉用水量下降到 400m^3 左右，粮食水分生产率达到 1.3kg/m^3 以上。

（5）城市供水管网漏损率控制在 10%以下，节水器具普及率达到 95%以上，城市污水集中处理率达到 80%以上，再生水利用率达到 30%以上。

5. 远景展望

（1）全面建成与可持续发展战略相适应的节水型社会。

（2）南水北调工程与必要的区域性调水工程按照规划目标全部建成，跨流域、跨区域的水资源配置网络体系进一步完善。

(3) 全面建立和完善水权、水市场体系。

(4) 全国用水总量实现零增长，用水高峰控制在7000亿 m^3 以内。

(5) 水资源配置格局与经济结构和生产力布局相互协调和适应。

(6) 主要用水指标接近发达国家当时的水平，万元GDP用水量下降到 $50m^3$ 以下，亩均灌溉用水量下降到 $400m^3$ 以下，灌溉水利用系数达到0.65以上，工业取水量控制在1700亿 m^3 以内，工业用水重复利用率提高到80%以上[3]。

1.3.2 水资源优化配置与可持续利用

水资源可持续利用就是依靠科技进步和发挥市场配置资源的基础功能，在重视生态环境保护的前提下，合理、有效地配置水资源，最大限度地提高水资源开发利用效率，在满足当代人用水需求的同时，调控水资源开发速率以不对后代人的用水需求构成危害的水资源开发利用方式。可以看出，水资源可持续利用主要包括四个方面的含义：第一，对水资源的开发利用应保持在水资源承载能力的范围内，不破坏其固有价值，保证水资源开发利用的连续性和持久性；第二，在维持水资源持续性和生态系统完整性的条件下，高效利用，合理配置水资源，尽量满足社会与经济不断发展的需求；第三，不妨碍后人未来的开发，为后代人的开发留下选择的余地，永续地满足代内人和代际人用水需要的全部过程；第四，不妨碍其他区域人类的开发利用及其对水资源共享利用。

水资源可持续利用与水资源优化配置和承载能力分析密不可分，可持续发展理论是水资源优化配置与承载能力研究的指导思想，而水资源优化配置与承载能力分析又是可持续发展理论在水资源开发利用中的具体体现和应用，其中优化配置是可持续发展理论的技术手段，承载能力是可持续发展理论的结论。也就是说，水资源开发利用策略只有在进行优化配置和承载能力研究之后才是可持续的；反之，要想使水资源开发达到可持续，必须进行优化配置和承载能力分析。这三个概念在本质上是相辅相成的，都是针对当代人类所面临的人口、资源、环境方面的现实问题，都强调发展与人口、资源、环境之间的关系。但是侧重点有所不同，可持续观念强调了发展的公平性、可持续性以及环境资源的价值观；优化配置强调了环境资源的有效利用以及社会经济、资源环境的协调发展；承载能力强调了发展的极限性。因此，可以从以下三方面来阐述水资源可持续开发利用的理论内涵。

1. 资源承载能力

水资源可持续开发利用实质上就是指水资源总量不因时间的推移而减少、水质和水环境保持良好状态情况下的水资源开发。保障水资源可持续利用的有效措施就是水资源的开发不超过区域水资源自身的承载能力，也就是在水资源可能的承载能力下进行经济结构的合理规划。对于某一地区某一时段水资源的承载能力就是该区域可以开发利用的水资源量。社会经济的可持续发展也就是在不超过水资源承载能力的前提下，促进社会经济、人口和生态环境的协调持续发展。因此，水资源承载能力的综合分析是水资源可持续开发利用的重要内容之一。

2. 水资源优化配置

可持续发展的前提是可持续性，而最终的目标是发展，发展才是硬道理。如何提高水资源的利用效率是水资源开发利用的重要内容。水资源优化配置是实现水资源效率最优化的重要手段，就是指有限的水资源在各行业各部门（包括生态环境用水）之间的最佳分配，是水资源本身、生产结构布局以及社会经济发展战略之间的互动和协调，以最终达到一种大系统上的平衡。因此，水资源优化配置是实施水资源可持续开发利用的具体措施和手段。

3. 水资源科学管理

先进的水资源开发利用模式离不开科学的管理体制，我国目前的水资源管理方式大多是以行政区划为管理单元，与水资源天然分布的流域分布不一致，违背了水资源分布的自然规律。再则，我国水资源的管理部门繁多，职权交叉，形成了“多龙管水”的不利局面，这使得水资源的统一管理、整体规划、综合利用、综合治理难以实现。我国水资源日益紧张，必须建立一套科学、高效的水资源管理模式，加强水资源管理的法制化和制度化建设，为水资源的可持续开发利用提供体制上的保障。同时，科学的管理体制还可以促进水资源的高效利用，对水资源的可持续开发利用起到积极的导向作用。

综上所述，通过水资源承载能力分析、优化配置和科学管理等途径可以实现水资源与社会经济协调发展的宏观控制，达到水资源与社会经济、生态环境的协调发展，最终实现水资源可持续利用。水资源承载能力分析是水资源可持续利用的前提条件。水资源优化配置是可利用水资源在各部门以一定的原则进行最优化分配，其最终目的是提高水资源的利用效率，是水资源可持续利用的具体手段和措施。水资源开发利用的科学管理模式是水资源可持续利用的体制保障。可见，水资源优化配置将是水资源可持续开发利用中的重要研究内容[1]。

1.4 水资源优化配置概念与内涵

1.4.1 水资源优化配置的概念

“配置”在《辞海》中被解释为：配备、安排。顾名思义，水资源优化配置是对水资源的分配和安排。水资源优化配置在我国是20世纪90年代初提出来的，最初针对的是水资源短缺地区用水的竞争性问题，以后随着可持续发展观念的深入，其含义不仅仅针对水资源短缺地区，对于水资源丰富的地区，从可持续角度出发，也应该考虑水资源合理利用问题，因而也存在水资源合理配置问题，只是目前在水资源短缺地区此问题更为迫切而已。

水资源优化配置是指在一个特定流域或区域内，工程措施与非工程措施并举，对有限的不同形式的水资源进行科学、合理的分配，其最终目的就是实现水资源的可持续利用，保证社会经济、资源、生态环境的协调发展，水资源优化配置的实质就是提高水资源的配置效率，合理解决各部门和各行业（包括环境和生态用水）之间的竞争用水问题。

对于水资源合理配置的含义，很多学者提出自己的解释。其一是从可持续发展的角度对水资源合理配置进行定义，即“在一个特定的流域或区域内，以可持续发展为总原则，对有限的、不同形式的水资源，通过工程与非工程措施在各用水户之间进行科学分配”。

其二是指一定时段内，对一特定流域或区域的有限的水资源，通过工程和非工程措施，合理改变水资源的天然时空分布；通过跨流域调水及提高区域内水资源的利用效率，改变区域水源结构，兼顾当前利益和长远利益；在各用水部门之间进行科学分配，协调好各地区及各部门之间的利益矛盾，尽可能地提高区域整体的用水效率，实现流域或区域的社会、经济和生态环境的协调发展。

实际上，水资源合理配置的概念从广义上讲就是研究如何利用好水资源，包括对水资源的开发、利用、保护和管理。合理配置中的合理是反映在水资源分配中解决水资源供需矛盾、各类用水竞争、上下游左右岸协调、不同水利工程投资关系、经济与生态环境用水效益、当代社会与未来社会用水、各种水源相互转化等一系列复杂关系中相对公平的、可接受的水资源分配方案。合理配置是人们在对稀缺资源进行分配时的目标和愿望。一般而言，合理配置的结果对某个体的效益或利益并不是最高的、最好的，但对整个资源分配体系来说，其总体效益或利益是最优的，而优化配置则是人们在寻找合理配置方案中所利用的方法和手段。

参照《全国水资源综合规划技术大纲》以及有关文献，将水资源优化配置界定为在流域或特定区域范围内，以水资源安全和可持续利用为目标，遵循公平、高效和环境完整性原则，通过各种工程与非工程措施，对多种可利用水资源在各区域和用水部门之间进行合理分配。

1.4.2 水资源优化配置的内涵

水资源优化配置的概念涵盖了水资源优化配置的范围、目标、原则、措施、对象等，其内涵可以以下几个方面理解。

1. 水资源优化配置的范围

水资源优化配置按照范围可分为流域水资源优化配置、区域水资源优化配置以及跨流域水资源优化配置。流域是水循环的基本单元，水资源在流域水文循环过程中产生、运移、转化与消耗，以流域为基本单元的水资源优化配置，是从自然角度对流域水资源演变不利的综合调控。区域水资源优化配置通常在省、市等特定行政区域内进行，配置工作在某种程度上更具有现实意义和可操作性。调水工程的规划和建设使得水资源系统呈现出泛流域特性，以流域为基本单元，弱化流域间互为制约的条件和环境，进行更大尺度和范畴的跨流域水资源优化配置，才能实现国家层面的水资源优化配置和区域协调发展。

2. 水资源优化配置的目标

水是基础性的自然资源和战略性的经济资源，是生态环境的控制要素。水资源通常具有供水、发电、航运、养殖、生态环境保护、观光旅游等多种用途和目标，这些目标之间存在着相互关联、相互制约以及相互竞争的关系。在用水竞争条件下，各目标之间是矛盾的，即一个目标值的增加通常以牺牲另一目标值为代价。可持续发展下的水资源优化配置是一个多目标决策问题，其核心便是通过工程及管理措施，对水资源在时间、空间、数量、质量以及用途上进行合理分配，做到水资源的供给与社会、经济、生态对水资源的需求基本平衡，使有限的水资源获得较好的综合效益，达到可持续利用的目标。

3. 水资源优化配置的原则

根据当前水资源短缺和用水竞争的现实，确定配置水资源的基本原则如下：

（1）系统原则。流域是由水资源、社会经济和生态环境系统复合而成的复杂巨系统，水资源优化配置应注重兴利与除害、水量与水质、开源与节流、工程与非工程措施相结合。

（2）公平原则。公平是水资源优化配置的前提，河流上下游和左右岸的各用水部门对水资源都有共享的权利。

（3）高效原则。水资源具有稀缺性，一方面通过水资源优化配置工程提高水资源的开发利用效率，另一方面通过经济等手段提高水资源利用效益。

（4）协调原则。协调是水资源优化配置的核心，包括生活、生产、生态用水之间的协调，近期和远期用水之间的协调，流域或区域之间水资源利用的协调，以及各种水源开发利用程度的协调。

4. 水资源优化配置的措施

在水资源复杂巨系统中，水库、渠道、泵站等水利工程将河流、湖泊以及用水部门连接在一起，构成水资源优化配置的基础网络；水量分配与调度方案、管理制度以及政策法规则构成水资源优化配置的保障体系。因此，水资源优化配量是一个系统工程和跨学科课题，将要运用水利、经济、社会、生态环境、管理以及信息技术等多个学科进行交叉研究和综合管理；随着水资源开发利用程度的提高以及社会经济可持续发展的要求，水资源优化配置更加注重水资源多维临界调控、水资源需求管理、鲁棒性水权制度、水政策法规、民主协商机制等非工程措施的综合运用。

5. 水资源优化配置的阶段性

水资源优化配置是水资源规划与管理的核心内容。规划阶段的水资源优化配置，通常根据流域水资源条件以及经济社会发展对水资源的需求，提出水资源开发利用的规划方案，为初始水权明晰提供技术依据；此后，还可进一步通过经济手段和市场机制实现水资源在不同用水户之间流转的微观配置。管理阶段的水资源优化配置，是在水权明晰的情况下，按照用水户当年的用水要求和实际来水情况，进行水资源供给的优化调度和优化配置。协调用水矛盾，保证用水户权益。水资源优化配置的阶段性，还包括流域可利用水资源量向区域的分配，以及区域向最终用水户的分配。

6. 水资源优化配置的效应

水资源优化配置经常提及优化配置与合理配置的概念，两者密切联系又有所区别。首先，两者的衡量标准是不同的，水资源优化配置是指能带来高效率、高效益的水资源利用，其着眼点在于“优化”，而合理配置是指符合生产、生活和生态需要的有效的水资源利用，其着眼点在于“有效”。其次，两者的实现途径有所不同，水资源优化配置是“一种自由的、理想的配置模式，而合理配置则属于一种适应特定条件和环境的、被公众普遍接受的模式。有些配置方案未必是最优的，但从某种程度上来说是合理的，优化配置是合理配置的最终目标。通过对水资源优化配置行为和结果的后效性评价，可适时调整水资源优化配置方案，进一步保障配置的公平性和高效性。

总之，水资源优化配置是指在一个特定区域内，以可持续发展为总原则，采用法律、行政、经济以及技术等手段，对各种形式的水源，通过工程措施与非工程措施在各用水部门之间进行科学分配，协调、处理水资源天然分布与生产力布局的相互关系，实现水资源永续利用和社会、经济、生态环境的可持续发展。其中的“优化”是通过分配协调一系列复杂关系反映的，如水资源供需矛盾、各类用水竞争、上下游左右岸协调、不同水利工程投资关系、经济与社会、生态环境用水效益、当代社会与未来社会用水、各种水源相互转化等。水资源优化配置包括两方面：一方面对降水、地表水、地下水、回用水等各种水源及其水质统筹考虑，在开发上实现水资源的优化配置；另一方面对工业、农业、生活、生态环境等不同部门的水质、水量需求，加以区别对待，优先保证重点用水部门，同时避免优质水的低效使用，在使用上实现水资源的优化配置。区域水资源优化配置必须从我国国情出发，并与区域社会、经济发展状况和自然条件相适应，因地制宜、按地区发展计划、有条件地分阶段进行，以利于社会、经济、生态环境的持续协调发展[6]。

1.5 水资源优化配置类型

国际上以水资源系统分析为手段、水资源优化配置为目的的实践研究，最初源于Masse提出的水库优化调度问题。20世纪50年代以来，国外水资源系统分析方面的研究发展迅速。1950年美国总统水资源政策委员会的报告是最早综述水资源开发、利用和保护问题的报告之一。这个报告的出台，推动了行政管理部门进一步开展水资源方面的调查研究工作。国外对水资源优化配置的研究始于20世纪60年代初期，1960年科罗拉多的几所大学对计划需水量的估算及满足未来需水量的途径进行了研讨，体现了水资源优化配置的思想。

我国20世纪60年代就开始了以水库优化调度为先导的水资源分配研究，并在国家“七五”攻关项目中得到提高和应用，形成了水量合理配置的雏形。“八五”期间，黄河水利委员会开展了“黄河流域水资源合理分配及优化调度”研究，对流域管理和水资源合理配置起到了较好的示范作用。水资源优化配置方法的系统提出是在国家“八五”科技攻关项目专题“华北地区水资源优化配置研究”中，该项成果提出的基于宏观经济的水资源优化配置理论与方法，在水资源优化配置的概念、目标、平衡关系、需求管理、经济机制及模型的数学描述等方面，均有创新性进展，并在华北、新疆北部及其他部分省、市得到广泛应用。在“九五”攻关项目“西北地区水资源合理开发利用及生态环境保护研究”中，水资源优化配置的范畴进一步拓展到社会经济-水资源-生态环境系统，优化配置的对象也发展到同时考虑国民经济用水和生态环境用水，从而衍生出具有可操作性的生态需水计算方法，形成了目前国内流域水资源配置方法的最新系统成果[1]。

水资源优化配置类型主要有：以水量配置为主的水资源优化配置、考虑水质因素的水资源优化配置、水利工程控制单元的水资源优化配置、区域水资源优化配置、流域水资源优化配置和跨流域水资源优化配置。

水资源优化配置研究是从水量优化配置开始的。20世纪70年代以来，伴随数学规划和模拟技术的发展及其在水资源领域的应用，水资源优化配置的研究成果不断增多。

进入20世纪80年代后期，随着水资源研究中新技术的不断出现和水资源量与质统一管理理论研究的不断深入，水资源量与质统一管理方法的研究也有了较大发展。尤其是决策支持技术、模拟优化模型技术和资源价值定量方法等的应用使得水资源量与质管理方法的研究产生了更大的活力。

水利工程是水资源配置的基本单元，由于其结构相对简单，影响和制约因素相对较少，如何实现水利工程控制的有限水资源量的最大效益，成为广大学者较早涉足的研究领域。研究成果使水利工程单元的水量优化配置模型和方法不断丰富和完善，促进了以有限水资源量实现最大效益的思想在水利工程管理中的应用。

区域是社会经济活动中相对独立的基本管理单位，其社会经济发展具有明显的区域特征。随着社会经济的快速发展，以及多目标和大系统优化理论的日渐成熟，自20世纪80年代中期以来，区域水资源优化配置研究成为水资源学科研究的热点之一。由于区域水资源系统结构复杂，影响因素众多，各部门的用水矛盾突出，研究成果多以多目标和大系统优化技术为主要研究手段，在可供水量和需水量确定的条件下，建立区域有限的水资源量在各分区和用水部门间的优化配置模型，求解模型得到水量优化配置方案。

流域水资源合理配置是在流域水资源可持续利用思想指导下，遵循自然规律与经济规律，通过工程和非工程措施，借助于先进决策理论和计算机技术，干预水资源的天然时空分配，统一调配流域地表水、地下水、废污水、外流域调水、微咸水和海水等水源。以合理的费用保质保量地适时满足不同用户用水需求，充分发挥流域水资源的社会功能和生态环境功能，促进流域及区域经济的持续稳定发展和生态系统的健康稳定。流域是具有层次结构和整体功能的复合系统，由社会经济系统、生态环境系统、水资源系统构成，流域是最能体现水资源综合特性和功能的独立单元。流域水资源配置模型的研究始于20世纪50年代中期，60—70年代得到了迅猛发展。线性规划、动态规划、多目标规划、群决策和大系统理论被广泛应用于水资源配置。优化模型是20世纪60—70年代研究的主流。20世纪60年代，由于系统工程理论与计算机技术的发展，系统分析方法应用到流域水资源系统规划中。

跨流域水资源优化配置是以两个以上的流域为研究对象，其系统结构和影响因素间的相互制约关系较区域和流域更为复杂，仅用数学规划技术难以描述系统的特征，因此，仿真性能强的模拟技术和多种技术相结合成为跨流域水资源量优化配置研究的主要技术手段。

作为解决水资源时空分布不均的有效措施便是跨流域调水工程的实施，这也是实现水资源优化配置的重要手段，特别是对于水资源南多北少的我国尤为重要。跨流域调水必须综合研究调入区、输水沿线和调出区的经济发展和生态环境的保护状况，特别要加强对水资源调出区经济、社会、资源和环境等方面的研究。

1.6 水资源优化配置发展趋势

纵观国内外水资源优化配置研究进展，水资源优化配置理论和方法研究已取得了长足的进展，并且在社会经济和科学技术的高速发展过程中不断完善，取得了很多有价值的成果。从研究方法上，优化模型由单一的数学规划模型发展为数学规划与模拟技术、向量优化理论等几种方法的组合模型。对问题的描述由单目标发展为多目标，特别是大系统优化理论、计算机技术和新的优化算法的应用，使复杂多水源、多用水部门的水资源优化配置问题变得较为简单，求解也较为方便。从研究对象的空间规模上，由最初的灌区、水库等工程控制单元水量的优化配置研究，扩展到不同规模的区域、流域和跨流域水量优化配置研究。

由于水资源系统涉及经济、社会、技术和生态环境的各方面，是复杂的巨系统，特别是可持续发展战略实施，对水资源优化配置的要求越来越高，水资源优化配置也不断面临新的挑战。用可持续发展思想审视已有研究成果，尚有不完善之处，概括起来有以下几个方面：

（1）重视水量的优化配置，对水质水量统一优化配置研究不够。

（2）重视确定条件下水资源的优化配置，对不确定性对水资源优化配置的影响研究不够。

（3）重视工程措施，对非工程措施在水资源优化配置中的作用研究不够。

（4）重视水资源优化配置的经济效益研究，对水资源的生态环境效益研究不够。

综合国内外的研究成果，水资源优化配置的发展趋势将体现在以下几个方面。

1.6.1 基于可持续发展的水资源配置理论

根据国家新时期的治水方针、我国水资源开发利用和管理中出现的新问题与新情况，研究和指导水资源开发利用的理论、观点正逐步向着基于可持续发展的水资源配置理论发展。社会经济的不断发展，使得对水资源的需求量不断增加，而对水资源的盲目、掠夺式开发和利用则会危及人类赖以生存的生态环境，而生态环境的破坏，又会反过来阻碍社会经济的发展，最终危及人类的生存与发展。因此，只有实现水资源合理开发和高效利用、积极恢复和修复被破坏的生态环境，人类才能维持生存和保持可持续发展。并且，基于可持续发展的水资源配置理论将会不断得到发展和完善。

1.6.2 生态环境需水计算理论研究

水是生态环境的控制性要素，水资源的不合理开发利用和管理导致了严重的生态环境问题。生态环境需水量既是水资源开发利用的基本依据，其计算方法也是实现水资源合理规划与配置的理论支持。

正确计算生态环境需水量是水资源可持续利用的根本保障，也是实施水资源优化配置的前提。目前关于生态环境需水量计算的理论尚不成熟，并无统一的计算标准和方法，因此，必须提出一套便于实际操作的可行的科学的生态环境需水量计算的理论和方法。生态需水基本原理主要包括：水文学原理和生态系统学原理（即水文循环与水量平衡）、水热平衡、水沙平衡、水盐平衡等原理。

1. 水文循环与水量平衡原理

区域水文循环与水量平衡是生态需水的物质基础。在水文循环过程中，任一区域、任一时段输入水量与包括生态需水在内的输出水量之差和水的变化量要满足水量平衡原理，因而水循环和水平衡具有重要的生态意义。

2. 水热平衡原理

水分在生物系统的物质循环与能量流动结构体中，既是物质循环的一部分，又是其他物质运转的载体和能量流动的媒介。地面的水分受热后要向空中蒸发（包括植物蒸腾）。用热量平衡方程推算蒸发量的方法，称为热量平衡法。

3. 水沙平衡原理

水沙平衡是指为达到河道泥沙的冲淤平衡，而进行输沙、排沙所需要的水量。

4. 水盐平衡原理

水盐平衡是指维持区域盐分平衡所需的排水量。

目前，该领域的研究主要集中在河道、湿地及地下水等方面，关于生态环境需水计算的理论和方法急需完善和深入。所以，积极开展生态环境需水量计算的相关研究，对合理量化生态需水总量、优化配置水资源具有重要意义。

1.6.3 水质水量联合优化配置

水质和水量密切相关，离开水质谈水量没有实际意义，有关分析资料表明，在我国未来发展中，水质导致的水资源危机大于水量危机，必须引起高度重视，比如在水资源丰富的南方地区，在水资源开发利用中对水质保护重视不够，存在水质性缺水。同时，可持续发展要求以水资源可持续利用支撑和保障经济社会的可持续发展，这要求在水资源优化配置研究中，充分考虑代际间发展和用户之间分配的公平性，以及经济发展与水资源、环境之间的相互协调。因此，如何从理论和技术上体现水资源优化配置的公平性和水资源优化配置与经济、环境、人口的协调，是水资源配置研究必须解决的问题之一。一方面，随着经济社会发展，水资源开发程度的加剧，各行业用水量大幅度增加，相应的污水排放量也急剧增加；另一方面，根据水功能区划的要求，一定区域范围内的水体纳污能力是有限的。这就客观要求将反映水质特征的水环境容量视为一种资源，和水资源量统一协调地进行配置。可见，水体的水环境容量，污水与用水之间的关系，污水排放和水体纳污量间的关系，以及水质水量联合优化配置的理论、模型和方法，是水资源优化配置的重要研究课题。因此在水资源优化配置过程中，应该充分重视水质问题，水质问题与环境和生态问题密切相关，实现了水质水量的优化配置，必将有利于水环境和生态环境的改善和保护，最终实现水资源开发利用的良性循环。

水资源优化配置是一个全局性问题，对于缺水地区，必然应该统筹规划调度水资源，保障区域发展的水量需求及水资源的合理利用。而对于水资源丰富地区，必须努力提高水资源的利用效率。我国目前的情况却不尽然，对于水资源严重短缺的地区，水资源优化配置受到高度重视，我国水资源优化配置取得的成果也多集中在水资源严重短缺的北方地区和西北地区。但是，对于水资源充足的南方地区，研究成果则相对较少，然而在水量充沛的地区，目前往往存在因水资源不合理利用而造成水环境污染破坏和水资源严重浪费，必须予以高度重视。

1.6.4 从单一目标趋向于多目标

以前在研究和解决水资源配置问题时，多采用最优准则（如发电、供水量最大，工程成本最小，或投资最小，淹没损失最小等）和单一目标（将一些相互竞争目标作为约束条件处理后，选用一个目标）进行优化，给出最优方案（或策略）供决策者参考和采用。这样的最优方案，主要问题是易于失真，不易被决策者所采纳。原因包括：

(1) 决策者若考虑到模型未能概括的其他因素，如环境、社会和政治等，最优方案可能急剧变坏，甚至成为不可行方案，即使并非如此严重，考虑到不确定性因素的影响，也无法保证它是唯一的最优方案。

(2) 不能反映作为约束条件处理的各个目标之间的利益转换关系，难以为利害冲突的有关各方所接受。

(3) 这种唯一的最优，常常不能反映决策者的愿望，甚至引起疑虑，这也是最大的问题。

(4) 往往受水资源配置系统本身及与之相关的决策机构的体制、管理不协调及缺乏评审考核标准与相应的奖励办法、制度等影响。

这些不能不说是当今水资源配置研究成果虽多，而真正能被采纳实施不多的主要原因。

鉴于上述弊端，采用最满意准则（体现的形式很多，如目的、理想、优先权级、效用、最佳均衡等，总之与决策者偏好有关）和多目标函数（如经济的、环境的、社会的等）是必要的。早在20世纪50年代末期，有学者提出人们关心的是寻找和选择满意的决策方案，仅在特殊情况下去寻找和选择所谓最优的决策方案。后人补充说，即使人们确实要寻找最优决策方案，但从实际意义来说，除了特别简单的现实问题外，这样的最优方案是不可能得到的。由于多目标决策技术的性质和灵活性，可以给出各个目标之间的利益转换关系，也能给出所有方案的排队关系，还可根据决策者的偏好和效用给出相应的决策方案。因此，应用多目标决策方法，研制水资源配置多目标分析模型，能适应问题的各种决策要求和扩大决策范围，有利于决策者选出最佳均衡方案。

1.6.5 模型功能向多功能方向发展

为了使模型具有反映客观事物内在联系、符合人类思维方式和成为决策过程的有力工具，水资源配置模型的功能应该是重点研究内容之一，使其具有产生方案、比较方案和评价方案的多种功能。

产生方案，是指通过模型求解，能得到供决策者挑选的多种组合形式的较好方案。比较方案和评价方案，是指可对模型生成的各种方案的各个方面影响做出详尽的分析，并可根据一定的评价准则（其中包括决策者的愿望或偏好）对方案进行分类、比较、排序和择优。

如果水资源配置模型具备上述的功能，就可较好地适应水资源配置所面临的复杂局面。水资源的开发与利用，涉及国计民生、生态环境等广阔领域，其中包括国民经济发展、结构调整、产业布局、地区开发、社会福利、生态环境保护等诸多方面，以及国家、集体和个人的短期、长远利益与人们的心理状态等因素。面对如此复杂、相互矛盾的目标，任何一项水资源配置决策，常常需要反复考虑各种因素、权衡各方面利益后，才能做出一种协调平衡的决策。如果水资源配置模型具有上述的多目标功能，不仅可提供使决策者具有全面权衡利弊得失的各种方案，而且在比较挑选方案过程中，还可以为决策者提供大量决策信息，帮助决策者找到最佳均衡方案。水资源配置决策过程是一个反复研究和逐步深化的动态过程。决策分析伊始，并不能对目标、约束等做出全面准确的定义，也不可能对影响决策的各种因素及其矛盾程度具有全面、深刻的认识，而只能在决策过程中逐步深化。如果决策分析模型具备产生、比较和评价方案的功能，就可在决策过程中，随着决策分析的深入、决策信息的增加、调整模型结构、改善参数等，重新产生方案，做出全面、准确的评价，为最终决策提供源源不断的有用信息。

1.6.6 考虑不确定因素的方案选择

水资源配置系统另一个特点是不确定因素的存在与影响。水资源配置模型方法可以把不确定因素引导到决策者的视野之中，并尽可能地加以处理。但是，其处理不确定因素影响的能力还是有限的。为使现时的决策在今后的多变条件下较好地发挥模型的预定功能和作用，考虑不确定因素的影响是绝对不可忽视的，而且还要加强研究处理不确定因素影响的模型技术和方法。处理不确定性因素影响的方法与途径有：

(1) 用确定的期望值与灵敏度分析相结合的方式来评估不确定因素影响，即以确定的期望值或可接受的临界值来代替不确定的变量，从而用确定性方法来求解，并给出优化方案，然后通过灵敏度分析评估非确定性因素对优化方案的影响程度。这种方法适用于不确定因素变化幅度小，且对系统性能影响不大的场合。

(2) 当考虑的非确定因素变化幅度大，或变幅虽不大但对系统性能影响比较大的场合，这时既要考虑对系统性能的影响，又要估计所选方案失效的风险程度，因此，可采用风险决策中的最大最小准则来处理不确定性因素的影响。

(3) 将多变和非确定性因素并入目标和模型之中，即所谓的随机模型法。这种方法目前只能解决一些较为简单的水资源配置问题。

考虑不确定因素影响，使现今的决策方案具有适应未来多变的性能，不从模型直接入手，而从方案选择中想办法，也是一种值得尝试的途径。这种设想是在决策分析的方案评价准则中，增添一种方案适应条件变化能力的标准，称为稳健性准则，用其作为评价选择方案的一种标准。根据这种评价准则，在水资源配置决策分析中，考虑未来的随机因素变化，不去选择最优的方案（峰值），而是选择适应多变能力强的次优方案，甚至哪怕再次优的方案，作为最终的决策方案。因为最优方案，在条件略加变化下，可能急剧下降变坏，甚至成为不可行解。

考虑随机因素对配置方案的未来影响，还可对有关参数和主要决策变量进行敏感性分析，以便为决策分析提供更多的信息，使决策者在选定方案时有一定的余地考虑随机因素影响的后果。

发展多目标随机规划的非劣解生成技术是很有意义的，但难度相当大。正如解决复杂的水资源配置决策问题，多目标优化、递阶分析方法是有潜力的，但还不能应用到随机条件之下。考虑随机问题，仍不能从整体的随机模型入手，而是利用模型系统在相对独立的子模型中考虑随机因素，并利用现有的随机规划方法来求解，然后再利用高层次的模型生成非劣解集。这样，将随机优化与向量优化分开处理，但又通过高层次模型把它们统一起来，将是一种解决问题的新途径。

1.6.7 大系统多目标分析技术

众所周知，由于大系统的特点，使得20世纪70年代分别发展起来的大系统递阶分析与多目标决策分析逐步融会在一起，形成了大系统多目标递阶分析技术。

大系统递阶分析中，“分解-协调”技术是目前广泛使用的方法，国内译著不少，应用也在逐渐扩展。此外，还有用于动态分散控制的交叠分解法，在水资源配置中应用较广的具有不同形式的多模型方法，这些都为系统分析解决问题的范围增添了新领域。

多目标决策思想出现于19世纪末。作为多目标决策理论基础之一的向量优化理论，是1951年由Kuhn和Tucker导出的非劣性条件奠定的。另一理论是效用理论。大多数的多目标决策技术是20世纪70年代发展起来的，大体上有非劣解生成技术，基于决策者偏好的决策技术、交互式的生成决策技术，以及对非劣方案和方案排队的评价技术等。这些技术有的较为成熟，有的仍在检验发展中。

大系统多目标递阶分析是反映大系统的递阶和多目标的多属性这两个相互联系特点的产物。目前大系统多目标递阶分析方法有：多目标“分解-协调”法、效用函数法、权重法、权衡法、生成法、多目标交叠分解法和多目标模型技术等。

1.6.8 水资源配置决策支持系统

根据水资源配置决策支持系统研究、应用现状和存在的问题，以及水资源规划与管理的实际需要，水资源配置决策支持系统的发展有以下几种趋势。

1. 智能型水资源配置决策支持系统

智能型水资源配置决策支持系统是水资源配置决策支持系统的一个重要发展方向。在水资源规划与管理决策中除部分结构化程度高的问题可以用数学模型描述、定量计算外，有很多问题仅借用于数学模型描述、定量计算是不够的，有一些需要考虑的因素（如决策者的偏好等）是无法定量表示的。因此，开发和研制智能型水资源配置决策支持系统是解决水资源配置决策问题的有效途径。在水资源配置决策支持系统的基础上，研究和开发同时处理含有定量和定性问题的知识库与推理机等，是今后的一个重要研究课题。

2. 多目标水资源配置群决策支持系统

水资源规划与管理决策是由各级部门的多个决策者共同做出的，故水资源配置多目标群决策支持系统较适合目前我国各级决策部门的集体决策方式。随着计算机网络的日益发展，分布式水资源配置决策支持系统将是今后的一个重要研究方向。

3. 集成式水资源配置决策支持系统

单一基于信息的系统、单一基于模型的系统或单一基于知识的系统都无法满足复杂水资源配置决策的需要，将各种方法、知识、工具集成化，形成面向具体问题的综合型决策支持系统是解决水资源配置问题的理想途径：集成式水资源配置决策支持系统应具有数据自动采集和处理、综合信息预警、紧急情况报警和系统监控等功能。

4. 数据采集和通信系统的发展

水资源配置决策所需要的数据量大、类型多，因此各种类型的数据采集和通讯系统的发展将促进水资源配置决策支持系统的进一步开发和广泛应用。同时，数据采集与通讯系统的准确性和可靠性问题将会得到进一步重视和深入的研究、解决。

5. 通用商业软件的广泛应用和友好界面的进一步发展

各种先进的数据库管理软件、计算机图形软件等为水资源规划、设计和运行管理提供了友好界画，节约了很多编程工作，用户友好界面如语言识别、图像识别等将进一步推动水资源配置决策支持系统的发展和应用。

6. 水资源配置决策专家系统

随着人们在水资源开发利用中不断积累和丰富实践经验，以及考虑的因素不断增多和全面，水资源配置问题越加复杂和庞大，决策者或决策机构做出科学的判断和决策将会变得更加困难，因此迫切需要借助于领域专家的知识、经验等来辅助决策者或决策机构做出科学的判断和决策。因而，随着信息技术的不断发展和完善，水资源配置决策专家系统将会应运而生，并将得到迅速发展、普及和应用。

1.6.9 其他方面

1. 水资源优化配置评价

为提高水资源优化配置研究成果的实用价值，水资源优化配置方案的效果评价也是研究的重点课题之一。区域水资源优化配置系统中，各因素相互影响和相互制约机制极其复杂，效果的表现形式各种各样，在建立水资源优化配置的模型时，无论从理论上还是技术上都难以完整体现，难免要做一些简化；同时，在模型中充分反映众多不确定因素影响也很困难；此外，优化配置模型不便直接反映决策者的偏好。因此，研究优化配置方案效果评价的理论、模型和方法，有助于选择符合区域实际的水资源优化配置方案，使水资源优化配置研究成果能更好地指导或应用于区域水资源管理中。

2. 新技术和新方法的应用

新的优化方法和3S（GIS、GPS、RS）技术的应用将丰富水资源优化配置的研究内容，也是提高水资源优化配置效率的有效手段。目前，水资源优化配置模型多采用线性规划、非线性规划、动态规划、模拟技术及它们之间的有机结合，这些方法应用于复杂大系统时会受到一定的限制。新近发展起来的智能优化方法，如遗传算法、模拟退火算法、禁忌搜索法、人工神经网络法和混沌优化法等，对于离散、非线性、非凸等大规模优化问题充分显示出其优越性，必将被越来越广泛地应用。在信息化社会，3S技术在水资源领域的应用已经显示出强大的功能，3S技术与水资源优化配置的理论、模型和方法相结合的水资源优化配置支持系统是非常有前途的研究方向。

3. 气候变化与水资源优化配置

近百年来全球气候正经历一次以全球变暖为主要特征的显著变化。气候变化已成为当今科学界、各国政府和社会公众普遍关注的问题之一。气候变化必然引起水分循环的变化，引起水资源在时空上的重新分布和水资源数量的改变，进而影响生态环境与社会经济的发展。深入研究气候变化背景下水资源优化配置模式，揭示气候变化与水资源以及生态环境变化之间的关系，分析水循环演变特征，评估未来气候变化对流域水资源的影响，建立体现气候变化的水资源优化配置模型，可为未来水资源系统的规划设计、开发利用和运行管理提供科学依据[1]。

第2章 水资源优化配置与调度的理论与技术

水资源优化配置是涉及人口、资源、生态环境、社会经济的复杂巨系统，因此，水资源优化配置理论也会涉及诸多理论，是多学科领域的交叉与融合。比如，可持续发展理论是水资源优化配置的基本指导思想；水文学原理是水量平衡计算、水量预测与统计、径流分析、水资源转化和水循环规律研究的基础；系统分析思想和方法则是水资源优化配置分析的基本工具；生态学则为水资源优化配置过程中环境保护与改善提供保障。本章将从水资源优化配置理论、模型构建技术及方法等方面介绍水资源优化配置的理论体系。

2.1 水资源优化配置理论

我国水资源优化配置理论的发展过程反映了我国水资源开发利用模式的不断发展、不断完善和更新的过程，同时也体现了人类对水资源特性和规律逐步认识的历史过程，大致可以归纳为以下几个体系。

2.1.1 基于“供、需”单方面限制的优化配置理论

“供、需”单方面的限制是指配置过程中简单地强调供给或需求而进行水资源配置的理论，这方面的理论研究以“以需定供”和“以供定需”的配置理论为代表。“以需定供”方式一般用在水资源充足且水力设施能保障供水的地区，这些地区水资源能满足人们的生产、生活和环境需求，但忽略了水资源的资产属性以及区域协调的要求，忽略了水资源的可持续利用能力，从而造成了水资源的极度浪费。“以供定需”则是在水资源短缺或水力设施不足情势下的配置方式，是以有效的水资源供给来进行水资源的配置，需求被限制于可供应的水资源量，从而造成需求的压抑，社会、工业等活动发展受限。水资源可供水量是与经济发展相依托的一个动态变化量，“以供定需”在可供水量分析时与地区经济发展相分离，没有实现资源开发与经济发展的动态协调，可供水量的确定显得依据不足，并可能由于过低估计区域发展的规模，使区域经济不能得到充分发展。

2.1.2 基于经济最优、效率最高的优化配置理论

社会经济的发展需要水资源的持续供给，包括生活保障、工农业生产、服务用水等，水资源已成为经济生产必不可少的投入成分。经济的发展与水资源密切的关系，导致水资源配置出现了对经济效率、社会发展效益保障的配置偏向。这种理论充分地将经济学的投入产出分析及模型应用于水资源的优化配置，强调了水资源优化配置过程中成本与收入的关系，从水资源利用的多维角度来思考水资源配置在不同领域的投入与产出，且将水资源

配置所产生的行业结构变化、经济差异的影响联系起来，综合考虑了水资源不同配置所产生的效益差异，是保障经济迅猛发展的高效配置理论。"八五"计划重要课题《华北地区宏观经济水资源规划理论与方法》在宏观经济水资源配置、规划方面取得了众多成果，促进了我国水资源优化配置的发展。

2.1.3　基于资源、社会经济、生态环境统筹考虑的协调优化配置理论

水资源优化配置不能仅从单方面进行考虑，需要综合区域资源禀赋、社会经济状况及生态环境承载能力各方面的因素。水资源可持续发展理论对水资源优化配置具有重要指导意义，其注重水资源利用的可持续性即在满足当前水资源利用需求的前提下、不损害后代人或后续利用的可持续性的原则是协调优化配置的基本指导原则。协调优化配置充分考虑当前发展的经济形势，遵循人口、资源、环境、经济的协调原则，在保护水环境的同时合理地开发利用，既满足经济发展的效率与效益需求下的水资源供给，又保障了可供持续利用的水环境，是促进国民经济健康稳定发展，生态、水环境协调发展的理想的优化配置理论。但是，由于理想的模式往往缺乏现实的推动力，该理论的研究还局限于特定的区域和理论探讨，未能形成被广泛接受的理论体系。而且，该类型优化配置的研究主要侧重于"时间序列"（如当代与后代、人类未来等）上的认识，对于"空间分布"上的认识（如区域资源的随机分布、环境格局的不平衡、发达地区和落后地区社会经济状况的差异等）基本上没有涉及。可持续水资源利用的研究，难以达到理想的可持续的境界，但是在摒弃片面追求每一项最优的情况下，在人口、资源、环境与经济间可以找到次优或总体目标最优的均衡点，则是协调优化配置理论一直以来的研究重点[7]。

2.1.4　"三生水"配置理论

水资源的需求对象很多，但是大致可以分为三部分：生产需水、生活需水以及生态环境需水，即通常所说的"三生水"。"三生水"配置理论以满足基本生活需水为前提、保障基本生态环境需水为出发点、合理规划生产需水为目的，实现水资源的可持续利用，促进社会经济、生态环境与资源的协调健康发展。

"三生水"配置理论是水资源可持续发展理论的具体实现，将水资源需求分配为生产用水、生活用水以及生态环境需水三部分，在相应目标下生态环境需水量得到充分考虑的前提下进行生产和生活用水的配置，实现区域发展和水资源系统开发的协调发展，既保障区域社会经济的充分发展，也保证区域生态环境免遭破坏。因此，"三生水"配置理论将是实现水资源优化配置的主要发展方向之一。

2.1.4.1　"三生水"配置理论框架

"三生水"优化配置理论是可持续发展理论的深入和具体化。生产需水包括工业用水和农业灌溉用水两部分；生活需水是指城镇居民生活用水和农村人畜用水；生态环境需水量则是指包括环境改善、环境保护以及生物维持其自身发展与保护生物多样性所需要的水量。

生活、生产与生态三者之间相互联系、密不可分。生活是人类各种行为的主要目的，通常用物质消费数量来表征生活水平的高低。生产的主要目的是为了满足生活的需要，生

活所消费的产品与服务是由生产活动来提供的。实现生产与生活之间的均衡，也就是生产的产品完全被人类的生活所消费，是社会经济系统正常运行的一个必然要求。

如果生产的产品没有被生活所消费，则会出现生产与生活之间的矛盾，而当这种矛盾到了一定规模与范围后，整个社会就会出现传统意义上的经济危机。生态系统是人类进行生产与生活活动的生物物理基础，它为人类的各种经济活动提供最终的“源与汇”服务。人们在进行生产与生活的活动中，必须从环境中索取资源（生产资源与生活资源），并必然要将所产生的废物（生产废物与生活废物）排放到环境中去，但是生态系统承载人类活动的规模与能力是有限的。当资源的索取数量与废物的排放数量和种类超过了生态系统的承载能力，那么将导致后者的结构与功能的破坏，从而表现为环境污染或者生态破坏。当生产和生活与生态之间的矛盾达到一定的程度，就会出现所谓的环境危机。显然，处于一种“病态”的自然环境，也就不可能很好地支持生产的发展，满足人们生活对生态环境的资源性与质量性的需求。基于此，“三生水”优化配置理论的目标就是通过合理配置水资源，保证生活、生产和生态的共同发展、协调发展，实现“三生共享，三生共赢”，促进区域社会经济可持续发展。

“三生水”优化配置理论以水资源的可持续利用为指导思想，强调社会经济—人口—资源生态环境的协调发展，遵循水资源的供需平衡，时间和空间上的水量水质统一控制。更重要的是“三生水”优化配置理论特别突出生态环境的保护，生态环境需水量的计算和配置是水资源优化配置的核心内容，它是从生态环境的角度实现水资源在区域生产及生活中的合理分配，以追求区域生态效益与区域社会经济协调发展的水资源优化配置模式。“三生水”优化配置理论思想可用图 2-1 进行描述。可以看出配置器即优化配置模型建立和优化方案评估是“三生水”优化配置理论的重要部分。

2.1.4.2 “三生水”配置理论核心内容

从上述分析可知，“三生水”优化配置理论的基本指导思想可以概括为“生态环境优先，社会和谐发展”，它的具体内容可以从下面几个方面进行阐述。

1. 水量平衡

水量平衡是水资源配置和管理的基本要求，它贯穿于水资源优化配置的始终。首先，这其中包括研究区域水资源总量的科学计算、时空分布规律分析以及水资源构成统计；其次是分析研究区域可开发利用的水资源总量，可开发利用量才是进行水资源优化配置的可操作的水资源总量，在水资源优化配置的整个过程中都必须满足水资源配置总量小于或者等于区域可利用水资源总量，以实现区域水量平衡。

2. 水质控制

事实上，离开水质谈水量是没有任何意义的，只有满足相应水质要求的配置水量才有实际价值。因此，水质模拟和控制是“三生水”优化配置理论的重要内容。建立河段、河流以至区域或流域的水质模拟模型进行控制断面或者控制河段的水质模拟和预测，以保证各用水单位的水质要求，水质控制和水量分配相结合，实现水质水量联合调度，使用水单位在水量、水质上都得到安全保障。

3. 供需协调

供需分析是水资源优化配置的重要内容，水资源优化配置的目的就是要进行水资源的

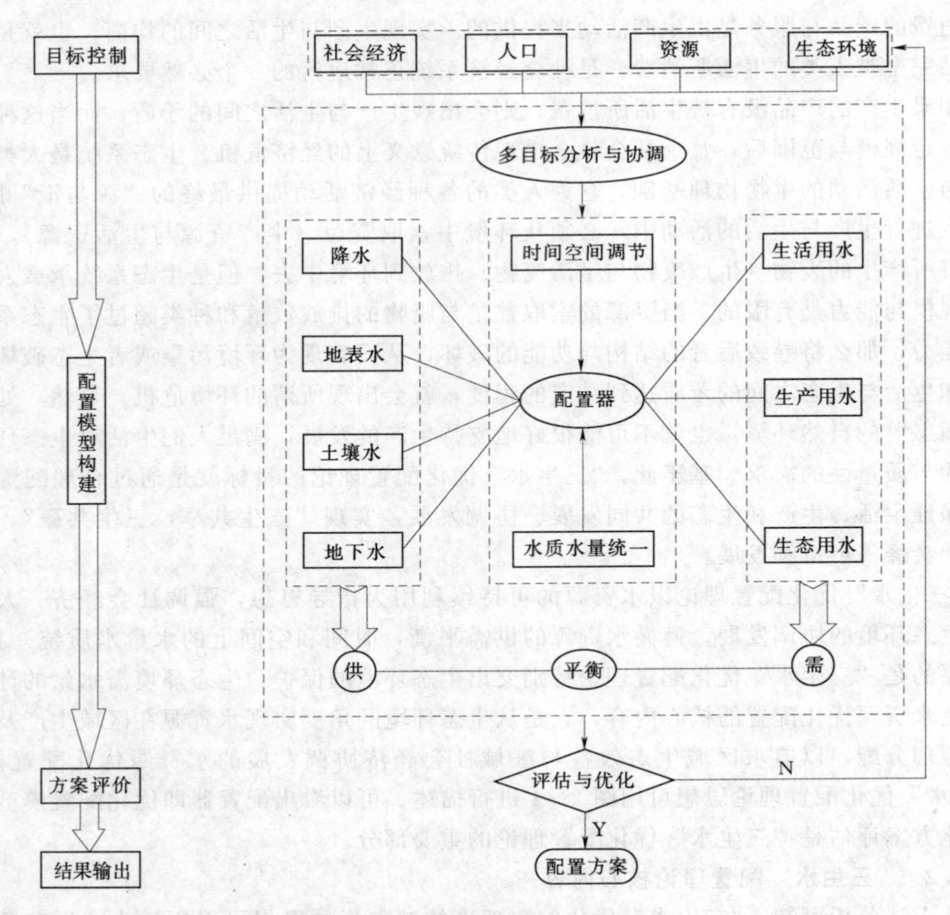

图2-1　“三生水”配置理论框架图

供、需协调，使之最大限度地满足水资源的需求量，保证社会经济的高速稳定发展，同时需水量不能超过区域水资源本身的供水能力，需水分析主要包括生态环境需水、生活需水和生产需水三部分。

4. 时空调节

由于水资源的形式多种多样，比如有降水、洪水、径流、二次水等。一方面，比如降水、洪水等的发生具有随机性，同时还具有量大时短的特点，为此人类修建了大量的水利工程，比如水库，通过水利工程的合理调度可以达到削峰消洪、蓄水调水的目的，从而解决来水和用水之间的时间分布不协调问题；另一方面，在很多地方都存在水资源量在空间上分布不均的状况，比如我国就明显存在南多北少的水资源不平衡问题，在水资源优化配置中可以通过两条途径来解决这一难题。一是工程措施，即建设调水工程将水资源丰富地区的水量调入缺水区，比如南水北调工程；二是从社会经济发展和产业布局出发，所谓量体裁衣，根据研究区域的水资源现状和开发潜力来布置和优化区域产业结构，实现区域社会经济发展和水资源合理开发利用的协调发展。当然，多数情况下需要多种手段同时采用，这应根据具体情况来研究确定。

5.“四水”转换

“三生水”优化配置理论中的“四水”是指降水、地表水、土壤水和地下水，它们互相依存、相互转换、关系复杂，在“三生水”优化配置分析中必须分别对待，合理利用，在量上要准确计算避免重复，同时，针对研究区域的特点综合分析各种水源的合理开发利用模式。

6. 社会经济系统模拟

水资源优化配置的目的之一就是要保证区域社会经济的协调快速发展，因此，水资源优化配置必然与区域社会经济发展水平密切相关，区域社会经济发展水平以及产业结构状况也是水资源优化配置中进行水量分配的依据。主要包括工业、农业、人口发展水平和发展规模的模拟和预测，可以通过投入产出分析模型、生产函数分析模型以及其他统计或经验模型等进行模拟计算，从而实现水资源系统-社会经济系统的有机统一。

比如，人口预测的方法很多，由于我国实行了计划生育的基本国策，因此我国的人口增长具有自己的特征，根据模型精度的要求，对于人口增长的预测采用简化的方法，按照人口的自然增长率进行年度描述，即

$$X_{pop}(Y,N)=X_{pop}(Y-1,N)P_{rat}(Y,N) \tag{2-1}$$

式中：$X_{pop}(Y,N)$ 为某节点某年的人口总数，万人；$P_{rat}(Y,N)$ 为某节点某年的人口自然增长率，即出生率与死亡率的差。

2.1.5 水资源优化配置理论评述

目前的水资源优化配置理论，有的不科学不合理，有的不成熟不完善。同时，虽然可持续发展理论体现了资源、经济、社会、生态环境的协调发展，但目前多是理论研究和概念模型的设计，不便于实际操作。传统的投入产出分析中未能反应生态环境的保护，不符合可持续发展的观念，但基于宏观经济的投入产出分析的水资源优化配置，由于分析思路与目前国家统计部门统计口径相一致，相关资料便于获取，具有可操作实用性。因此，将宏观经济核算体系与可持续发展理论相结合，对现行的国民经济产业以环保产业和非环保产业分类进入宏观经济核算，将资源价值和环境保护融入区域宏观经济核算体系中，建立可持续发展的国民经济核算体系势在必行，以形成水资源优化配置新理论。这一新的理论体系目前实施虽然难度很大，但是只有这样才能彻底改变传统的不注重生态环境保护的国民经济核算体系，使环保作为一种产业进入区域国民经济核算体系，实现真正意义上的水资源可持续利用。“三生水”配置理论很好地体现了生态环境保护以及水资源可持续开发利用的主要思想，是水资源可持续利用的具体体现，将是水资源优化配置的重要理论，但其中生态环境用水量计算理论和方法还在探索实践中，有待进一步完善。

另一方面，我们应该看到，上述各种水资源配置理论在实际应用中又是相互渗透、相互补充的，并没有绝对的界限。比如，宏观经济调控理论可以作为水资源优化配置中社会经济模块构建的基本模型，而供需平衡分析则是任何水资源优化配置系统中必须考虑切不可缺少的内容，“三生水”配置理论中各种用水计算模型或公式可应用于各种理论中，最后，任何水资源优化配置理论都必须充分体现并贯彻可持续发展理论思想。因此，各种理论的发展与完善，以及各种理论的合理交叉渗透与耦合必将是水资源优化配置理论的发展

方向和实现途径[1]。

2.2　水资源优化配置基本原则

水资源优化配置的目标是满足人口、资源、环境与经济协调发展对水资源在时间上、空间上、用途和数量上的要求，使有限的水资源获得最大的利用效益，促进社会经济的发展，改善生态环境。因此，水资源优化配置必须遵循如下主要原则。

1. 可持续发展原则

其目的是为了能使水资源永续地利用下去，也可以理解为代际间水资源分配的公平性原则。它要求近期与远期之间、当代与后代之间在水资源的利用上需要一个协调发展、公平利用的原则，而不是掠夺性地开发利用，甚至破坏，即当代人对水资源的利用，不应使后代人正常利用水资源的权利遭到破坏。由于水资源是一种特殊的资源，是通过水文循环得到恢复与更新的，不同赋存条件的水资源，其循环更新周期不同，所以应区别对待。例如，地下水（尤其是深层地下水），其补给循环周期十分长，过度开发会在质量和数量上影响子孙后代对水资源的利用，还会引起一系列生态环境问题，因此，可持续性原则要求一定时期内其地下水开采量不大于其更新补给量；对地表水，由于水文循环比较频繁，当代人不可能少用一部分水资源而留给后人使用，若不及时利用，就会“付之东流”。当代人的主要任务是如何保护水资源的再生能力，只要当代人的社会经济活动不超过流域或区域水资源的承载能力，并且污染物的排放不超过区域水环境容量，便可使水资源的利用满足可持续性原则。水资源优化配置作为水资源可持续理论在水资源领域的具体体现，应该注重人口、资源、生态环境以及社会经济的协调发展，以实现资源的充分、合理的利用，保证生态环境的良性循环，促进社会的持续健康发展。

2. 节约高效原则

从经济学的观点可解释为：水是有限的自然资源，国民经济各部门对其使用并产生回报。经济上有效的水资源分配，是水资源利用的边际效益在各用水部门中都相等，以获得最大的效益——即在某一部门增加一个单位的水资源利用量所产生的效益，在其他任何部门也是相同的。否则社会将分配这部分水资源给能产生更大效益的部门。需要强调的是这里的高效性不单纯是经济意义上的高效性，它同时包括社会效益和环境效益，是针对能够使经济、社会与环境协调发展的综合利用效益而言的。目前我国的水资源有效利用率较低，单方水的产出明显低于发达国家，节水尚有较大潜力。节约用水和科学用水应成为水资源合理利用的核心和水资源管理的首要任务。农业节水的重点，在于进一步减少无效蒸发与渗漏损失，提高水分利用效率，达到节水增产的目的。工业节水应通过循环用水，提高水的重复利用率，降低定额和减少排污量。城市生活用水应推广节水生活器具，减少生活用水的浪费。随着我国城市化的发展，预计用水会有较大增长，应大力加强城市和工业节水工作。

3. 公平性原则

以满足不同区域间和区域内社会各阶层间，以及个人间对水资源及其效益的合理分配利用为目标，它也许遵循高效性原则，也许与高效性原则有冲突，它既体现为一种权利，也体现为一种义务。在我国，水资源所有权属于国家所有，即人人都是水资源的主人，在水资源使用权的分配上人人都有使用水的权利（尤其是在基本生活用水方面，原则上应人人均等）；同时，人人都有保护水资源的义务。“谁浪费，罚谁款；谁污染，谁治理；谁破坏，谁负责。”其实，各目标的协调发展在某种意义上也是公平性的体现。

2.3 水资源优化配置手段

水资源合理配置的手段有工程手段、行政手段、经济手段和科技手段。

1. 工程手段

通过采取工程措施对水资源进行调蓄、输送和分配，达到合理配置的目的。时间上的调配工程包括水库、湖泊、塘坝、地下水等蓄水工程，用于调节水资源的时程分布；空间上的调配工程包括河道、渠道、运河、管道、泵站等输水、饮水、提水、扬水和调水工程，用于改变水资源的地域分布；质量上的调配工程包括自来水厂、污水处理厂、海水淡化等水处理工程，用于调节水资源的质量。

2. 行政手段

利用法律约束机制和行政管理职能，直接通过行政措施进行水资源配置，调配生活、生产和生态用水，调节地区、部门等各用水单位的用水关系，实现水资源的统一优化调度管理。水资源的统一管理主要体现在流域的统一管理和地域的（主要是城市的）水务统一管理两个方面。

3. 经济手段

按照社会主义市场经济规律的要求，通过建立合理的水使用权分配转让的经济管理模式，建立合理的水价形成机制，以及以保障市场运作的法律制度为基础的水管理机制。利用经济手段进行调节，利用市场加以培植，使水的利用方向从低效率的领域转向高效率的领域，水的利用模式从粗放型向节约型转变，提高水的利用效率。

4. 科技手段

通过建立水资源实时监控系统，准确、及时地掌握各水源单元和用水单元的水信息，科学分析用水需求，加强蓄水管理，采用优化调度决策系统进行优化决策，提高水调度的现代化水平，科学、有效、合理地进行水资源配置。

5. 多种手段并举

由于我国水资源时空分布与经济产业结构布局的严重失调，必要的工程措施（如大中型调节水库、跨流域调水工程）是解决水资源区域分配不均的重要手段，与此同时，还必须认识到对于水资源严重短缺的我国，仅靠工程措施来实现水资源的可持续利用是不够的，还必须强化非工程的措施，如大力推广节水技术，加强水资源开发利用的统一管理等。

2.4 水资源优化配置模型构建概述

水资源优化配置是涉及社会经济、生态环境以及水资源本身等诸多方面的复杂系统工程，水资源优化配置的目的就是要综合考虑各方面的因素，既要各方面协调发展，又要使得各方面都尽可能地得到充分发展，保证区域可持续发展。水资源优化配置的最终实现是通过构建和求解水资源优化配置模型。

模型建立就是确定决策变量与决策目标之间的函数关系，并依据区域特性给出相应的约束条件。一方面，可以利用足够的历史统计数据资料确定决策变量与决策目标之间的函数关系式，建立水资源配置综合模型，如采用这种方法建立北京市人口、资源、环境与经济协调发展的多目标规划模型；另一方面，通过系统考虑涉及社会、经济、资源和环境方面的各种要求，考虑多种目标建立大系统模型。这种方法在实际使用中已显示出它们的优越性，是一种适合于复杂系统综合分析需要的方法，如宏观经济系统、生产效益函数法、投入产出分析、大系统分解协调理论等。由于线性规划有标准的求解方法，且线性规划求解的算法程序很易得到，因而在实际操作中常常把许多复杂的水资源规划问题构造成为线性规划模型。

20 世纪 80 年代初，由华士乾为首的课题组对北京地区的水资源利用系统工程方法进行了研究，并在“七五”国家重点科技攻关项目中加以提高和应用。该项研究成果考虑了水量的区域分配、水资源利用效率、水利工程建设以及水资源开发利用对国民经济发展的作用，成为我国水资源配置研究的雏形。“水资源优化配置”一词，在我国正式提出是 1991 年，当时，为了借鉴国外水资源管理的先进理论、方法和技术，在国家科委和水利部的领导下，中国水利水电科学研究院陈志恺和王浩等在 1991—1993 年期间承担了联合国开发计划署的技术援助项目“华北水资源管理（UNDP CPR/88068）”。此项目首次在我国构建出了华北宏观经济水资源优化配置模型，开发出了京、津、唐地区宏观经济水规划决策支持系统，它包括由宏观经济模型、多目标分析模型和水资源模拟模型等 7 个模型组成的模型库，由 Oracle 软件及 ARC/INFO 软件支持的数据库和多级菜单驱动的人-机界面等，实现了各模型之间的连接与信息交换。

随后，原国家科委和水利部又启动了“八五”国家重点科技攻关专题“华北地区宏观经济水资源规划理论与方法”，许新宜、王浩和甘泓等系统地建立了基于宏观经济的水资源优化配置理论技术体系，包括水资源优化配置的定义、内涵、决策机制和水资源配置多目标分析模型、宏观经济分析模型、模拟模型，以及多层次多目标群决策计算方法、决策支持系统等。中国水利水电科学研究院、黄河水利委员会和长江水利委员会等，分别结合亚洲银行海南项目、UNDP 华北水资源管理项目、国家“八五”攻关“华北地区宏观经济水资源配置模型”“世界银行黄河流域经济模型”“新疆北部地区水资源可持续开发利用”项目以及南水北调项目等，开发和改进了水资源配置优化模型和模拟模型，有效地解决了一批区域性水资源综合规划问题，取得了较好的效果。甘泓、尹明万结合邯郸市水资源管理项目，率先在地市一级行政区域研究和应用了水资源配置动态模拟模型，并开发出界面友好的水资源配置决策支持系统。马宏志、翁文斌和王忠静根据可持续发展理论，在总结和延伸了水资源规划的多目标发展、相互作用、动态与风险性、公众接受和滚动规划的原则基础上，提出一种交互式宏观多目标优化与方案动态模拟相结合的决策支持规划思想和操作方法，用分段静态长系列法模拟水资源系统的动态特性，开发出相应的规划决策支持系统。尹明万和李令跃等结合大连市大沙河流域水资源实际情况，研制出第一个针对小流域规划的水资源配置优化与模拟耦合模型。

在“九五”期间，国家又启动了“九五”国家重点科技攻关项目“西北地区水资源合理开发利用与生态环境保护研究”，将水资源配置的范畴进一步拓展到社会经济-水资源-生态环境系统，配置的对象也发展到同时配置国民经济用水和生态环境用水，并且研究和提出了生态需水量计算方法。甘泓和尹明万等结合新疆的实际情况，研制出了第一个可适用于巨型水资源系统的智能型模拟模型，该模型有两个突出特点：一是考虑了生态供水的要求；二是水系统巨大，要素众多，为保证计算精度和加快计算速度，模型中采用了智能化技术。谢新民、秦大庸等根据宁夏的实际情况和亟待研究解决的问题，基于社会经济可持续发展和水资源可持续利用的观点，利用水资源系统分析的理论和方法，分析和确立宁夏水资源优化配置的目标及要求，建立的水资源优化配置模型系统由 4 个计算模型和两种模式组成分别为：浅层地下水模型、需水预测模型、基于灌溉动态需水量计算的水均衡模型、目标规划模型，以及南部山区当地水资源高效利用模式、引黄灌区地表水与地下水联合高效利用模式等。通过各模型之间不断交换信息、循环迭代计算，对各种方案进行分析和计算，然后建立了能评价和衡量各种方案的统一尺度，即评价指标体系，利用所建立的评价模型对各方案进行分析和评价，最后研制出水资源配置智能型决策支持系统，可为决策者或决策部门提供全面的决策参考和可供具体操作、实施的水资源优化配置推荐方案，为宁夏回族自治区水资源的合理开发和可持续利用提供决策支持。王浩、秦大庸和王建华等在“黄淮海水资源合理配置研究”中，首次提出水资源“三次平衡”的配置思想，系统地阐述了基于流域水资源可持续利用的系统配置方法，其核心内容是在国民经济用水过程和流域水循环转化过程两个层面上分析水量亏缺态势，并在统一的用水竞争模式下研究流域之间的水资源配置问题，是我国水资源配置理论与方法研究的新进展。

王劲峰和刘昌明等针对我国水资源供需平衡在空间上的巨大差异造成了区际调水的需求，提出了水资源在时间、部门和空间上的三维优化分配理论模型体系，包括含 4 类经济目标的目标集、7 类变量组合的模型集和 6 种边际效益类型的边际效益集，由此组成了 168 种优化问题，并提出相应的解析解法。王浩、秦大庸和王建华系统地阐述了在市场经济条件下，水资源总体规划体系应建立以流域系统为对象、以流域水循环为科学基础、以合理的配置为中心的系统观，以多层次、多目标、群决策方法作为流域水资源规划的方法论。尹明万和谢新民等结合河南省水资源综合规划试点项目，根据国家新的治水方针和“三先三后”的原则，在国内外首次建立了基于河道内与河道外生态环境需水量的水资源配置动态模拟模型，无论从规划思想、理念和理论上，还是从模型技术、仿真与求解方法上都有所创新和突破，该模型是一个充分反映了水资源系统的多水平年、多层次、多地区、多用户、多水源、多工程的特性，能够将多种水资源进行时空调控，实现动态配置和优化调度模拟有机结合的模型系统，为科学地制定各种水资源配置方案提供了强有力的技术支撑。

贺北方等研究和提出一种基于遗传算法的区域水资源优化配置模型，利用大系统分解协调技术，将模型分解为二级递阶结构，同时探讨了多目标遗传算法在区域水资源二级递阶优化模型中的应用。赵建世、王忠静和翁文斌在分析了水资源配置系统的复杂性及其复杂适应机理分析的基础上，应用复杂适应系统理论的基本原理和方法，构架出了全新的水资源配置系统分析模型。谢新民和岳春芳等针对珠海市水资源开发利用面临的问题和水资源管理中出现的新情况，采用现代的规划技术手段，包括可持续发展理论、系统论和模拟技术、优化技术等，根据国家新的治水方针，在国家“九五”重点科技攻关研究成果的基础上，建立了珠海市水资源配置模型——基于原水-净化水耦合配置的多目标递阶控制模型，并通过 3 种配置模式和 750 多种配置方案的模拟计算和综合对比分析，给出了 2 种优先推荐的配置模式和 70 多种推荐配置方案，为珠海市未来 20 年时间尺度上的水资源优化配置和统一管理提供了科学的依据。

总之，上述研究成果标志着我国经过了几代人坚持不懈的努力，使我国水资源优化配置研究从无到有，逐步走向成熟[1]。

第3章　水资源优化配置与调度的量化分析

水资源优化配置与调度的最终目的是提出可以实际操作的定量配水方案，因此，正确计算区域水资源总量在各个行业或部门的分配量就成为水资源优化配置模型建立与调度的主要内容。本章较为详细地介绍水资源优化配置的过程中各种水量的计算公式和模型，供水资源优化配置模型中的定量计算作参考。

3.1　水资源总量分析

3.1.1　水资源评价概述

水资源评价通常指水资源的数量、质量、时空分布特征、开发利用条件及可控性的分析评定，是水资源的合理开发利用、管理和保护的基础，也是国家或地区水资源有关问题的决策依据。

水资源在地区上和时间上分布都不均匀。为了满足各部门用水需要，必须根据水资源时、空分布特点，修建必要的蓄水、引水、提水和调水工程，对天然水资源进行时空再分配。由于兴建各种水利、水电工程受到自然、经济和技术条件的制约，可利用水资源的数量及其保证程度有一定限制。因此，在水资源评价中，不仅要研究天然水资源的数量而且要研究各种保证率的可利用水资源的数量，同时，还要科学地预测社会经济不同发展阶段的用水需要量和供需矛盾；通过供需平衡分析，为水资源的合理开发利用和科学管理指出方向，这是水资源评价的最终目的。

水资源评价的重点对象一般是在现实经济技术条件下便于开发利用的淡水资源，特别是能迅速恢复补充的淡水资源，包括地表水资源和地下水资源两部分。地表水与地下水处在统一的水文循环之中，它们密切联系、相互转化，构成了完整的水资源体系。因此，必须统一评价地表水和地下水资源，以免水量的重复估算。水资源的使用价值取决于水的质量，在评价水资源数量的同时，还应根据用水的要求，对水质做出评价。

水资源评价主要包括三个阶段：①基础评价，即收集并整理已有的水文、气象、水文地质资料以及为进行插补用的其他有关辅助性资料，如地形地貌、地理环境等资料；②进一步改进及扩充水文站网，进行细部调查以取得更详细的资料及信息；③对为适应水的供需要求，而提引地表及地下水的管理和控制措施的建议及其评价，包括对评价范围内全部水资源数量、质量及其变化的幅度、时空分布特征和可利用量的估计，各类用水的现状及其前景，评价全区及分区水资源供需状况，预测可能解决水的供需矛盾的途径，为控制水所采取工程措施的正负两方面效益评价及政策性建议等。

3.1.2 地表水资源量计算

地表水资源是指有经济价值又有长期补给保证的重力地表水，即当地地表产水量，它是河川径流量的一部分，因此可以通过对河川径流量的分析来计算地表水资源量。河川径流量即水文站能测到的当地产水量，它包括地表产水量和部分（也可能是全部）地下产水量，是水资源总量的主体，也是研究区域水资源时空变化规律的基本依据，有的国家就将河川径流量视为水资源总量。在多年平均情况下，河川年径流量是区域年降水量扣除区域年总蒸散发量后的产水量，因此河川径流量的分析计算，必然涉及降水量和蒸发量。在无实测径流资料的地区，降水量和蒸发量是间接估算水资源的依据。在天然情况下，一个区域的水资源总补给量为大气降水量；总排泄量为总径流量（地表、地下径流量之和）与总蒸散发量之和。总补给量与总排泄量之差则为蓄水变量。其水量平衡方程可表示为：

$$P=R+E\pm\Delta V \tag{3-1}$$

式中：P 为一定时段内区域降水量，mm；R 为一定时段内区域总径流量，mm；E 为一定时段内区域总蒸发量，mm；ΔV 为一定时段内区域总蓄水变量，mm。

在多年平均情况下，区域蓄水变量可忽略不计，则水量平衡方程可写成：

$$P=\overline{R}+\overline{E} \tag{3-2}$$

上式说明，水资源数量（总径流量）直接与降水量、总蒸散发量的大小有关。水资源的时空分布特点尚可通过降水、蒸发等水量平衡要素的时空分布来反映。因此水资源计算与评价的主要内容就是对水量平衡的各个要素进行定量分析，研究它们的时程变化和地区分布。

3.1.2.1 降水量

根据水资源评价工作的要求，降水量的分析与计算，通常要确定区域年降水量的特征值，研究年降水量的地区分布、年内分配和年际变化等规律，为水资源供需分析提供区域不同频率代表年的年降水量。具体内容如下：

（1）绘制多年平均年降水量及年降水量变差系数等值线图。

（2）研究降水量的年际变化，推求区域不同频率代表年的年降水量。

（3）研究降水量的年内变化，推求其多年平均及不同频率代表年的年内分配过程。

1. 资料分析

（1）资料的收集。

1）了解并收集研究区域内水文站、雨量站、气象站（台）的降雨资料。

2）收集部分系列较长的外围站的记录，了解研究区域外围降雨量分布情况，以正确绘制边界地区的等值线图，并为地区拼接协调创造条件。

3）摘录的资料应认真核对，并对资料来源和质量予以注明，如站址的迁移、两站的合并，以及审查意见等。

4）选择适当比例尺地形图作为工作底图，要求准确、清晰、有经纬度，并能反映地形地貌的特征，以便勾绘等值线时考虑地形对降水及其他水平衡要素的影响。

5）收集以往有关分析研究成果，如水文手册、图集、特征值统计和有关部门编写的水文、气象分析研究文献，作为统计分析、编制和审查等值线图等的重要参考资料。

分析依据站应选择质量较好，系列较长、面上分布均匀，并且能反映地形变化影响的站点。在选站时可参考以往分析成果，根据降雨量地区分布规律和年降雨量估算精度的要求选取。

（2）资料的审查。

1）降雨量特征值的精度取决于降雨量的可靠程度。为保证成果质量，对选用资料应进行以特大、特小数值和新中国成立前的资料为审查重点，进行必要审查和合理性检查。

2）资料的审查一般包括可靠性审查、一致性审查和代表性分析三个方面。通常可通过单站历年和多站同步资料的对照分析，研究其有无规律可循。对于特大、特小等极值要注意分析原因，视其是否在合理的范围内；对突出的数值，往往要深入对照其汛期、非汛期、日、月的有关数值；在山丘区，发现问题要分析测站位置和地形的影响。

3）对采取的以往整编资料中的数据，也要进行必要的审查。

4）资料的审查和合理性检查必须贯穿于工作的各个环节，如资料的抄录、插补延长、分析计算和绘制等值线图等。

（3）系列代表性分析。系列代表性分析主要是为了分析不同长度系列的统计参数（均值、C_v）的稳定性和了解多年系列丰、枯周期的变化情况，作为资料插补延长的参数。一般可选40年以上的长系列作为分析依据。向前计算不同时段（$n=15$，20，24，30，40，…）系列的均值及 C_v 值，并与长系列计算值比较，分析其稳定性。还可以绘制长系列年降雨量过程线、差积曲线和5年滑动平均过程线，分析丰、枯交替变化的规律，评定其代表性。

（4）资料的插补延长。由于我国大部分水文站实测资料年限很短，为了减少抽样误差，提高统计参数的精度，应根据各地具体情况进行适当的插补延长，以保证成果的可靠性。

在插补延长资料时，必须要保证精度。相关关系要有明确的因果关系，相关关系较好，相关曲线外延部分一般不超过相关曲线实测点据变幅的50%，展延资料的年数不宜过长，最多不超过实测年数。

可以根据具体情况采取不同方法插补延长。在气候、地形条件一致时，可搬用邻站同期降雨量资料，或采用附近各站同期降雨量的均值；非汛期降雨量较少，各年变化不大，可用同月降雨量各年平均值插补缺测月份；在年降雨量缺测时，可用该年的降雨量等值线图内插，可用相关法插补延长。在相关分析时，必须选用资料系列较长、资料较好、气候条件与缺测站相一致的参证站。

2. 降水量参数等值线的绘制

（1）分析代表站的选择。降水量分析一般选择资料质量好、实测年限较长、面上分布均匀和不同高程的测站作为代表站。站网密度较大的区域，要优先选择实测年限较长并有代表性的测站，实测年限较短的站点只能作为补充或参考。在我国东部平原地区，降水量梯度较小，主要按分布均匀作为选站的原则。在山区，设站年限一般较短，可根据实际情况降低要求，在个别地区，只有几年观测资料。即使系列很短，也极其宝贵，需用作勾绘多年平均年降水量等值线的参考。

分析代表站选定后，还要尽可能多地搜集分析代表站的降水量资料。降水资料的来源主要有《水文年鉴》《水文图集》《水文资料》《水文特征值统计》以及有关部门编写的水文、气象分析研究报告。有些资料则需到水文、气象等部门摘抄。有了充分的资料，才能比较全面、客观地描述降水量的统计规律，以保证所绘出的统计参数等值线图可靠合理。

（2）年降水量统计参数的分析计算。年降水量统计参数有：多年平均年降水量、年降水量变差系数、年降水量偏态系数。我国普遍采用的确定统计参数的方法是图解适线法，采用的理论频率曲线为P－Ⅲ型曲线。计算时注意，由于同步系列不长，对于特丰年、特枯年年降水量的经验频率，最好由邻近的长系列参证站论证确定，或由旱涝历史资料分析来确定，以避免偶然性。

（3）降水量参数（均值、C_v）等值线图的绘制。

1）将分析计算的各站年降水量统计参数均值和C_v值，分别标注在带有地形等高线的工作底图的站址处。根据各站实测系列长短、资料可靠程度等因素，将分析代表站划分为：主要站、一般站和参考站，绘制等值线图以主要站数据作为控制。

2）绘图前，要了解本地区降水成因、水汽来源、不同类型降水的盛行风向，本地区地形特点及其对成雨条件的影响等。还应搜集以往《水文手册》《水文图集》等分析成果，弄清降水分布趋势及其量级变化，为勾绘等值线图提供依据。

3）勾绘等值线。按“主要站为控制，一般站为依据，参考站作参考”的原则勾绘等值线。勾绘时要重视数据，但不拘泥于个别点据；要充分考虑气候和下垫面条件，参考以往分析成果。绘制山区降水量等值线时，应当注意地形、高程、坡向对降水量的影响。一般来说，随着高程的增加，降水量逐渐增大，但达到某一高程后不再加大，有时反而随高程的增加而减小。从我国部分地区年降水量与高程的关系可以看出这一点。因此，应根据山区不同高程、不同位置的雨量站实测降水量资料，建立降水量与高程的相关图或沿某一地势剖面的降水量分布图，分析降水量随高程的变化。在地形变化较大的地区，可选择若干站点较多的年份，绘制短期（3～5年）平均年降水量等值线图，作为勾绘多年平均年降水量等值线图的参考依据。通常，山区降水量等值线与大尺度地形走向一致，要避免出现降水量等值线横穿山脉的不合理现象。

4）年降水量变差系数C_v值，一般在地区分布上变化不大。但由于可作依据的长系列实测资料的站点不多，多数站点经插补展延后系列参差不齐，算出的C_v值仅可供参考。C_v值是由适线最佳而确定的，有一定的变化幅度，对突出点据，要分析其代表性，是否包括丰、枯年的资料，并要与邻站资料进行对比协调。有的区域幅员较大，难以绘制C_v等值线图，有人建议采用分区综合法确定各分区的C_v值作为该分区的代表值，不绘制等值线图。

（4）等值线图的合理性分析。对绘制的多年平均年降水量及年降水量变差系数等值线图进行合理性分析主要从以下几个方面进行：

1）检查绘制的等值线图是否符合自然地理因素对降水量影响的一般规律。其规律是：靠近水汽来源的地区年降水量大于远离水汽来源的地区；山区降水量大于平原区；迎风坡降水量大于背风坡；高山背后的平原、谷地的降水量一般较小；降水量大的地区C_v值相对较小。如经检查，等值线图不符合这些规律的，应进行分析修正。

2）检查绘制的等值线与邻近地区的等值线是否衔接；与以往绘制的相应等值线有无明显的差异。发现问题应进一步分析论证。

3）检查绘制的等值线图与陆面蒸发量、年径流深等值线图之间是否符合水量平衡原则。如发现问题应按水量平衡原则进行协调修正。

3. 区域多年平均不同频率年降水量计算

根据区域内实测降水量资料情况，区域多年平均及不同频率年降水量的计算有以下两种途径：

（1）区域年降水量系列直接计算法。当区域内雨量站实测年降水量资料充分时，可用区域实测的年降水量资料系列直接计算。其计算步骤为：

1）根据区域内各雨量站实测年降水量，用算术平均法或面积加权平均法，算出逐年的区域平均年降水量，得到历年区域年降水量系列。

2）对区域年降水量系列进行频率计算，即可求得区域多年平均的年降水量及不同频率的区域年降水量。

（2）降水量等值线图法。对实测降水量资料短缺的较小区域，可用降水量等值线图间接计算。其计算过程为：

1）区域降水量等值线图的转绘与补充。为了反映区域内各计算单元降水量的差别，将大面积多年平均年降水量和 C_v 值等值线图转绘到指定区域较大比例尺的地形图上。如本区再无新资料补充，且认为大面积等值线图能够反映本区降水量的变化情况时，则可按原等值线的梯度变化适当加密线距，作为本区多年平均年降水量计算的依据。如本区有补充资料或大面积的等值线图与本区实际情况出入较大时，对原等值线则要加以调整和补充。这时，应充分搜集本区域原勾绘等值线未入选的、近年增加的（包括新设站）的实测降水量资料，补充进行单站年降水量特征值的计算，加密工作底图上的点据。然后根据补充资料及原有资料的可靠性、代表性等，考虑地形、地貌、气候等因素对年降水量的影响，综合分析等值线图的合理性，绘制本区域站点数据更多、比例尺更大、等值线间距更小的年降水等值线图。

2）区域多年平均年降水量的计算。在转绘、加密的多年平均年降水量等值线图上划出本区域范围，量算等值线间的面积，采用面积加权法求得本区域多年平均年降水量。

$$\overline{P}_p=\sum_{i=1}^{n}\frac{\overline{P}_i+\overline{P}_{i-1}}{2}\cdot\frac{f_i}{F} \tag{3-3}$$

式中：$\overline{P}_p$ 为区域多年平均年降水量，mm；$\overline{P}_i$、$\overline{P}_{i-1}$ 为年降水量等值线图上相邻两等值线的年降水量，mm；f_i 为 $\overline{P}_i$ 和 $\overline{P}_{i-1}$ 相邻两等值线间的面积，km^2；F 为区域总面积，km^2。

3）区域不同频率的年降水量计算。当区域面积不大时，区域年降水量的变差系数 C_v 可按区域形心在 C_v 等值线图上查得，或取地区综合的 C_v 值。C_s/C_v 值可取为固定值，查用 P-Ⅲ型理论频率曲线模比系数 K_p 值表，可查得不同频率的 K_p 值，进而计算出不同频率的年降水量。

$$P_{F,P}=K_p\overline{P}_F \tag{3-4}$$

式中：$P_{F,P}$为频率为P的区域年降水量，mm；K_p为频率P相应的模比系数；$\overline{P}_F$为区域多年平均年降水量，mm。

当区域面积较大时上述两种方法的计算成果将有明显的差别。因为区域面积加大后使区域平均年降水量的年际变化匀化，即区域年降水量的变差系数随区域面积加大而减小，与单站点年降水量的变差系数有较大差别。因此，当区域面积较大时，尽量采用区域年降水量系列直接频率计算。

4. 区域年降水量的年内分配

降水量的年内分配可采用两种方式来表示。

(1) 降水量百分率及其出现月份分区图。选择资料质量好，实测系列长且分布比较均匀的测站。分析计算多年平均连续最大4个月降水量占多年平均年降水量的百分率及其出现时间。绘制连续最大4个月降水量占年降水量百分率等值线及其出现月份分区图。

(2) 各代表站不同频率的降水量年内分配。通常采用典型年法。在上述分析的基础上，按降水的类型等特性划分小区。在每个小区中选择代表站，按实测年降水量与某一频率的年降水量相近的原则选择典型年，分析不同典型年年降水的月分配过程。除此以外，尚可以关键供水期降水量推求其年内分配。

3.1.2.2 蒸发量

蒸发量是水量平衡要素之一，它是特定地区水量支出的主要项目。工作中要研究的内容包括水面蒸发和陆面蒸发两个方面。

1. 水面蒸发

水面蒸发是反映陆面蒸发能力的一个指标，它的分析计算对于探讨陆面蒸发量时空变化规律、水量平衡要素分析及水资源总量的计算都具有重要作用。在水资源评价工作中，对水面蒸发计算的要求是：研究水面蒸发器折算系数，绘制年平均年水面蒸发量等值线图。

(1) 水面蒸发器折算系数。水面蒸发器折算系数是指天然水面蒸发量与某种型号水面蒸发器同期蒸发量的比值。我国水利部门用于水面蒸发观测的仪器型号不一，主要有E_{601}型蒸发器（或其改进型）等。各种蒸发器性能不同，测得的水面蒸发量也不相同。因为水面蒸发量的大小除受温度、湿度和风速等因素影响外，还受蒸发器型式、尺寸、结构和制作材料及周围地形等因素的影响。因此，虽然水面蒸发折算系数的研究成果很多，但相互对比往往有较大的差别。不同型号的蒸发折算系数相差很大，同型号的蒸发折算系数也随时间、空间而变化。

水面蒸发器折算系数的时空变化，一般取决于天然水体蒸发量和蒸发器蒸发量影响因素的地区差别，分析结果表明：

1）折算系数随时间而变。年际间折算系数不同，年内有季节性变化。一般呈秋高春低型，南方有的地区呈冬高春低型。晴天、雨天、白天、夜间折算系数也有差别，其差别随蒸发器水面面积的增大而减小。

2）折算系数有一定的地区分布。我国的水面蒸发折算系数存在从东南沿海向内陆逐渐递减的趋势。为了反映折算系数的地区分布规律，可在一定的区域内绘制不同型号蒸发器水面蒸发折算系数等值线图。当水面蒸发站点较少或资料比较缺乏时，也可表示为折算系数分区图。

（2）年平均年水面蒸发量等值线图的绘制。

1）分析代表站的选择。尽量选择实测年限较长、精度较高、面上分布均匀、蒸发器型号为 E_{601} 或 φ80cm 的站点为分析代表站。有的地区观测站点稀少，也可选用 φ20cm 蒸发器的观测站点资料。由于水面蒸发量的时空变化相对较小（据统计，水面蒸发量的 C_v 值一般小于 0.15），故一般具有 10 年以上的资料即可满足分析多年平均年水面蒸发量的要求。在资料缺乏地区，5 年以上的资料也可作勾绘等值线的参考依据。

2）水面蒸发量资料的统一。根据本地区或邻近地区水面蒸发器折算系数的分析研究结果，将所选分析代表站型号不一的年水面蒸发量均折算为同一型号水面蒸发器的年水面蒸发量，一般折算为 E_{601} 型蒸发器年水面蒸发量，即绘制 E_{601} 型蒸发器多年平均年水面蒸发量等值线图。

3）等值线图的勾绘及合理性分析。将各站统一的 E_{601} 型蒸发器多年平均年水面蒸发量标注在工作底图的站址处。分析气温、湿度、风速和日照等气候因素及地形等下垫面因素对水面蒸发量的影响。一般情况下，气温随着高程的增加而降低，风速和日照则随高程的增加而增加，综合影响的结果是水面蒸发量随着高程的增加而减小。此外，平原地区蒸发量一般要大于山区；水土流失严重、植被稀疏的干旱高温地区蒸发量要大于植被良好、湿度较大的地区。对于个别数据过于突出的站点，还要分析蒸发器的制作、安装是否符合规范，局部环境是否有突出影响等。多年平均年水面蒸发量的地带性变化较平缓，勾绘的等值线较稀疏，重点为等值线图整体变化趋势和走向的合理性分析。

2. 陆面蒸发

陆面蒸发指特定区域天然情况下的实际总蒸散发量，又称流域蒸发。它等于地表水体蒸发、土壤蒸发、植物散发量的总和。陆面蒸发量的大小受陆面蒸发能力和陆面供水条件的制约。陆面蒸发能力可近似地由实测水面蒸发量综合反映。而陆面供水条件则与降水量大小及其分配是否均匀有关。一般来说，降水量年内分配比较均匀的湿润地区，陆面蒸发量与陆面蒸发能力相差不大；但在干旱地区，陆面蒸发量则远小于陆面蒸发能力，其陆面蒸发量的大小主要取决于供水条件。

（1）陆面蒸发量的估算。陆面蒸发量因流域下垫面情况复杂而无法实测，通常只能间接估算求得。现行估算陆面蒸发量的方法有以下两类：

1）流域水量平衡方程间接估算法。在闭合流域内由多年平均水量平衡方程可间接求得流域多年平均年陆面蒸发量。

$$\overline{E}=\overline{P}-\overline{R} \tag{3-5}$$

式中：$\overline{E}$ 为多年平均年陆面蒸发量，mm；$\overline{P}$ 为多年平均年降水量，mm；$\overline{R}$ 为多年平均年径流量，mm。

2）基于水热平衡原理的经验公式验算法。通过对实测气象要素的分析，建立地区经验公式计算陆地蒸发量（见径流还原计算部分的经验公式）。但由于流域下垫面情况复杂，影响陆面蒸发的因素多，经验公式参数的率定难度很大，此法估算的陆面蒸发量一般只能作为参考。

（2）多年平均年陆面蒸发量等值线图的绘制。

1）资料的选用：①在一个区域内，选择足够数量的代表性流域。分别用其多年平均年降水量减去多年平均年径流量求得各流域形心处的单站多年平均年陆面蒸发量，并点绘在工作底图的流域形心处。由于它是以实测年降水、年径流资料作为依据的，成果精度较为可靠，故可作为勾绘等值线图的主要依据；②将一定区域的多年平均年降水量和年径流量等值线图相重叠，两等值线交叉点上降水量和径流量的差值，即为该点的多年平均年陆面蒸发量。这种数值是经过年降水、年径流等值线均化的结果，精度相对较差，可作为绘制等值线图的辅助点据；③平原水网区水文站稀少，实测径流资料短缺，难以用水量平衡原理估算当地的陆面蒸发量。当水网区供水条件充分时，陆面蒸发量接近于蒸发能力（近似于 E_{601} 水面蒸发器），这一点可作为勾绘等值线图的一个控制条件。如果平原水网区供水条件不充分，可应用基于水热平衡原理的经验公式，由气象要素的实测值计算陆面蒸发量，补充部分点据，作为勾绘等值线图的参考。

2）分析多年平均年陆面蒸发量地区分布规律。由于陆面蒸发量为降水量与径流量的差值。因此，多年平均年陆面蒸发量的地区分布与多年平均年降水量、多年平均年径流量的地区分布密切相关。一般说来，供水条件较好的南方湿润地区，蒸发能力为影响陆面蒸发量的主导因素。因此，多年平均年陆面蒸发量等值线与多年平均年水面蒸发量等值线有相近的分布趋势。供水条件差的北方干旱区，供水条件为影响陆面蒸发量的主导因素。因此，多年平均年陆面蒸发量的地区分布与多年平均年降水量的地区分布相近。

3）勾绘等值线图。绘图时，以代表性流域水量平衡求得的点据为控制，以交叉点基于水热平衡原理经验公式得出的点据为参考，参照多年平均年水面蒸发量等值线图，多年平均年降水量等值线图及多年平均年径流深等值线图，并参照影响陆地蒸发量的主要自然地理因素，如地形、土壤、植被及水面蒸发量的地区分布图，明确整体走势，勾绘多年平均年陆面蒸发量等值线图，并在与等值线图协调的原则下，反复修改完善。

3.1.2.3　河川径流量

河川径流量的分析与计算，根据水资源评价要求，主要是分析研究区域的河川径流量及其时空变化规律，绘制多年平均年径流深 $\overline{R}$ 和变差系数 C_v 的等值线图，阐明径流年内变化和年际变化的特点，推求区域不同频率代表年的年径流量及其年内时程分配。

1. 径流资料的统计处理

为达到上述计算目的，除要求有可靠的理论和方法外，最重要的是资料完备程度、长度和精度。因此，首先要对径流资料进行统计处理、分析论证，主要包括以下几个方面：

（1）资料的收集。应着重收集以下 5 方面资料：

1）收集研究区域内及其外围有关水文站历年月、年流量资料，并注意收集以往的有关整编、分析计算结果。

2）收集流域自然地理资料，如土壤、地质、植被、气候等，并收集流域的工程情况、规划资料等。

3）收集大中型水库的有关资料，如水位，水位一容积、面积关系曲线，进出库流量资料，蒸发、渗漏等资料。

4）调查工业用水、农业用水，并了解灌区的基本情况。

5）水文站考证资料，包括测站沿革、迁移、变更、撤销、断面控制条件和测验方法、精度、浮标系数。测站集水面积来源情况。

（2）资料的审查。审查方法有上下游或相邻流域过程线对比、水量平衡、降雨径流关系等方法，可根据实际情况选择应用。审查工作应贯穿于资料统计、插补延长、等值线图绘制等各个环节中，发现问题应随时研究解决。

（3）径流资料的还原计算。

1）还原的目的和要求。水资源评价量为天然状态下的年径流量，它是指流域集水面积范围内，人类活动影响较小，径流的产生、汇集基本上在天然状态下进行时，河流控制测流断面处全年的径流总量。

由于人类活动的影响，使流域自然地理条件发生变化，影响地表水的产流、汇流过程，从而影响径流在时间、空间和总量上的变化，使河流（河道）测流断面的实测径流量不能代表天然径流量。如跨流域引水，修水库、塘堰等水利工程，旱改水，植树造林等措施将使蒸发增加，减少年径流量。因此需对实测资料进行还原计算，得到天然径流量。

还原计算应采用调查和分析相结合的办法，并要加强调查。凡有观测资料的，应采用观测资料计算还原水量，如无观测资料可通过调查分析进行估算。尽可能收集历年逐月用水资料，如果确有困难，可按用水的不同发展阶段选择丰、平、枯典型年份，调查其年用水量及年内分配情况，推算其他年份还原水量。

2）还原计算方法。将受人类活动调蓄和消耗的这部分径流量加到实测值中，称为年径流的还原计算。

还原计算时，尽可能按资料系列逐月、逐年还原。还原计算应按河系自上而下，按水文站控制断面分段进行，然后累积计算。引用河水和地下水应分开，还原时只计算河川径流部分。由于大量开采地下水，对河川径流量有明显影响的地区，应加以说明。

3）还原水量的合理性检查，包括：①工业、农业等用水合理性检查；②对还原后的年径流量进行上下游、干支流和地区间的综合平衡，分析其合理性；③对还原计算前后的降雨径流关系，进行对比分析，看还原后的关系是否改善。

（4）资料的插补延长。资料的插补延长有以下两种情况：

1）月径流资料的插补延长，根据不同情况进行插补延长。①对于有水位资料而无径流资料的月份，可以借用相近年份的水位流量关系推求流量，但要分析水位流量关系的稳定性及外延精度；②对于枯季缺月资料插补可用历年均值法、趋势法、上下游月流量相关法推求；③汛期缺月资料插补采用上下游站或相邻流域月径流量相关法、月降雨量—月径流量相关法推求。

2）年径流资料的插补延长，一般可采用上下游站的年径流相关、与邻近流域站的年径流相关、流域平均年降水量与年径流相关、汛期流量与年径流相关等方法推求。

2. 多年平均年径流深及年径流变差系数等值线图的绘制

（1）代表站的选择。绘制的水文特征值等值线图应反映该水文特征值的地带性变化，这种地带性变化是气候因素和下垫面因素综合作用的结果。等值线图应具有可移用性。因此，绘制 $\overline{R}$ 和 C_v 等值线图应选用具有地理代表性的中等流域面积水文站的计算值为主要依据，其集水面积一般为 300～5000km²。流域面积过小的水文站，其年径流统计特征值由于受局部下垫面因素影响较强而对邻近地区代表性不足；流域面积过大的水文站其年径流统计特征值由于受到径流变化匀化的影响而对邻近地区失去代表性。在站网稀少的地区，选站条件可以适当放宽。代表站选定后，根据各站实测径流资料的可靠性和径流还原计算的精度，将代表站划分为主要站、一般站、参考站三类。

对于大江大河径流较大流域面积的水文站，用上下游站相减的方法得到区间流域的年径流量，除以区间面积得到区间流域的年径流深，计算其统计特征值，可作为勾绘年径流深 $\overline{R}$ 及变差系数 C_v 等值线图的参考。

（2）统计参数的计算与点绘。各代表站按同步年径流系列计算其统计参数 $\overline{R}$、C_v，分别点绘在代表站流域径流分布形心处。当流域的自然地理条件比较一致、高程变化不大时，以流域形心作为径流分布的形心。

（3）$\overline{R}$、C_v 等值线图的勾绘和合理性检查。将各代表站的 $\overline{R}$、C_v 值点注完毕，即可着手勾绘等值线。在有充分实测径流资料的情况下，基本上可依据各点所标数值进行勾绘。首先勾绘出主要的等值线，以确定等值线分布和走向的大致趋势，然后再进行加密。

3. 河川径流量的分析计算

根据研究区域的气象及下垫面条件，综合考虑气象、水文站点的分布、实测资料年限与质量等情况，河川径流量的计算可采用代表站法、等值线图法、年降雨径流相关图法、水热平衡法等。

（1）代表站法。代表站法的基本思路是在研究区域内，选择一个或几个位置适中、实测径流资料系列较长并具有足够精度、产汇流条件有代表性的站作为代表站。计算代表站逐年及多年平均年径流量和不同频率的年径流量。然后根据径流形成条件的相似律，把代表站的计算成果按面积比或综合修正的办法推广到整个研究范围，从而推算区域多年平均及不同频率的年径流量。

1）区域逐年及多年平均年径流量的计算。

（a）当研究区域与代表站所控制的面积相差不大，自然地理条件也相近时，可用下式计算研究区域逐年或多年平均年径流量：

$$W_{区}=\frac{F_{区}}{F_{代}}W_{代} \tag{3-6}$$

式中：$W_{区}$ 为研究区域年径流量或多年平均年径流量，m³；$W_{代}$ 为代表站控制范围的年径流量或多年平均年径流量，m³；$F_{区}$、$F_{代}$ 分别表示研究区域和代表站的面积，km²。

（b）若研究区域内有两个或两个以上代表站，则将全区域划分为两个或两个以上部分。每部分有一个代表站。其各部分的计算同上，全区的年与多年平均径流以两个或两个以上分区的面积为权重计算。

（c）当代表站的代表性不理想时，例如自然地理条件相差较大，此时不能采用简单的面积比法计算全区逐年及多年平均年径流量，而应当选择一些对产水量有影响的指标，对全区逐年及多年平均年径流量进行修正，方法如下：

a）用多年平均降水量进行修正。在以面积为权重的计算基础上，考虑代表站和研究区域降水条件的差异，进行修正。

b）用多年平均年径流深修正。该法不仅考虑代表站和研究区域降水量的差异，也考虑下垫面对产水量的综合影响。因此引入多年平均年径流深进行修正。

c）用年降水量或年径流量修正。当研究区域和代表站有足够的实测降水和径流资料时可用此法，即在以面积为权重的基础上，用式（3-6）计算逐年的年径流量，求其算术平均值即为多年平均年径流量。

2）区域不同频率年径流量的计算。用以上方法求得研究区域连年径流量，构成了该区域的年径流系列。在此基础上进行频率计算即可推求研究区域不同频率的年径流量。

（2）等值线图法。当区域面积不大并且缺乏实测径流资料时，可由多年平均年径流深和年径流变差系数 C_v 等值线图量算和查读出本区域多年平均的年径流量和变差系数 C_v 值，由此求得不同频率代表年的年径流量。步骤如下：

1）多年平均年径流深与年径流变差系数 C_v 等值线图的转绘和加密。径流等值线图是根据大范围中等流域资料绘制的，往往难以反映区域内局部因素对径流的影响，也不能满足区域内各计算单元径流量估算的需要。因此，可将大范围绘制的等值线及所依据的资料点据转绘到本区域较大比例尺的地形图上。充分利用本区域内各雨量站实测降水量资料、短系列实测径流资料、区域的年降水径流关系等资料，补充部分点据，加密本区域的等值线图。

2）计算区域多年平均及不同频率的年径流量。

（a）根据转绘加密后的等值线图，在区域范围内，量算相邻两等值线之间的面积（为简便起见，可也以求积仪读数来表示）。采用面积加权法推求区域多年平均的年径流量。

$$\overline{R}_{区}=\frac{\overline{R}_1 f_1+\overline{R}_2 f_2+\cdots+\overline{R}_n f_n}{f_1+f_2+\cdots+f_n}=\frac{1}{F_{区}}\sum\overline{R}_i f_i \tag{3-7}$$

$$\overline{W}_{区}=R_{区}\ F_{区} \tag{3-8}$$

式中：$\overline{R}_{区}$ 为区域多年平均年径流深，m；$\overline{R}_i$ 为相应于面积 f_i 上的多年平均年径流深，一般取相邻两等值线径流深的平均值，m；$F_{区}$ 为区域总面积，m^2；$\overline{W}_{区}$ 为区域多年平均年径流量，m^3。

（b）当区域面积较小，在中等流域面积范围内时，区域年径流 C_v 值可利用区域形心查 C_v 等值线图得出。如果区域面积超出中等流域面积范围较多，由等值线图查出的 C_v 值应加以修正，修正方法可借助于年径流 C_v 值与流域面积 F 的经验公式。

$$C_{v,R}=\frac{\gamma\cdot C_{v,P}}{a^n+m\lg F} \tag{3-9}$$

式中：$C_{v,R}$ 为年径流变差系数；$C_{v,P}$ 为年降水量变差系数；a 为年径流系数；F 为流域面积，km^2。

求得区域年径流变差系数 C_v 值，再根据前面求得的多年平均年径流量，即可求出区域不同频率的年径流量。

（3）年降雨径流相关图法。在研究区域上，选择具有实测降水径流资料的代表站，逐年统计代表站流域平均年降水量和年径流量，建立年降水径流相关图。如本区域气候、下垫面情况与代表站流域相似，则可由区域逐年实测的平均年降水量在代表站年降水径流关系图上查得区域逐年平均的年径流量。进行频率计算，即可得到不同频率的区域年径流量。

4. 河川径流量的年内分配

受气候和下垫面因素的综合影响，河川径流的年内分配情势常常是很不相同的。即使年径流量相差不大，其年内分配也常常有所区别。这对水资源开发工程规模的选定、工农业和城市生活用水等也会带来很大的影响。因此，需要研究河川径流量的年内分配。提出正常年或丰、平、枯等不同典型年的逐月河川径流量，为水资源的开发利用提供必要的依据。在一般情况下，河川径流量年内分配的计算时段、项目和方法，应依据国民经济部门对水资源开发的不同要求、实测资料情况、区域面积大小和河川径流量的变化幅度来确定。

(1) 多年平均年径流的年内分配。常用多年平均的月径流过程、多年平均的连续最大4个月径流百分率和枯水期径流百分率表示多年平均年径流的年内分配。

1) 多年平均的月径流过程。常用月径流量多年平均值与年径流量多年平均值比值的柱状图或过程线表示。

2) 多年平均连续最大4个月径流百分率。多年平均连续最大4个月径流百分率指最大4个月的径流总量占多年平均年径流量的百分数。可以绘制百分率的等值线图，就是将各代表站流域的百分率及出现月份标在流域形心处，绘制等值线而成。也可按出现月份进行分区，一般在同一分区内，要求出现月份相同、径流补给来源一致、天然流域应当完整。

3) 枯水期径流百分率。指枯水期径流量与年径流量比值的百分数。根据灌溉、养鱼、发电、航运等用水部门的不同要求，枯水期可分别选为5—6月、9—10月或11月至次年4月。也可绘制枯水期径流百分率等值线图。

(2) 不同频率年径流的年内分配。一般采用典型年法，即从实测资料中选出某一年作为典型年，以其年内分配形式作为设计年的年内分配形式。典型年的选择原则是使典型年某时段径流量接近于某一统计频率相应时段的径流量，且其月分配形式不利于用水部门的要求和径流调节。选出典型年后对其进行同倍比放缩求出设计年相应频率的径流年内分配过程。

3.1.2.4　山丘区地表水资源量计算方法

(1) 有水文站控制的河流，按实测径流还原后的同步系列资料推求多年平均年径流量，再加上或减去水文站至出山口由等值线图或水文比拟法计算出的产水量，即为河流出山口多年平均年径流量。

(2) 没有水文站控制的河流，包括季节性河流和山洪沟，只要有山丘区集水面积的，可用等值线图或水文比拟法估算出年径流量。

将评价区内有水文站控制的河流的天然年径流量和用等值线图或水文比拟法估算的年径流量相加即为评价区内的河流总径流量。若评价区界限与流域天然界线一致，评价区河流径流量即为评价区内降水形成的地表水径流量。若评价区界线与流域天然界线不一致，当出山口河流径流量包含评价区外产流流入本区的水量时，评价区地表水资源量应从出山口河流总径流量中扣除区外来水量，当评价区内河流有水量在出山口前流出境外时，则评价区地表水资源量应为出山口水资源量加未控制的出境水量。

3.1.2.5 平原区地表水资源量计算方法

1. 水面产流计算

水面产流（净雨深）为降雨量与蒸发量之差，即

$$R_W = P - C_E E \tag{3-10}$$

式中：P 为日降雨量，mm；E 为蒸发皿的蒸发量，mm；C_E 蒸发皿折算系数；R_W 为水面日净雨深，mm。

对于平原地区圩区内水面产流计算需进一步考虑水体的调蓄作用，计算过程如下：

$$W_E = W_S + (P - C_E E) \tag{3-11}$$

当 $W_E \leqslant W_M$ 时，不产流，即

$$R_W = 0 \tag{3-12}$$

当 $W_E > W_M$ 时，产流量为：

$$R_W = W_E - W_M \tag{3-13}$$

式中：W_E 为圩内水体时段末蓄水量，mm；W_S 为圩内水体时段初蓄水量，mm；W_M 为圩内水体蓄水容量，mm。

2. 水田产流计算

水田产生的净雨深按照田间水量平衡原理来确定。为了保证水稻的正常生长，水稻在不同的生育期需要田面维持一定的水层深度，其中起控制作用的水田水层深度有水田的适宜水深上限、适宜水深下限、耐淹水深等。适宜水深下限主要控制水稻不致因水田水深不足，失水凋萎影响产量，当水田实际水深低于适宜水深下限时，需及时进行灌溉。适宜水深上限主要是控制水稻最佳生长允许的最大水深，每次灌溉时以此深度作为限制条件。耐淹水深主要控制水田的水层深度不能超过其值，当降雨过大而使水层深度超过耐淹水深时，要及时排除水田里的多余水量，水田的排水量即为水田所产生的净雨深。

以日为时段的田间水量平衡方程式如下：

$$H_2 = H_1 + P + M_i - \alpha C_E E - R_R \tag{3-14}$$

当 $H_2 > H_P$ 时

$$R_R = H_2 - H_P, M_i = 0, H_2 = H_P \tag{3-15}$$

当 $H_D < H_2 < H_P$ 时

$$R_R = 0, M_i = 0, H_2 = H_1 + (P - \alpha C_E E) \tag{3-16}$$

当 $H_2 < H_D$ 时

$$R_R = 0, M_i = H_U - H_1 - (P - \alpha C_E E), H_2 = H_U \tag{3-17}$$

式中：H_1、H_2 为每日初、末水稻田水深，mm；α 为水稻各生长期的需水系数；H_P 为各生长期水稻耐淹水深，mm；H_U 为各生长期水稻的适宜水深上限，mm；H_D 为各生长期水稻的适宜水深下限，mm；R_R 为时段内水稻田排水量，mm；M_i 为时段内水稻田的灌溉水量，mm；其他符号意义同前。在非水稻种植季节，水田类下垫面作为旱地处理，产流按旱地产流方法计算。

3. 旱地（包括非耕地）产流计算

在我国湿润地区，由于雨量充沛，地下水丰富，因此地下水位较高，非饱和带较薄，特别是湿润地区非饱和带的下部，土壤含水量常年保持在田间持水量。同时，湿润地区往往植被良好，根系发育，土壤表层疏松，下渗能力较大，雨强超过下渗能力就比较困难。在这种情况下，降雨强度对径流的影响不明显，其产流方式主要是降雨量补足非饱和带缺水量之后全部形成径流，即蓄满产流方式。另外，湿润地区由于植被比较茂盛，根深作物及树木能够吸取深层土壤水分，继续提供散发，因此宜将流域平均蓄水容量分为三层来考虑流域的蒸散发量。太湖流域地处我国南方湿润地区，流域植被覆盖良好，可以采用三层蒸散发模型的蓄满产流模型来计算旱地下垫面的降雨所产生的流域总径流量。建立 B 次方的抛物线形的流域蓄水容量曲线解决流域内土壤缺水量分布不均匀的问题。分为下面两种情况计算流域的总径流量。

当 $P-E\leqslant 0$，则

$$R=0 \tag{3-18}$$

当 $P-E+A<W_{MM}$，则

$$R=P-E-(W_M-W)+W_M\left(1-\frac{P-E+A}{W_{MM}}\right)^{1+B} \tag{3-19}$$

当 $P-E+A>W_{MM}$，则

$$R=P-E-(W_M-W) \tag{3-20}$$

式中：R 为产流量，mm；P 为降雨量，mm；W_M 为流域平均蓄水容量，mm；W 为流域平均蓄水蓄量，mm；B 为流域蓄水容量曲线抛物线指数。

A 是流域蓄水容量曲线上与 W 相应的纵坐标值（mm），计算公式如下：

$$A=W_{MM}\left[1-\left(1-\frac{W}{W_M}\right)^{\frac{1}{1+B}}\right] \tag{3-21}$$

W_{MM}是流域最大点蓄水容量（mm），考虑流域不透水面积，计算公式如下：

$$W_{MM}=W_M\left(\frac{1+B}{1-I_{MP}}\right) \tag{3-22}$$

式中：I_{MP}为流域不透水面积占全流域面积之比值。

E 是流域蒸散发量（mm），计算公式如下：

$$E=KE_M \tag{3-23}$$

式中：K 为蒸散发折算系数；E_M 为实测水量蒸发量，mm。

用三个土层的模型，将流域土壤平均蓄水容量 W_M 分为上层蓄水容量 W_{UM}、下层蓄水容量 W_{LM}与深层蓄水容量 W_{DM}；将流域土壤平均蓄量 W 分为上层蓄量 W_U，下层蓄量 W_L 与深层蓄量 W_D。降雨先补充上层，当上层蓄满时继续补充下层，当下层蓄满时继续补充深层；蒸散发则是先消耗上层的蓄水，当上层蓄水消耗完以后继续消耗下层蓄水，当下层蓄水消耗完以后继续消耗深层蓄水。

当上层蓄量足够时，上层蒸散发为：

$$E_U=E \tag{3-24}$$

当上层蓄水耗干，而下层蓄量足够时，下层蒸散发为：

$$E_L = E\frac{W_L}{W_{LM}} \tag{3-25}$$

当下层蓄水亦不足，要触及深层时，深层蒸散发为：

$$E_D = CE \tag{3-26}$$

式中：C 为深层蒸散发系数。

4. 建设用地产流计算

建设用地由各种不透水、半透水和透水的面积组成，将其划入旱地（包括非耕地）进行产流计算。对于建设用地下垫面中的各种不透水面积对产流的影响，用蓄满产流模型中的不透水面积占全流域面积的比值来加以考虑。

5. 分区总产流计算

各分区的总日净雨深为各类下垫面日净雨深乘以其相应的面积权重后相加，即

$$R_S = A_W R_W + A_I R_I + A_R R_R + A_D R_D \tag{3-27}$$

式中：A_W、A_I、A_R、A_D 分别为水面、城镇建成区、水田及旱地面积占各分区总面积的权重；R_S 为各分区的总日净雨深，mm。

3.1.3 地下水资源量计算

地下水资源是总水资源的重要组成部分。区域地下水资源是指区域浅层地下水体在当地降水补给条件下，经水循环后的产水量。在区域水资源分析计算中，要求查清本区域地下水资源的水量、水质及其时空分布特点，分析地下水资源的循环补给规律。了解地下水与地表水之间的相互转化关系，推求多年平均和不同代表年的地下水资源量，为工农业生产和水利规划提供科学依据。

为正确计算和评价地下水资源量，通常按地形地貌特征、地下水类型和水文地质条件，将区域划分为若干不同类型的计算分区。各计算分区采用不同的方法计算地下水资源量，计算成果按流域和行政区划进行汇总。总的说来，按地下水资源计算的项量、方法不同，主要分为山丘区和平原区两大类型。一般山丘区、岩溶区及黄土高原丘陵沟壑区地下水资源的计算项量、方法大体相同，统称为山丘区；平原区、山间盆地平原区、黄土高原塬台阶地区、沙漠区及内陆闭合盆地平原区地下水资源的计算项量、方法相近或类同，统称为平原区。

地下水资源计算的基本方法主要有四大储量（静储量、动储量、调节储量和开采储量）法、地下水动力学法、数理统计法和水均衡法等。区域水资源评价常用的方法为水均衡法。水均衡法以均衡区的水量平衡分析为基础。研究地下水各项补给量，各项排泄量和地下水量变量之间的动态关系。计算均衡区地下水的各项补给量、排泄量。根据多年平均水量平衡方程，得出地下水资源量。

地下水资源量＝总补给量－总排泄量

山丘区以总排泄量估算总补给量，代表地下水资源量；平原区以总补给量代表地下水资源量。地下水开发程度较高的平原区，还需估算地下水可开采量。

3.1.3.1 山丘区地下水资源量的计算

目前，直接计算山丘区地下水补给量的资料尚不充分，故可根据水均衡法的原理用地

下水的排泄量近似作为补给量。计算公式为：

$$\overline{W}_{g山}=\overline{R}_{g山}+\overline{C}_{潜}+\overline{C}_{侧山}+\overline{C}_{泉}+\overline{E}_{g山}+\overline{g}_{山} \quad (3-28)$$

式中：$\overline{W}_{g山}$为山丘区地下水的总排泄量，m^3；$\overline{R}_{g山}$为河川基流量，m^3；$\overline{C}_{潜}$为河床潜流量，m^3；$\overline{C}_{侧山}$为山前侧向流出量，m^3；$\overline{C}_{泉}$为未计入河川径流的山前泉水出露量，m^3；$\overline{E}_{g山}$为山间盆地潜水蒸发量，m^3；$\overline{g}_{山}$为浅层地下水开采的净消耗量，m^3。

上式各项排泄量中，以河川基流量为主要部分，也是分析计算的主要内容。对于我国南方降水量较大的山丘区其他各项排泄量相对较小，一般可忽略不计。

1. 河川基流量的计算

河川基流量为地下水对河道的排泄量，山丘区河流坡度陡河床切割较深，水文站实测的逐日平均流量过程线既包括来自地表的地表径流，又包括来自地下水的河川基流量。河川基流量可通过分割实测流量过程的方法近似求得。

(1) 分析代表站的选择。区域河川基流量由分割区域内代表站的实测流量过程线求得。分析代表站的选择应满足下列条件：

1) 代表站流域应为闭合流域，即地表、地下分水线基本一致。

2) 代表站流域的地形、地貌、植被和水文地质条件对本区域有足够的代表性。

3) 代表站流域面积一般为200～5000km^2。水文站稀少的区域，可以适当放宽面积界限。所选站点应力求面上分布均匀。

4) 代表站实测流量资料系列较长。至少应包括丰水年、平水年、枯水年内的10年以上实测流量资料。

5) 代表站流域受人类活动的影响较小。

(2) 常用的几种分割法。

1) 直线平割法。将枯季无降水时期的某一特征最小流量作为河川基流量，水平直线分割日流量过程线。直线以上部分为地表径流量，直线以下部分即为河川基流量。直线平割法方法简单，工作量小。

2) 直线斜割法。在平均流量过程线上，自起涨点至峰后无雨情况下退水段的转折点(拐点)，用直线相连，直线以下部分即为河川基流量。直线斜割法为分割基流的基本方法，关键是退水拐点的确定。常用的方法有：①综合退水曲线法。在历年日平均流量过程线上，选择峰后无雨、退水较匀称的退水段过程线若干条，将各条退水段过程线用相同的坐标比例绘出，在水平方向上移动，使其尾部重合，绘出外包线，即为综合退水曲线，或称标准退水曲线。把综合退水曲线绘在透明纸上，再在欲分割的流量过程线上水平移动使其与实测流量过程线退水段尾部相重叠，两条曲线的分叉处即为退水拐点。如不同季节的退水规律不同，也可分季节选定不同的综合退水曲线；②消退流量比值法；③消退系数比较法。对退水曲线方程取对数得：

$$\lg Q_t=\lg Q_0-\beta t \quad (3-29)$$

此式说明“$\lg Q_t$”与“t”的关系为坡度“$-\beta$”的直线。因此可将退水曲线日流量过程线点绘在半对数纸上。由于地表径流消退快，β值大，地下径流消退缓慢，β值小。绘在半对数纸上的退水过程线呈现出两段坡度不同的直线。其转折点即为所求的退水拐点。

3) 经验关系法。在我国南方湿润地区，流量过程多呈复式峰，很难用上述方法分析确定综合退水曲线退水转折点，此时可采用一些经验公式控制。

（3）多年平均河川基流量的计算。

1）长系列法。点绘历年日流量过程线，分割基流。求得各年河川基流量算术平均值即为多年平均年河川基流量。

2）典型年法。点绘典型年日流量过程线，分割基流。求得各典型年河川基流量，并按各典型年河川基流量占总径流量比例的均值计算多年平均的河川基流量。

3）代表年径流量与河川基流相关法。选择8～10年代表性年份，分割基流，求得各代表年的年河川基流量。根据逐年年径流量，查相关图得未分割基流年份的年河川基流量，并计算其多年平均年河川基流量。

（4）不同频率的年河川基流量。根据历年的年河川基流量用频率计算方法求得不同频率的年河川基流量。有的代表站受水文地质条件的限制，河川基流量经验频率曲线有时呈上凸形状，其 C_v 为负值。这时，为直接应用现行的P-Ⅲ型理论频率曲线计算不同频率河川基流量，需将上凸的经验频率曲线转换为下凹的经验频率曲线。

（5）区域河川基流量的计算。

1）模数分区法。

（a）分别计算区域内各代表站的多年平均年河川基流模数

$$M_{基}=\frac{W_{基}}{f} \tag{3-30}$$

式中：$M_{基}$ 为代表站多年平均年河川基流模数，m^3/km^2；$W_{基}$ 为代表站多年平均年河川基流量，m^3；f 为代表站流域面积，km^2。

（b）按区域植被、岩性及地质构造等分布特征将区域划分为若干均衡计算区，每个计算区包括一个或几个分割基流的代表站。

（c）计算各均衡区的平均基流模数。可用各区代表站基流模数按代表面积加权平均求得。

$$\overline{M}=\frac{1}{\sum f_i}\sum M_{基}\ f_i \tag{3-31}$$

式中：$\overline{M}$为计算区平均基流模数，m^3/km^2；f_i 为均衡计算区各站代表面积，km^2；$M_{基}$ 为均衡计算区各站基流模数，m^3/km^2。

（d）计算区域河川基流量，计算公式为：

$$\overline{R}_g=\sum M_i F_i \tag{3-32}$$

式中：$\overline{R}_g$ 为区域河川基流量，m^3；M_i 为各均衡计算区平均基流模数，m^3/km^2；F_i 为各均衡计算区的面积，km^2。

2）等值线法。在水文地质条件比较单一的区域，可以用等值线图法计算区域河川基流量。其步骤如下：①将各代表站的多年平均年河川基流深点绘在地形图上各站流域面积形心处；②参照地形、地貌和水文地质图勾绘多年平均年基流深等值线图；③用面积加权平均法计算区域多年平均年河川基流量，即

$$\overline{R}_R=\sum f_i R_i \tag{3-33}$$

式中：$\overline{R}_R$ 为区域多年平均年河川基流量，m^3；f_i 为任意两条等值线间的面积，m^2；R_i

为相邻两条等值线基流深的算术平均值，m。

2. 其他排泄量的计算

(1) 河川潜流量。流经河床松散沉积物中未被水文站测得的径流量称为河床潜流量。

$$U_{潜}=KIAt \tag{3-34}$$

式中：$U_{潜}$为河床潜流量，m^3；K为渗透系数；I为水力坡度；A为垂直于地下水流向的河床潜流过水断面面积，m^2；t为潜流历时，s。

若河床松散沉积物很薄，则$U_{潜}$可忽略不计。

(2) 山前侧向流出量。经由山丘区和平原区地下界面的流出水量，就称为山前侧向流出量。可由达西公式分段计算，然后进行累加求得。如山丘区与平原区交界处水力坡降甚小（$<1/5000$），则山前侧向流出量可忽略不计。

(3) 山前泉水出露量。地下水丰富的山丘区，尤其是岩溶区，地下水常以泉水的形式在山前排泄出来，未包括在河川径流量中，通常根据调查分析求得。

(4) 山间盆地的潜水蒸发量。计算方法与本节平原区潜水蒸发量相同。

(5) 浅层地下水实际开采的净消耗量。计算公式为：

$$\overline{g}_{山}=\overline{Q}_{农}(1-\beta_{农})+\overline{Q}_I(1-\beta_I) \tag{3-35}$$

式中：$\overline{g}_{山}$为浅层地下水实际开采的净消耗量，m^3；$\overline{Q}_{农}$，$\overline{Q}_I$为用于农田灌溉、工业及城市生活的浅层地下水实际开采量，m^3；$\beta_{农}$，β_I为井灌回归系数、工业及城市用水回归系数。

3.1.3.2　平原区地下水资源的计算

一般平原区地下水及气象等资料较山区丰富，因此可以直接计算各项补给量作为地下水资源量。有条件的地区，可同时计算总排泄量进行校核。地下水开发程度较高的平原区，一般尚需计算可开采量，以便为水资源供需分析提供依据。

1. 以补给量估算

平原区补给量是指天然或人工开采条件下，由大气降水及地表水体渗入、山前侧向径流及人工补给等流入含水层的水量，计算公式为：

$$W_{g平}=\overline{U}_p+\overline{U}_s+\overline{U}_{侧山}+\overline{U}_{越补} \tag{3-36}$$

式中：$W_{g平}$为平原区地下水补给量，m^3；$\overline{U}_p$为降水入渗补给量，m^3；$\overline{U}_s$为地表水体对地下水的入渗补给量，m^3；$\overline{U}_{侧山}$为山前侧向流入补给量，m^3；$\overline{U}_{越补}$为越流补给量，m^3。

(1) 降水入渗补给量。降水入渗补给量是指降水入渗到包气带后在重力作用下渗透补给潜水的水量，它是浅层地下水重要的补给来源，其计算公式为：

$$\overline{U}_p=\alpha\cdot\overline{P}\cdot F \tag{3-37}$$

式中：$\overline{U}_p$为降水入渗补给量，m^3；$\overline{\alpha}$为年降水入渗补给系数；$\overline{P}$为年降水量，m；F为计算区面积，m^2。

降水入渗补给系数的大小与地下水埋深，包气带岩性、降水量大小等有关，年降水入渗补给系数常用地下水动态资料计算确定。在地下侧向径流较弱、地下水埋深较浅的平原区，可按下式计算年降水入渗补给系数：

$$\alpha_{年}=\frac{\mu\sum h_i}{P} \tag{3-38}$$

式中：$\alpha_{年}$为年降水入渗补给系数；μ为给水度；$\sum h_i$为年内各次降水入渗补给形成的地下水位升幅之和，mm；P为年降水量，mm。

给水度μ值是在重力作用下，饱和岩体排出的水体积与饱和岩体体积的比值。它的大小主要受地下水变幅带岩性及地下水埋深等因素的影响。确定μ值较常用的方法是实际开采量法和地下水动态资料分析法。

1）实际开采量法。在地下水埋深较大、灌溉入渗、侧向径流、河道补排影响微弱的井灌区，可选取无降水的一段集中开采期，由地下水实际开采量及相应的地下水位变幅计算给水度μ值：

$$\mu=\frac{W_{开}}{F\cdot\Delta h} \tag{3-39}$$

式中：μ为地下水变幅带的给水度；$W_{开}$为时间段内典型区地下水实际开采量，m^3；F为典型区面积，m^2；Δh为时段内典型区地下水位平均变幅，m。

2）地下水动态资料分析法。地下水埋深较浅、侧向径流较弱的平原区，无地表水渗漏、无地下水开采的时段，潜水蒸发几乎是地下水消退的唯一因素，此时可借助于潜水蒸发量的经验公式计算出地下水位降幅内的给水度μ值。

常用的潜水蒸发量经验公式为：

$$E_{潜}=E_0\left(1-\frac{\Delta}{\Delta_0}\right)^n \tag{3-40}$$

式中：$E_{潜}$为潜水蒸发量，mm；E_0为同期地表土壤饱和时的蒸发量，一般用E_{601}型蒸发器的水面蒸发量代替，mm；Δ为地下水时段平均埋深，m；Δ_0为临界地下水埋深，即潜水蒸发量为零时的地下水埋深，m；n为与气候和土质有关的指数（一般取1～3）。

当无降水、无地表水渗漏、无地下水开采，侧向径流微弱时，可写成：

$$\mu=\frac{1}{\Delta h/E_0}\left(1-\frac{\Delta}{\Delta_0}\right)^n \tag{3-41}$$

当$\Delta=0$时，$\mu=\dfrac{1}{\Delta h/E_0}$即可根据地下水动态观测资料，建立$\dfrac{\Delta h}{E_0}$—$\Delta$的相关关系，计算出给水度$\mu$。

将给水度、地下水位升幅年总和及降水量代入式（3-37），即可计算出年降水入渗补给系数，进而可计算多年平均的年降水入渗补给系数。当地下水动态观测资料短缺时，可采用接近多年平均年降水量年份的相应量作为多年平均值。

（2）河道渗漏补给量。当江河水位高于两岸地下水位时，河水渗入补给地下水的水量称为河道渗漏补给量。分析河道水位和两岸地下水位的变化特性，确定需计算河道渗漏补给量的河段。对于年汛期河水补给地下水、汛后地下水向河道排泄的河段，则分别计算补给量和排泄量，两差值作为河道渗漏补给量。河道渗漏补给量可以通过水文分析法直接确定，也可以用地下水动力学法计算。

1）水文分析法。此法适用于河道附近缺乏地下水观测资料、河段上下游有水文站的河段。利用上下游水文站实测径流资料估算河道渗漏补给量，计算公式为：

$$U_{河渗}=(R_{上}-R_{下})(1-\lambda)\frac{L}{L'} \tag{3-42}$$

式中：$U_{河渗}$为河道渗漏补给量，mm；$R_{上}$，$R_{下}$分别为上下游水文站实测年径流量，mm；L'为上下游水文站间的距离，km；L 为计算河段长度，km；λ 为上下游水文站间水面及两岸浸润带蒸发量之和与（$R_{上}-R_{下}$）之比值。由观测、试验资料确定。

2）地下水动力学法。当河段两岸有钻孔资料时，可沿岸切割渗流剖面，根据河水位与钻孔地下水位确定水力坡度，利用达西公式估算河道渗漏补给量。

（3）渠系渗漏补给量。灌溉渠道水位一般高于地下水位，各级渠道在输水过程中渗漏补给地下水的水量，称为渠系渗漏补给量。

1）补给系数法。常用的计算公式为：

$$U_{渠首}=m\overline{W}_{渠首} \tag{3-43}$$

式中：$U_{渠首}$为渠系渗漏补给量，m^3；$\overline{W}_{渠首}$为渠首引水量，当缺乏实测资料时，可由毛灌溉定额乘以灌溉面积得出，m^3；m 为渠系渗漏系数，$m=\gamma(1-\eta)$，η 为渠系有效利用系数，γ 为修正系数。

2）地下水动力学法。按达西公式计算。

3）经验公式法。

（4）渠灌田间渗漏补给量。灌溉水进入田间后，经过包气带渗漏补给地下水的水量称为渠灌田间渗漏补给量，计算公式为：

$$U_{渠灌}=\beta_{渠}W_{渠灌} \tag{3-44}$$

式中：$U_{渠灌}$为灌溉田间入渗补给量，m^3；$\beta_{渠}$为渠灌田间入渗系数；$W_{渠灌}$为渠灌进入田间的水量，可由渠首引水量乘以渠系有效利用系数 η 得出，m^3。

（5）水库（湖泊、闸坝）蓄水体渗漏补给量。水库、湖泊、闸坝等蓄水体的水位高于周边地下水位时，渗漏补给地下水的水量称为蓄水体入渗补给量。估算方法如下：

出入库水量平衡法，计算公式为：

$$U_{库渗}=P_{库}+W_{入}-E_0-W_{出} \tag{3-45}$$

式中：$U_{库渗}$为水库（湖泊、闸坝）渗漏补给量，mm；$P_{库}$为水库（湖泊、闸坝）水面上的降水量，mm；$W_{入}$为入库（湖泊、闸坝）水量，mm；E_0 为水库（湖泊、闸坝）的水面蒸发量，可用 E_{601} 型蒸发器观测值代替，mm；$W_{出}$为出库（湖泊、闸坝）水量，mm。

（6）山前侧向流入补给量，指山丘区山前地下径流补给平原区浅层地下水的水量，估算方法见山丘区山前侧向流出量。

（7）越流补给量和人工回灌补给量，此两项补给量相对的数量较小，且资料缺乏，难以估算，一般情况下忽略不计。

2. 以排泄量估算

平原区地下水的排泄量主要包括潜水蒸发量、河道排泄量、侧向流出量、越流排泄量、人工开采净消耗量等。计算公式为：

$$W_{g平}=\overline{E}_R+\overline{U}_{g平}+\overline{U}_{侧平}+\overline{U}_{越排} \tag{3-46}$$

式中：各项均为多年平均值。其符号意义如上。

（1）潜水蒸发量。潜水蒸发量是指浅层地下水在毛细管引力作用下，向上运动形成的蒸发量。它是浅层地下水消耗的重要途径。其大小主要取决于气候条件、潜水埋深、包气带岩性及有无作物生长等。常用的计算方法如下：

1）地中渗透仪实测法。移用条件相似的均衡试验场地中渗透仪的实测潜水蒸发量作为估算依据。但由于地中渗透仪站点少，影响观测精度的因素较多，代表性论证困难，因此本法采用情况不多。

2）经验公式法。常用的潜水蒸发量公式为：

$$E_R = E_0\left(1-\frac{\Delta}{\Delta_h}\right)^n \tag{3-47}$$

根据地下水动态观测资料分析得出 n、Δ_h 值，由 E_{601} 型蒸发器实测水面蒸发量 E_0 及时段平均地下水埋深，估算时段潜水蒸发量。

3）潜水蒸发系数法。潜水蒸发量与水面蒸发量的比值称为潜水蒸发系数。蒸发量的Δ，估算时段潜水蒸发量。

$$E_R = cE_0F \tag{3-48}$$

式中：E_R 为潜水蒸发量，m^3；E_0 为年水面蒸发量，m；c 为潜水蒸发系数；F 为计算区面积，m^2。

潜水蒸发系数主要受潜水埋深、包气带岩性、气候及植被等因素的影响。有试验资料时直接由均衡试验场地中渗透仪观测的潜水蒸发计算。无潜水蒸发量实测资料的地区可用经验公式分析计算。具体确定方法与用动态资料分析确定给水度的方法相同。也可移用同类地区潜水蒸发系数经验值，但必须进行充分的论证。我国首次水资源评价综合了各流域片采用的数据。

（2）河道排泄量。当河道水位低于两岸地下水位时，地下水向河道排泄的水量称为河道排泄量。其计算方法为河道渗漏补给量的反运算。平原区地下水河道排泄量相当于河川基流量。如河段上下游有水文站实测径流资料，可分别绘制上下游站平水年日流量过程线，分割基流，求出上下游站的河川基流，两者之差可作为两站间平原区的地下水河道排泄量。

（3）其他排泄量。

1）侧向流出量。当区外地下水位低于区内地下水位时，通过区域周边流出的地下水量称为侧向流出量，具体计算方法同山丘区山前侧向流出量。

2）越流排泄量。指浅层地下水越层排入深层地下水的水量。计算方法同越流补给量。若排泄量较小，且资料不齐全时，也可忽略不计。

3）人工开采净消耗量。

3.1.3.3 地下水可开采量

地下水可开采量是指在经济合理、技术可行和不造成地下水位持续下降、水质恶化及其他不良后果条件下可供开采的浅层地下水量。它是在一定期限内既有补给保证，又能从含水层中取出的稳定开采量。估算方法有如下几种。

1. 实际开采量调查法

对于浅层地下水开发利用程度较高、开采量调查资料比较准确、潜水埋深大而潜水蒸发量小的地区，当平水年年初、年末的浅层地下水位基本相等时，则将年浅层地下水的实际开采量近似地作为浅层地下水多年平均年可开采量。

2. 可开采系数法

地下水可开采量与地下水总补给量之比称为可开采系数，表示为 ρ。对浅层地下水有一定开发利用水平、并积累有较长系列的开采量调查统计数据及地下水动态观测资料的地区，通过对多年平均年实际开采量、水位动态特征、现状条件下总补给量的综合分析，确定出合理的可开采系数 ρ 值。则多年平均开采量等于可开采系数 ρ 与多年平均条件下地下水总补给量的乘积。

可开采系数 ρ 值的确定。主要考虑浅层地下水含水层岩性及厚度、单井单位降深出水量、平水年地下水埋深、年变幅、实际开采程度等因素。对含水层富水性好、厚度大、地下水埋深较小的地区，选用较大的可开采系数；反之，则选用较小的可开采系数。

3. 多年调节计算法

当计算区具有较多年份不同岩性、不同地下水埋深的水文地质参数资料、井灌区作物组成及灌溉用水量资料、连续多年降水量及地下水动态观测资料时，可根据多年条件下总补给量等于总排泄量的原理，依照地面水库的调节计算方法对地下水进行多年调节计算。按时间顺序逐年进行补给量和消耗量的平衡计算，并与实测地下水位相对照。调节计算期间的总补给量与总废弃水量（消耗于潜水蒸发和侧向排泄的水量）之差，即为调节计算期的地下水可开采量。

3.1.3.4　不同频率代表年的地下水资源量

1. 山丘区不同代表年的地下水资源量

如前所述，山丘区以地下水总排泄量估算地下水资源量，而总排泄量中以河川基流量为主体。因此，计算一些代表年（8～10 年）的河川基流量和地下水资源量，建立两者相关关系，由不同频率的年河川基流量查相关图求得不同频率代表年的地下水资源量。有的山丘区，河川基流量之外的其他排泄量可以忽略不计，则不同频率的年河川基流量即代表不同频率的山丘区地下水资源量。

2. 平原区不同代表年的地下水资源量

平原区地下水资源量通常由地下水总补给量估算。总补给量的主体为降水入渗补给量。因此可计算一些代表年（8～10 年）的降水入渗补给量与地下水资源量，建立两者之间的相关关系，利用地区综合的降水入渗补给系数与年降水量的相关图，即可根据年降水量系列的频率分析求得不同频率的降水入渗补给量，再由降水入渗补给量与地下水资源量相关图，推求得出不同频率代表年的平原区地下水资源量。

3.1.4　区域水资源总量计算

根据目前水资源评价工作的实际情况和资料条件限制，在水量评价中，将河川径流量作为地表水资源量，将地下水补给作为地下水资源量分别进行评价，再根据三大转化关系，扣除互相转化的重复水量，计算出各水资源评价区的水资源总量。即：

$$W=R+Q-D \tag{3-49}$$

式中：W 为水资源总量；R 为地表水资源量；Q 为地下水资源量；D 为地表水和地下水互相转化的重复水量。

分区重复水量确定方法，根据不同地貌类型有所不同，其水资源总量计算方法也有所区别。一般可分为三种类型：单一平原区水资源总量、单一山丘区水资源总量、不同地貌类型混合区的水资源总量。

3.1.4.1 单一平原区水资源总量

平原区大气降水落到地面以后，除枝叶截流、填洼和雨期蒸发外，其他部分可形成地表径流量、地下水补给量和包气带土壤水增量。因包气带水可以直接为作物所吸收或形成土壤蒸发，在水资源评价中不予计算。

根据地下水补排相等原理，平原区地下水中的降水入渗补给量 P_r 可用下式表示：

$$P_r = R_g + E_g \pm \Delta S_g + U_g \tag{3-50}$$

式中：R_g 为河道排泄地下径流量（基流）；E_g 为潜水蒸发量；ΔS_g 为地下水蓄水变量；U_g 为地下水潜流量。

而在地表水资源评价中计算河川径流量为：

$$R = R_s + R_g \tag{3-51}$$

式中：R 为河川径流量；R_s 为地表径流量（不包括河川基流量）。

以上可以看出：平原区河川径流量与地下水补给量中，R_g 是重复计算量。所以平原区水资源总量，可用下式计算：

$$W = R_s + P_r = R + P_r - R_g \tag{3-52}$$

3.1.4.2 单一山丘区水资源总量

地表水资源量为河川径流量，地下水资源量按地下水补排平衡原理，即为总排泄量，用下式计算。

$$P'_r = R_g + R_{侧} + R_{深} + U_g + Q_{泉} + q + E_g \tag{3-53}$$

式中：P'_r为山区降雨入渗补给量；R_g 为河道排泄地下径流量（河川基流量）；$R_{侧}$ 为山前侧向排泄量；U_g 为地下水潜流量；$Q_{泉}$ 为山前泉水出露总量；q 为浅层地下水实际开采净耗量；E_g 为潜水蒸发量。

因山区地下水埋深较大，潜水蒸发量较小，向深层渗漏量不大，可忽略不计。即：

$$P'_r = R_g + R_{侧} + U_g + Q_{泉} + q \tag{3-54}$$

河道排泄量 R_g 已包括在河川径流量中，故山区水资源总量为：

$$W' = R' + P'_r - R_g = R' + R_{侧} + U_g + Q_{泉} + q \tag{3-55}$$

式中：W'为山区水资源总量；R'为山区河川径流量（地表水资源）。

3.1.4.3 不同地貌类型混合区的水资源总量

对包括山区和平原的闭合区域，其水资源总量可采用下式计算：

$$W'' = R + R' + P''_r - \sum R_i \tag{3-56}$$

式中：W''为混合区的水资源总量；P''_r为混合区地下水补给总量；$\sum R_i$ 为重复计算量，包括地下水补给量与河川径流量以及山区与平原地下水补给量的重复计算量[8]。

3.2　水资源开发利用现状分析

3.2.1　世界水资源的开发利用状况

20世纪50年代以后，全球人口急剧增长，工业发展迅速。一方面，人类对水资源的需求以惊人的速度扩大；另一方面，日益严重的水污染蚕食大量可供消费的水资源。因此，世界上许多国家正面临水资源危机。每年有400万～500万人死于与水有关的疾病。水资源危机带来的生态系统恶化和生物多样性破坏，也将严重威胁人类生存。水资源危机既阻碍世界可持续发展，也威胁世界和平。在过去50年中，由水引发的冲突达507起，其中37起有暴力性质，21起演变为军事冲突。专家警告说，水的争夺战随着水资源日益紧缺将愈演愈烈。

据2003年联合国《世界水发展报告》对180个国家和地区的水资源利用状况进行排序，可以看出许多国家已处在水资源的危机状态之中。按年用水量统计，用水量最多的5个国家是：中国（5198亿m^3）、美国（4673.4亿m^3）、印度（2800亿m^3）、巴基斯坦（1534亿m^3）、俄罗斯（117亿m^3）。人均用水量排序倒数后5位的国家（地区）是：科威特、加沙地带、阿拉伯联合酋长国、巴哈马和卡塔尔，我国排在第121位。

对122个国家水质指标排序，最差的5个国家是：比利时、摩洛哥、印度、约旦和苏丹，主要是因为工业污染、污水处理能力不够等。最好的5个国家是：芬兰、加拿大、新西兰、英国和日本，我国排在第84位。亚洲的河流是世界上污染最严重的，这些河流中的铅污染是工业化国家的20倍。21世纪初，每天有大约200万t的废物倾倒于河流、湖泊和溪流中，每升废水会污染8L的淡水。总体来说，世界水的质量在不断恶化。

统计数据表明，人类的现有水资源与对它的使用之间存在严重的不协调，主要表现在以下几个方面：

（1）健康方面。每年有超过220万人因为使用污染和不卫生的饮用水而死亡。

（2）农业方面。每天有大约2.5万人因饥饿而死亡；有8.15亿人受到营养不良的折磨，其中发展中国家有7.77亿人，转型国家有2700万人，工业化国家有1100万人。

（3）生态学方面。靠内陆水生存的24%的哺乳动物和12%的鸟类的生命受到威胁。

19世纪末，已有24～80个鱼种灭绝。虽然，世界上内陆水的鱼种仅占所有鱼种的10%，但其中1/3的鱼种正处于危险之中。

（4）工业方面。世界工业用水占用水总量的22%，其中高收入国家占59%，低收入国家占8%。每年因工业用水，有3亿～5亿t的重金属、溶剂、有毒淤泥和其他废物沉积到水资源中，其中80%的有害物质产生于美国和其他工业国家。

（5）自然灾害方面。在过去10年中，66.5万人死于自然灾害，其中90%死于洪水和干旱，35%的灾难发生在亚洲，29%发生在非洲，20%发生在美洲，13%发生在欧洲和大洋洲等其他地方。

（6）能源方面。在再生能源中，水力发电是最重要和得到最广泛使用的能源。它占2001年总电力的19%。在工业化国家水力发电占总电力的70%，在发展中国家仅占

15%。加拿大、美国和巴西是最大的水力发电国。仍未开发的但具有丰富水能资源的地区和国家有拉丁美洲、印度和中国。

3.2.2 中国水资源的开发利用状况

我国水资源南多北少，地区分布差异很大。黄河流域的年径流量约占全国年径流总量2%，为长江水量6%左右。在全国年径流总量中，淮河、海河及辽河三流域仅分别约2%、1%及0.6%。黄河、淮河、海河和辽河四流域的人均水量分别仅为我国人均值的26%、15%、11.5%和21%。由于北方各区水资源量少，导致开发利用率远大于全国平均水平，其中海河流域水资源开发利用率达到惊人的178%，黄河流域达到70%，淮河现状耗水量已相当于其水资源可利用量的67%，辽河已超过94%。

新中国成立以来，我国在水资源的开发利用、江河整治及防治水害等方面做了大量的工作，取得了较大的成绩。2012年全国总供水量6131.2亿m^3，占当年水资源总量的20.8%。其中，地表水源供水量占80.8%，地下水源供水量占18.5%，其他水源供水量占0.7%。在地表水源供水量中，蓄水工程占31.4%，引水工程占33.8%，提水工程占31.0%，水资源一级区间调水占3.8%。在地下水供水量中，浅层地下水占82.8%，深层承压水占16.9%，微咸水占0.3%。北方6片供水量2818.7亿m^3，占全国总供水量的46.0%；南方四片供水量3312.5亿m^3，占全国总供水量的54.0%。南方省份地表供水量占其总供水量比重均在88%以上；北方省份地下水源供水占有较大比例，其中河北、北京、山西、河南、内蒙古5个省（自治区、直辖市）地下水供水量占总供水量的一半以上。

2012年，全国总用水量6131.2亿m^3，其中生活用水量占12.1%，工业用水量占22.5%，农业用水量占63.6%，生态环境补水（仅包括人为措施供给的城镇环境用水和部分河湖、湿地补水）占1.8%。在各省级行政区中，用水量大于400亿m^3的有江苏、新疆、广东3个省（自治区），用水量少于50亿m^3的有天津、青海、北京、西藏、海南5个省（自治区、直辖市）。农业用水占总用水量75%以上的有宁夏、新疆、西藏、黑龙江、海南、甘肃、青海6个省（自治区）；工业用水占总用水量35%以上的有上海、重庆、江苏、福建4个省（直辖市）；生活用水占总用水量20%以上的有北京、重庆、广东、浙江、上海6个省（直辖市）。

2006年，全国用水消耗总量3244.5亿m^3，耗水率（消耗总量占用水总量的百分比）53%。各类用户耗水率差别较大，农田灌溉为63%；林牧渔业及牲畜为75%；工业为24%；城镇生活为30%；农村生活为84%；生态环境补水为80%。

2012年，全国污废水排放总量785亿t。

2012年，全国人均用水量为454m^3，万元国内生产总值（当年价格）用水量为118m^3。农田实灌面积亩均用水量为404m^3，农田灌溉水有效利用系数0.516，万元工业增加值（当年价）用水量69m^3，城镇人均生活用水量（含公共用水）216L/d，农村居民人均生活用水量为79L/d。

各省级行政区的用水指标值差别很大。从人均用水量看，大于600m^3的有新疆、宁夏、西藏、黑龙江、内蒙古、江苏、广西7个省（自治区），其中新疆、宁夏、西藏分别达 2657m³、1078m³、976m³；小于 300m³ 的有天津、北京、山西和山东等 9 个省（直辖市），其中天津最低，仅 167m³。从万元国内生产总值用水量看，新疆最高，为 786m³；小于 100m³ 的有北京、天津、山东、浙江等 12 个省（直辖市），其中北京、天津分别为 20m³、18m³。

由于受所处地理位置和气候的影响，我国是一个水旱灾害频发的国家，尤其是洪涝灾害长期困扰着经济的发展。据统计，从公元前 206 年到 1949 年的 2155 年间，共发生较大洪水 1062 次，平均两年就有一次。黄河在 2000 多年中，平均三年两决口，百年一改道，仅 1887 年的一场大水就死亡约 93 万人，全国在 1931 年的大洪水中丧生约 370 万人。新中国成立以后，洪涝灾害仍不断发生，造成了很大的损失。因此，兴修水利、整治江河、防治水害实为国家的一项治国安邦大计，也是十分重要的战略任务。

我国 50 多年来共整修江河堤防 20 余万 km，保护了 5 亿亩耕地，建成各类水库 8 万多座，配套机电井 263 万眼，拥有 6600 多万 kW 的排灌机械。机电排灌面积 4.6 亿亩，除涝面积约 2.9 亿亩，改良盐碱地面积 0.72 亿亩，治理水土流失面积 51 万 km²。这些水利工程建设，不仅每年为农业、工业和城市生活提供 5000 亿 m³ 的用水，解决了山区、牧区 1.23 亿人口和 7300 万头牲畜的饮水困难，而且在防御洪涝灾害上发挥了巨大的效益。除了自然因素外，造成洪涝灾害的主要原因有以下几点：

(1) 不合理利用自然资源。尤其是滥伐森林，破坏水土平衡，生态环境恶化。如前所述，我国水土流失严重，河流带走大量的泥沙，淤积在河道、水库、湖泊中。湖泊不合理的围垦，面积日益缩小，使其调洪能力下降。据中科院南京地理与湖泊研究所调查，20 世纪 70 年代后期，我国面积 1km² 以上的湖泊约有 2300 多个，总面积达 7.1 万 km²，占国土总面积的 0.8%，湖泊水资源量为 7077 亿 m³，其中淡水资源量 2250 亿 m³，占我国陆地水资源总量的 8%。新中国成立以后的 50 多年来，我国的湖泊已减少了 500 多个，面积缩小约 1.86 万 km²，占现有湖泊面积的 26.3%，湖泊蓄水量减少 513 亿 m³。长江中下游水系和天然水面减少，1954 年以来，湖北、安徽、江苏以及洞庭、鄱阳等湖泊水面因围湖造田等缩小了约 1.2 万 km²，大大削弱了防洪抗涝的能力。另外，河道因淤塞和被侵占，行洪能力降低；大量泥沙淤积河道，使许多河流的河床抬高，减少了过洪能力，增加了洪水泛滥的机会。此外，河道被挤占，过水断面变窄，也减少了行洪、调洪能力，加大了洪水危害程度。

(2) 水利工程防洪标准偏低。我国大江大河的防洪标准普遍偏低，目前除黄河下游可预防 60 年一遇洪水外，其余长江、淮河等 6 条江河只能预防 10～20 年一遇洪水标准。许多大中城市防洪排涝设施差，经常处于一般洪水的威胁之下。广大江河中下游地区处于洪水威胁范围的面积达 73.8 万 km²，占国土陆地总面积的 7.7%，其中有耕地 5 亿亩，人口 4.2 亿，均占全国总数的 1/3。此外，相比于城市排涝标准，各条江河中下游的广大农村地区排涝标准更低，随着农村经济的发展，远不能满足目前防洪排涝的要求。

(3) 人口增长和经济发展使受灾程度加深。一方面抵御洪涝灾害的能力受到削弱，另一方面由于经济社会发展使受灾程度大幅度增加。新中国成立以后人口增加了 1 倍多，尤其是东部地区人口密集，长江三角洲的人口密度为全国平均密度的 10 倍。全国

1949年工农业总产值仅466亿元，至1988年已达24089亿元，增加了51倍。近20年来，我国经济不断得到发展，在相同频率洪水情况下所造成的各种损失却成倍增加。例如，1991年太湖流域地区5—7月降雨量为600～900mm，不及50年一遇，并没有超过1954年大水，但所造成的灾害和经济损失都比1954年严重得多。此外，各江河的中下游地区一般农业发达，建有众多的商品粮棉油的生产基地，一旦受灾，农业损失也相当严重。

水资源危机将会导致生态环境的进一步恶化，为了取得足够的水资源供给，必将加大水资源开发力度。水资源过度开发，可能导致一系列的生态环境问题。水污染严重，既是水资源过度开发的结果，也是进一步加大水资源开发力度的原因，两者相互影响，形成恶性循环。通常认为，当径流量利用率超过20%时就会对水环境产生很大影响，超过50%时则会产生严重影响。目前，我国水资源开发利用率已达49%，接近世界平均水平的3倍，个别地区更高。此外，过度开采地下水会引起地面沉降、海水入侵、海水倒灌等环境问题。因此，集中力量解决供水需求增长及节水措施，是我国今后一定时期内水资源面临的最迫切任务之一[9]。

3.3 水资源需求预测

水资源需求，包括需水量和水环境容量两个方面。水资源需求增长的驱动因素是人口增加与经济发展，制约需求增长因素主要包括水资源条件、水工程条件、水市场条件和水管理条件。需求预测可同时使用两套方法，把以经济增长驱动需求的定额预测方法作为基本分析方法，以人口增长驱动需求的人均预测方法作为预测结果的合理性分析手段。

当人均水资源量与水环境容量较低时，水资源需求管理是社会可持续发展和水资源可持续利用的必然选择。需求管理的基本政策包括四个层次的内容：在生产力布局时对缺水地区限制大耗水产业的进一步发展，甚至进行转移；在发展过程中不断调整产业结构，形成节水型社会经济结构；调整水价体系，用经济杠杆促进节水抑制需求；分行业推进各类节水措施，提高行业用水效率。

用宏观经济模型在不同情景条件下的模拟，可完成对大耗水产业抑制或转移、节水型产业结构的调整、水价调整、分部门节水的分析。同时用来保持预测结果的内在协调性，反映发展进程中的产业结构定量变化，并作为定额法需求预测的基础。再建立水资源需求边际成本替代模型，对外延增长需水量、转移大耗水工业需水量、调整产业结构需水量、分部门器具型节水需水量、水价弹性需水量的逐步递减情况进行显示表达，给出某一规划水平年不同措施下“需水量逐步降低-边际成本相应变化-投资逐步增加”的定量关系，为形成市场条件下的供需平衡备选方案服务。

需水分为生活、工业、农业、生态四个Ⅰ级类，每个Ⅰ级类再分成若干Ⅱ级类、Ⅲ级类和Ⅳ级类，见表3-1。需水可分为河道内和河道外两类需水。河道内需水为特定断面的多年平均水量。水电、航运、冲淤、保港、湖泊、洼淀、湿地、入海等各项用水均会影响河道内需水。河道外需水应进一步区分社会经济需水和人工生态系统的需水。

表 3-1　　国民经济和生产用水行业分类表

三大产业	7部门	17部门	40部门（投入产出表分类）	部门序号
第一产业	农业	农业	农业	1
第二产业	高用水工业	纺织	纺织业、服装皮革羽绒及其他纤维制品制造业	7、8
		造纸	造纸印刷及文教用品制造业	10
		石化	石油加工及炼焦业、化学工业	11、12
		冶金	金属冶炼及压延加工业、金属制品业	14、15
		采掘	煤炭采选业、石油和天然气开采业、金属矿采选业、非金属矿采选业、煤气生产和供应业、自来水的生产和供应业	2、3、4、5、25、26
	一般工业	木材	木材加工及家具制造业	9
		食品	食品制造及烟草加工业	6
		建材	非金属矿物制品业	13
		机械	机械工业、交通运输设备制造业、电气机械及器材制造业、机械设备修理业	16、17、18、21
		电子	电子及通信设备制造业、仪器仪表及文化办公用机械制造业	19、20
		其他	其他制造业、废品及废料	22、23
	电力工业	电力	电力及蒸汽热水生产和供应业	24
	建筑业	建筑业	建筑业	27
第三产业	商饮业	商饮业	商业、饮食业	30、31
	服务业	货运邮电业	货物运输及仓储业、邮电业	28、29
		其他服务业	旅客运输业、金融保险业、房地产业、社会服务业、卫生体育和社会福利业、教育文化艺术及广播电影电视业、科学研究事业、综合技术服务业、行政机关及其他行业	32、33、34、35、36、37、38、39、40

注　1997年国家颁布的40部门为投入产出表的分类口径，与统计年鉴分类口径略有不同，可参考投入产出口径统计。

社会经济需水按生活、工业、农业三部门划分。生活需水包括城镇生活与农村生活两项。工业需水包括电力工业（不含水电）和非电力工业两项。农业需水包括农田灌溉与林牧渔两项。

城镇生活需水由居民家庭和公共用水两项组成，其中公共用水综合考虑建筑、交通运输、商业饮食、服务业用水。城镇商品菜田需水列入农田灌溉项下，城镇绿化与城镇河湖环境补水列入生态环境需水项下。农村生活需水由农民家庭、家养禽畜两项构成。其中以商品生产为目的且有一定规模的养殖业需水列入林牧渔需水项下。

电力工业需水特指火电站与核电站的需水。一般工业需水指除电力工业需水外的一切工业需水。在一般工业需水中要区别城镇与农村。

农田灌溉需水包括水田、大田、菜田、园地四项需水。林牧渔业需水包括灌溉林地用水、灌溉草场用水、饲料草基地用水、专业饲养场牲畜用水、鱼塘补水。

生态环境用水目前尚无统一分类。一般在生态环境用水中首先区分人工生态与天然生态的用水。凡通过水利工程供水维持的生态，划为人工生态，包括城镇绿地与河湖用水、水土保持用水、防护林等人工生态林用水等。此外一律认为是天然生态，包括平原区河谷与河岸生态、湖泊洼淀生态、湿地生态、与地下水位相联系的天然植被等项。对于灌溉草场、饲草饲料基地果园等生产性用水，一般列入牧业和林业用水之中。

河道内的天然生态用水包括河道控制断面的水环境容量用水，汛期冲沙水量，枯季生态基流，最小入海水量等。这些水量可以相互替代，并与航运等用水相关，需要专门研究。

《全国水资源综合规划技术》中需水预测中的用水户分为生活、生产和生态环境三大类，要求按城镇和农村两种供水系统分别进行统计与汇总，并单独统计所有建制市的有关成果。生活和生产需水统称为经济社会需水。国民经济行业和生产用水分类对照见表3-1，用水户分类口径及其层次结构见表3-2。

表3-2　用水户分类口径及其层次结构

一级	二级	三级	四级	备　注
生活	生活	城镇生活	城镇居民生活	仅为城镇居民生活用水（不包括公共用水）
		农村生活	农村居民生活	仅为农村居民生活用水（不包括牲畜用水）
生产	第一产业	种植业	水田	水稻等
			水浇地	小麦、玉米、棉花、蔬菜、油料等
		林牧渔业	灌溉林果地	果树、苗圃、经济林等
			灌溉草场	人工草场、灌溉的天然草场、饲料基地等
			牲畜	大、小牲畜
			鱼塘	鱼塘补水
	第二产业	工业	高用水工业	纺织、造纸、石化、冶金
			一般工业	采掘、食品、木材、建材、机械、电子、其他（包括电力工业中非火（核）电部分）
			火（核）电工业	循环式、直流式
		建筑业	建筑业	建筑业
	第三产业	商饮业	商饮业	商业、饮食业
		服务业	服务业	货运邮电业、其他服务业、城市消防用水、公共服务用水及城市特殊用水
生态环境	河道内	生态环境功能	河道基本功能	基流、冲沙、防凌、稀释净化等
			河口生态环境	冲淤保港、防潮压碱、河口生物等
			通河湖泊与湿地	通河湖泊与湿地等
			其他河道内	根据河流具体情况设定
	河道外	生态环境功能	湖泊湿地	湖泊、沼泽、滩涂等
		其他生态建设	城镇生态环境美化	绿化用水、城镇河湖补水、环境卫生用水等
			其他生态建设	地下水回补、防沙固沙、防护林草、水土保持等

注　1. 农作物用水行业和生态环境分类等因地而异，可根据各地区情况确定。
2. 分项生态环境用水量之间有重复，提出总量时取外包线。
3. 河道内其他非消耗水量的用户包括水力发电、内河航运等，未列入本表，但文中已作考虑。
4. 生产用水应分成城镇和农村两类口径分别进行统计或预测。
5. 建制市成果应单列。

3.4 生 活 需 水

在市场经济下，价格作为调节供需的重要手段，受到了经济学研究的重要关注。在资源经济学领域，价格作为资源管理的重要手段，受到资源管理者和研究人员的特别关注。水资源经济学家从 20 年代就开始了城市居民生活需水的研究，60 年代美国和加拿大进行了大量的此类研究，获得了一些十分有价值的成果，对水资源管理提供了重要的依据。

这里所说的生活需水也主要是指城镇居民生活需水，它是指城镇居民维持日常生活和开展公共活动所需要的那部分水。

城镇生活需水随着城镇人口的增加，住房面积扩大，公共设施增多，生活水平提高，用水标准不断提高，需水量不断增加。1960 年世界城镇生活用水量为 800 亿 m^3，1975 年增至 1500 亿 m^3，在 15 年之间用水量增加接近一倍。我国 1979 年城镇生活用水量约 50 亿 m^3，全国平均每年以 3%～5%的速度增长，近 15 年内用水量增加接近一倍。

城市生活用水占各项总用水量的比重不大，根据国外十个国家统计，生活用水占总用水量的 4.4%～22.4%不等。1980 年统计，我国城镇生活用水仅占全国总用水量的 1.5%，但各城市城镇用水中的比重各有不同，视各城市的具体情况而定。我国城镇生活用水大约占城市用水的 15%。而美国的生活用水是城市总用水的 1/3。由于它的增长速度快，用水高度集中，与人们生活息息相关，关系到千家万户，因此必须给以高度重视，尤其在我国北方城市水资源供需矛盾突出，更需及时通过调查，摸清城镇生活需水的现状和发展动向，统筹规划，早作安排，以满足城镇人民需水的要求。

3.4.1 生活需水的分类

(1) 按需水性质可分为：①居民日常生活需水，指维持日常生活的家庭和个人需水。包括饮用、洗涤等室内需水和洗车、绿化等室外需水；②公共设施需水，包括浴池、商店、旅店、饭店、学校、医院、影剧院、市政绿化、清洁、消防等需水。

(2) 按地区分为市区城市需水和市郊城镇需水。

(3) 按供水系统分为自来水供给的城镇生活需水和自备水源供给的城镇生活需水。

(4) 按供水对象分为可分为家庭、商业、饭店、学校、机关、医院、影剧院、街道绿化、清洁、消防、市政需水等。

(5) 按供水水源分为：①地表水供给（不需调节的地表水与需要调节流量的地表水）；②地下水（泉水、浅层地下水与深层地下水）；③中水（经过处理的污水用于生活需水的那部分水）。

3.4.2 生活需水预测

3.4.2.1 影响因素

城镇生活用水定额与用水结构与城镇的特点和性质有关。对未来生活需水量的变化预测离不开城镇生活用水的历史和现状。据此应考虑以下因素的变化：①城镇住房和公共设施的发展规划；②城镇人口发展预估和各行各业发展规划；③不同类型用水户在总用水量中权重的变化；④由于合理用水使用水定额发生变化。

前两项因素可由计划部门城建部门提供资料，后两项则需从各城镇实际出发，考虑到其他方面的影响因素。以居民生活用水为例，影响其权重和定额的因素有：①住楼房与平房人数在未来水平年所占的比例；②供水的普及程度；③家庭人员构成变化和家庭收支增加；④家庭用水设备（淋浴、洗衣机、冲洗厕所等）；⑤安装户表情况等。

3.4.2.2 预测方法

1. 趋势法或简单相关法

城市生活需水和工业需水一样，在一定范围内，其增长速度是比较有规律的，因而可以用趋势外延和简单相关法推求未来需水量。

由于对生活用水采取节水措施，在今后一定的年数内合理用水达到节约指标，会使用水定额有所减少，需水量的预测要考虑这一条件变化。

(1) 总需水量的估算。考虑的因素是用水人口和用水定额。人口数以计划部门预测数为准，而用水定额（指全市常住人口的生活用水综合定额）以现状调查数字为基础，分析定额的历年变化情况，或用水定额与国民平均收入的相关分析，考虑不同水平年城镇的经济发展和人民生活改善及提高程度，拟订一个城镇不同水平年的用水定额，按下式计算：

$$W_i = p_o(1+\varepsilon)^n K_i \tag{3-57}$$

式中：W_i 为某水平年城镇生活用水量，m^3；p_o 为现状人口，人；ε 为城镇人口计划增长率，%；n 为起始年份与某一水平年份的时间间隔，年；K_i 为某水平年份拟订的人均用水综合定额，m^3/a。有远郊城镇要分市区和远郊城镇两部分分别进行计算，然后汇总为总生活需水量。

(2) 年内分配。在求出年总需水量后，年内分配可采用自来水供水系统月供水分配系数，在作一些修正后，用于不同水平年的生活用水的月水量分配。

$$W_{i-m} = \alpha_m p_o(1+\varepsilon)^n K \tag{3-58}$$

式中：W_{i-m} 为某一水平年内某一月份城镇生活需水量，m^3；α_m 为某一月份需水量占全年总需水量百分数；其他符号意义同上。

2. 分类分析权重变化估算法（双因子分析）

一个城镇生活用水的各种用水项目之间存在一定的比例，而且这种定量比例与许多因素有关。同时各种用户的用水定额也是随着时间的推移而有所变化。因此，必须对各类用户的权重和定额进行分析，其变化趋势可通过历史资料分析，综合考虑各项影响因素确定，如住房和公共设施规划，供水普及率的变化，用水设备的普及程度，以及受水源、价格等因素影响，有可能节约用水的动向等，提出一个合理的权重和用水定额，然后按下式计算总需水量：

$$W_i = \sum_{i=1}^{h} \varepsilon_i K_i M_i \tag{3-59}$$

式中：W_i 为某一水平年的总需水量，m^3/a；ε_i 为某一类用户在某一水平年所占的权重，%；K_i 为某一类用户在某一水平年的单位需水量，$m^3/(人 \cdot a)$；M_i 为某一类用户在某一水平年的用水人数，人。

各类用户权重变化可以用趋势外延法和相关法进行外延推算，定额预测考虑历史的变化，并通过典型分解分析累积推算进行。

3.5 工业需水

工业需水一般是指工、矿企业在生产过程中，用于制造、加工、冷却、空调、净化、洗涤等方面的需水量，其中也包括工、矿企业内部职工生活需水量。

工业需水是城市需水的一个重要组成部分。在整个城市需水中工业需水不仅所占比重较大，而且增长速度快，用水集中，现代工业生产尤其需要大量的水。工业生产大量用水，同时排放相当数量的工业废水，又是水体污染的主要污染源。世界性的需水危机首先在城市出现，而城市水源紧张主要是工业需水问题所造成。因此，工业需水问题已引起各国的普遍重视，是许多国家十分重视的研究课题。

目前，没有哪个工业部门在没有水的情况下会得到发展，因此，人们称“水是工业的血液”。一个城市工业需水的多少，不仅与工业发展的速度有关，而且还与工业的结构、工业生产的水平，节约用水的程度，用水管理水平，供水条件和水资源的多寡等因素有关。需水不仅随部门不同而不同，而且与生产工艺有关，同时还取决于气候条件等。

水资源需求预测所要把握的工业需水环节是：①掌握正确的工业需水分类；②做好现状工业需水调查和统计分析工作；③比较准确地预测未来的工业需水。

3.5.1 工业需水分类

尽管现代工业分类复杂、产品繁多、需水系统庞大，需水环节多，而且对供水水流、水压、水质等有不同的要求，但仍可按下述四种分类方法进行分类研究。

1. 按工业需水在生产中所起的作用分类

（1）冷却需水。是指在工业生产过程中，用水带走生产设备的多余热量，以保证进行正常生产的那一部分需水量。

（2）空调需水。是指通过空调设备用水来调节室内温度、湿度、空气洁度和气流速度的那一部分需水量。

（3）产品需水（或工艺需水）。是指在生产过程中与原料或产品掺混在一起，有的成为产品的组成部分，有的则为介质存在于生产过程中的那一部分需水量。

（4）其他需水。包括清洗场地需水，厂内绿化需水和职工生活需水。

2. 按工业组成的行业分类

在工业系统内部，各行业之间需水差异很大，由于我国历年的工业统计资料均按行业划分统计。因此，按行业分类有利于需水调查、分析和计算。一般可分为：电力、冶金、机械、化工、煤炭、建材、纺织、轻工、电子、林业加工等等。同时在每一个行业中，根据需水和用水特点不同，再分为若干亚类，如化工还可划分为石油化工、一般化工和医药工业等；轻工还可分为造纸、食品、烟酒、玻璃等；纺织还可分为棉纺、毛纺、印染等。此外，为了便于调查研究，还可将中央、省市和区县工业企业分出单列统计。

3. 按工业需水过程分类

(1) 总需水。即工矿企业在生产过程中所需要的全部水量（$Q_{总}$）。总需水量包括空调、冷却、工艺、洗涤和其他需水。在一定设备条件和生产工艺水平下，其总需水量基本是一个定值，可以测试计算确定。

(2) 取用水（或称补充水）。即工矿企业取用不同水源（河水、地下水、自来水或海水）的总取水量（$Q_{取}$）。

(3) 排放水。即经过工矿企业使用后，向外排放的水（$Q_{排}$）。

(4) 耗用水。即工矿企业生产过程中耗用掉的水量（$Q_{耗}$），包括蒸发、渗漏、工艺消耗和生活消耗的水量。

(5) 重复用水。在工业生产过程中，二次以上的用水，称之重复用水。重复用水量（$Q_{重}$）包括循环用水量和二次以上的用水量。

4. 按水源分类

(1) 河水。工矿企业直接从河内取水，或由专供河水的水厂供水。一般水质达不到饮用水标准，可作工业生产需水。

(2) 地下水。工矿企业在厂区或邻近地区自备设施提取地下水，供生产或生活用的水。在我国北方城市，工业需水中取用地下水占相当大的比重。

(3) 自来水。由自来水厂供给的水源，水质较好，符合饮用水标准。

(4) 海水。沿海城市将海水作为工业需水的水源。有的将海水直接用于冷却设备；有的海水淡化处理后再用于生产。

(5) 再生水。城市排出废污水经处理后再利用的水。

工业需水正确分类，是进行工业需水调查、统计、分析的基础。在以往很多城市开展工业需水调查研究工作中，已深刻体会到工业需水分类的重要性。在划分用水行业时，需要注意两点：

(1) 考虑资料连续延用。充分利用各级管理部门的调查和统计资料，并通过组织专门的调查使划分的每一个行业的需水资料有连续性，便于分析和计算。

(2) 考虑行业的隶属关系。同一种行业，由于隶属关系不同，规模和管理水平差异很大，需水的水平就不同。如生产同一种化肥的工厂，市属与区（县）所属化工厂单耗用水量相差很多；生产同一种铁的炼铁厂，中央直属与市属的工厂，每生产一吨铁的需水量也不同。因此工业行业分类既要考虑各部门生产和需水特点，又要考虑现有工业体制和行政管理的隶属关系。

工业需水分类，其中按行业划分是基础，如再结合需水过程、需水性质和需水水源进行组合划分，将有助于工业需水调查、统计、分析、预测工作的开展。一般说，按行业划分越细，研究问题就越深入，精度就越高，但工作量增加，而分得太粗，往往掩盖了矛盾，需水特点不能体现，影响需水问题的研究和成果精度。

3.5.2 工业需水调查计算

研究城市工业需水必须掌握可靠的第一手资料。但由于过去长期对用水问题不够重视，用水缺少观测，缺乏资料。因此，工业用水调查是获得用水资料的重要手段，是研究城市需水极其重要的一项工作。

工业需水调查内容主要包括为：①基本情况，包括人口、土地、职工人数、工业结构和布局，历年工业产值及主要工业产品、产量等；②供排水情况，包括供水水源、供水方式、排水出路和水质情况等。水源情况调查，除自来水用量可直接从自来水公司记载中取得外，各单位自取河水、地下水都要进行调查；③用水情况包括地区的工业发展规划，城市建设发展规模，将来的工业结构及布局，工业产值、产量的计划、供排水工程设施规划等。

工业用水调查不仅提供了工业用水的一般情况，更重要的是：通过调查了解一个地区工业用水的水平，找出合理用水的途径和措施，挖掘工业用水的潜力，同时为工业需水量的计算奠定基础。

1. 工业需水分析计算方法（水平衡法）

一个地区，一个工厂，乃至一个车间的每台用水设备，在用水过程中水量收支保持平衡。即：一个用水单元的总需水量，与消耗水量、排出水量和重复利用水量相平衡。

$$Q_{总}=Q_{耗}+Q_{排}+Q_{重} \tag{3-60}$$

式中：$Q_{总}$为总需水量，在设备和工艺流程不变时，为一定值；$Q_{耗}$为消耗水量，包括生产过程中蒸发、渗漏等损失水量和产品带走的水量；$Q_{重}$为重复用水量，包括二次以上用水量和循环水量。

2. 计算工业需水的几个指标

(1) 重复利用率η。重复用水量在总需水量中所占的比重：

$$\eta=\frac{Q_{重}}{Q_{总}}\times 100\% \tag{3-61}$$

或

$$\eta=\left(1-\frac{Q_{补}}{Q_{总}}\right)\times 100\% \tag{3-62}$$

(2) 排水率P。排出水量在总需水量中所占有的百分比数：

$$P=\frac{Q_{排}}{Q_{总}}\times 100\% \tag{3-63}$$

(3) 耗水率r。耗水量在总需水量中所占的百分比数：

$$r=\frac{Q_{耗}}{Q_{总}}\times 100\% \tag{3-64}$$

以上三个指标以平衡方程式表示：$\eta+P+r=100\%$。这三个指标是考核工业需水水平和水平衡计算的重要指标。

3.5.3　工业需水预测

3.5.3.1　预测方法

工业用水预测是一项比较复杂的工作，涉及的因素较多。一个城市或地区的工业用水的发展与国民经济发展计划和长远规划密切相关。正确估算一个城市或地区工业用水量发展虽然困难较多，但也不是没有办法加以估算。通常采用的方法是：研究工业用水的发展史，分析工业用水的现状，考察未来工业发展的趋向和用水水平的变化，从中得出预测的规律。具体方法一般有以下几种：

1. 趋势法：用历年工业用水增长率来推算将来工业用水量

预测不同水平年的需水量预测计算式为：

$$S_i=S_0(1+d)^n \tag{3-65}$$

式中：S_i 为预测的某一水平年工业需水量；S_0 为预测起始年份工业用水量；d 为工业用水年平均增长率；n 为从起始年份至预测某一水平年份所间隔时间，年。

一个城市工业用水的增长率与工业结构、用水水平、水源条件等有关。用趋势法预测关键是对未来用水量增长率的准确确定，需要找出与增长率紧密相连的因素，充分分析过去实际结构，合理确定未来不同水平年的平均用水增长率。一般来说，工业用水年平均增长率，随用水水平提高，单耗降低、重复利用程度提高，呈下降的趋势。

趋势法推算较简单易行。但是从历年调查资料中分析用水增长率时，必须是选取工业发展稳定阶段，该阶段是相当长的一个时段和具有准确度较高的用水量数值，便于观察历年用水增长趋向。对异常点要做合理性检查，才能把异常点省去，消除偶然因素的影响。如某一大型耗水性工厂经多年建设，在某一年正式投产使用，使某城市工业用水量骤增至某一个水平。又如，某年遇到连续干旱缺水年份，水源缺乏，供水量衰减，迫使工业用水减少等。当有一个较长系列的用水资料时，就可以作详细分析，避免偶然因素，删除异常点，对于特殊情况，应另作分析。

2. 相关法

工业用水的统计参数（单耗、增长率等）与工业产值有一定的相关关系，如把产值作为横轴，描绘上实际值，进行回归分析，则适合这种相关分析的回归方程有以下形式：

$$\lg y=a\lg x+b \tag{3-66}$$

$$y=\frac{a}{1+be^{-a\lg x}} \tag{3-67}$$

$$y=ax+b \tag{3-68}$$

式中：y 为单位用水量或增长率；x 为产值，a、b、c 为常数。

工业产值相对应的工业用水需要量是一个与产值相关较强的因素，所采用的一般回归式可以用产值的增长率与用水量增加率（或与产值的增加相对应的补给水的单位用水量的增加率）成比例发展为依据的。我国一些工业城市和地区在工业用水预测上常用以下两种：

（1）用工业用水增长率和工业产值增长率相关关系推算工业发展用水，如图 3-1 所示。

（2）用工业产值与万元产值用水量的相关关系推求工业发展用水，如图 3-2 所示。

在"全国水资源合理利用与供需平衡分析研究"课题中，对于有资料地区分区分级统

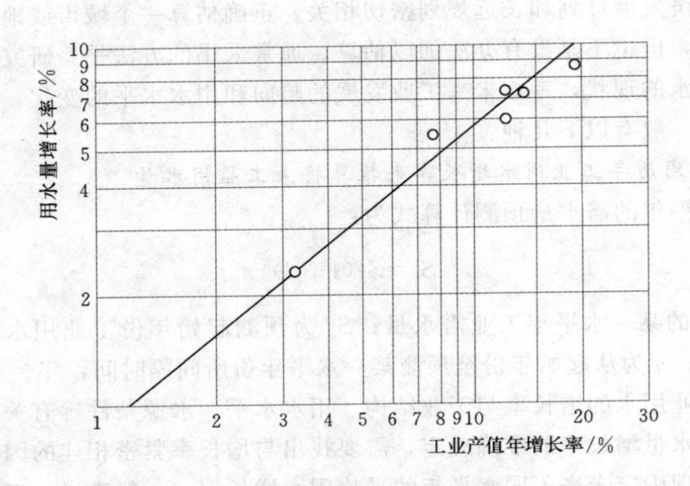

图 3-1　某城市用水增长率与产值增长率关系

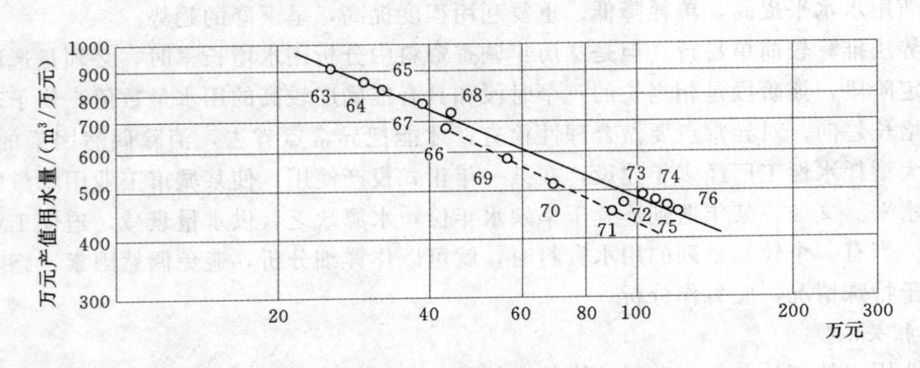

图 3-2　某城市万元产值用水量与产值相关图

计见表 3-3。课题分析了全国和大部三级区工业用水增长率和工业用水弹性系数（为工业用水增长率与工业产值增长率之比）的情况，见表 3-4 和表 3-5，到 2000 年全国工业用水增长率平均约为 5.4%，工业用水弹性系数约为 0.7，一般预测情况是：

对工业用水增长率：一般地区都低于 7%；重要能源基地一般也不超过 10%。

对工业用水弹性系数：一般地区为 0.6～0.8；工业基础较好或节水潜力较大地区为 0.45～0.65；工业基础薄弱或能源基地为 0.8～1.0。

表 3-3　对于有资料地区分区分级统计

r_i 取值	<0.4	0.4～0.6	0.6～0.8	0.8～1.0	>1.0
占统计地区百分数/%	8	33	28	26	5

表 3-4　200 个分区计划工业用水增长率表

用水增长率/%	<2	2～5	5～7	7～10	>10	合计
地区数	12	60	62	47	19	200
占百分数%	6	30	31	23.5	9.5	100

表 3-5　　典型地区的工业用水弹性系数

地区名称	地区中主要工业城市	工业用水弹性系数
东北浑太河地区	沈阳、抚顺、鞍山	0.59
海河大清河平原区	天津、保定	0.61
长江三角洲平原区	上海、常州、无锡、南通	0.46
汾河上中游地区	太原（山西能源基地之一）	0.81
海河徒骇马颊河地区，山东小湖区	胜利油田、中原油田	0.88～0.95
南四湖东部地区	济宁、枣庄、兖州	0.89
洪泽湖以上淮北地区	淮北、宿县	0.98

3. 分行业用重复利用率提高法推算工业发展用水

万元产值用水量和重复利用率，是衡量工业用水水平的两个综合指标。一般来说，一个地区或一个工矿企业单位，工业结构不发生根本变化时，万元产值用水基本取决于重复利用率。随着重复利用率的不断提高，万元产值用水将不断下降。

从北京市工业用水资料分析：趋势相当明显，单位产值工业用水量，随着年产值的增长不断下降，工业用水的重复利用率随生产值的增长而不断提高，这说明万元产值下降的主要因素是由于重复利用率的提高，见表 3-6。

表 3-6　　北京市近几年万元产值工业用水和重复利用率变化

年份	1987	1980	1981	1982	1983	1984
产值/万元	1672931	2038700	2099116	2219245	2435053	2747114
用水量/万 m^3	78505	76024	71325	674227	65612	68206
万元产值用水 /(m^3/万元)	469	373	340	304	269	248
重复利用率/%	56.87	61.4	63.6	67.45	69.5	70.28
万元产值总用水量 /(m^3/万元)	1087	966	934	934	882	834

重复利用率与万元产值用水的关系，可用水平衡式推导。因为重复利用率：

$$\eta=\frac{Q_{重}}{Q_{总}}\times 100\% \tag{3-69}$$

或

$$\eta=\left(1-\frac{Q_{补}}{Q_{总}}\right)\times 100\% \tag{3-70}$$

所以万元产值用水

$$q=\frac{Q_{补}}{A} \tag{3-71}$$

式中：A 为产值；q 为万元产值用水量。

对于同一行业，只要设备和工艺流程不变，生产相应数量的产品其所需的总用水量不变。例如，某钢厂1980 年总用水 4.5 亿 m^3，产值 8 亿元，在设备、工艺流程和产品不变化的情况下，以后相应生产 8 亿产值总用水仍为 4.5 亿 m³。当产值增加，总用水也随之增加，在这种前提下，可进行下列推导：

$$1-\eta_1=\frac{Q_{1补}}{Q_{总}} \tag{3-72}$$

$$1-\eta_2=\frac{Q_{2补}}{Q_{总}} \tag{3-73}$$

由式（3-72）和式（3-73）可得

$$\frac{1-\eta_1}{1-\eta_2}=\frac{Q_{1补}}{Q_{2补}} \tag{3-74}$$

由式（3-71）得　$Q_{1补}=Aq_1,\quad Q_{2补}=Aq_2$

故得：

$$\frac{1-\eta_1}{1-\eta_2}=\frac{q_1}{q_2} \tag{3-75}$$

式中：A，$Q_{总}$ 分别代表产值和总用水量；η_1，$Q_{1补}$，q_1 分别代表某一时间的重复利用率，补充水量和万元产值用水量；η_2，$Q_{2补}$，q_2 分别是另一时间的重复利用率，补充水量和万元产值用水量。

一个行业，如果已知现有用水重复利用率和万元产值用水，根据该地水源条件，工业用水的水平，如能提出将来可达到的重复利用率，便可利用式（3-75）求出将来的万元产值用水量。从而比较准确的推求将来的工业用水量。

【例 3-1】 已知某市 1980 年冶金工业用水重复利用率为 76.3%，相应的万元产值用水量为 636m³。根据该市水资源条件和目前用水水平，参照国内外先进水平，提出 2000 年冶金工业重复水利用率将达到 90%，相应的万元产值用水量可求出为：

解：

$$\frac{1-0.763}{1-0.90}=\frac{636}{q_2}$$

$$q_2=268\text{m}^3/\text{万元}$$

各个行业用上述方法，都可推求出不同水平年的万元产值用水量。

对于某些地区工业生产发展按产品类别进行预测，如北京市根据工业发展情况，可将工业用水按产品类别划分，工业用水量可根据对每一种产品的发展计划进行估算，见表 3-7。

表 3-7　某市万元产值耗水和重复利用率预测

行业	1980 年		1990 年		2000 年	
	万元产值用水 /(m³/万元)	复用率 /%	万元产值用水 /(m³/万元)	复用率 /%	万元产值用水 /(m³/万元)	复用率 /%
冶金	636	76.3	322	88	268	90
煤炭	448	70.69	382	75	306	80
石油加工	640	1.53	390	40	325	50
化工	403	78.9	344	82	286	85
机械	174	31.81	140	45	115	55

续表

行业	1980年		1990年		2000年	
	万元产值用水/(m³/万元)	复用率/%	万元产值用水/(m³/万元)	复用率/%	万元产值用水/(m³/万元)	复用率/%
建材	507	41.1	430	50	387	55
森林工业	149	19.84	130	30	112	40
食品	223	26.02	196	35	166	45
纺织	224	54.65	173	65	148	70
缝纫	31	1.95	28	10	28	10
皮革	93	8.33	81	20	71	30
造纸	1439	36.88	1140	50	798	65
文教	176	5.07	167	10	148	20
其他	143	47.34	136	50	122	55
			……			
合计	5286		4060		3281	

【例3-2】 冶金工业中的黑色冶金，1980年产值18.62亿元，用水量12930万m^3，万元产值用水量694m^3，重复利用率为76.28%，计划1990年产值为25.3亿元，2000年产值为45.9亿元，推算其相应的用水量是多少？

解： 首先确定不同发展阶段的工业用水重复利用率。根据各水厂现状和国内外黑色冶金工业用水的水平，拟定的工业用水重复利用率1990年为85%，2000年为93%，根据式（3-75）。

$$\frac{1-\eta_1}{1-\eta_2}=\frac{q_1}{q_2}$$

1990年：
$$q_2=\frac{1-\eta_1}{1-\eta_2}q_1=\frac{1-0.85}{1-0.7628}\times 694=439(\text{m}^3/\text{万元})$$

$$Q=AP_2=25.3\times 439=11.110(\text{万 m}^3)$$

2000年：
$$q_2=\frac{1-0.93}{1-0.7628}\times 694=205\ (\text{m}^3/\text{万元})$$

$$Q=AP_2=45.9\times 205=9410(\text{万 m}^3)$$

4. 分块预测法

分块预测法就是将一个城市（或地区）的工业分成几大块，分别用不同的方法预测将来的用水量。用分块预测一般有以下三种情况：

(1) 原有工业基础十分薄弱，要大规模发展工业的城市。有的城市现有工业较少，今后要发展成为一个工业城市。这样，工业用水和产值就很难说按某一速度增长，用水和产值之关系也不受现状关系的影响。要预测这种城市的工业用水量，用递增法、相关法和重复水利用率提高法都有困难，只能用分块预测法，将整个工业用水分成两大部分，一部分是原有基础上发展的工业用水，可按前面讲的三种方法预测；另一部分是各时期新建起来的工业，根据计划新建工厂规模，建成的时间，按设计需用水量计算。

（2）电力工业和其他一般工业分块预测。火电厂用水比较大，与其他一般工业相比，万元产值用水大很多。如果火电厂是直流冷却用水，每万元产值需用水达2万～3万m^3，即使是循环冷却用水，重复利用率达到95%，每万元产值仍需用水1000多m^3，比一般工业万元产值用水高好几倍，要是将火电厂用水和一般工业用水放在一起预测，就会因火电厂发展规模、速度影响整个工业用水量。此外，火电厂用水性质和一般工业也不同，一般工业用过的水均有不同程度的污染，不作污水处理难以作为水源再利用，而火电厂用过的水基本上没有污染，其他工业和城市都可利用。对于一个地区来说火电厂总用水量大，而消耗水量小，所以应将火电厂用水量和一般工业用水量分别预测。

一般工业用水按照前面讲的三种方法预测，火电厂用水可参照有关用水指标进行计算。

（3）特殊工业用水需分别预测。有的城市（或地区）是以某一种采矿产业和能源工业为主，其用水量与一般工业用水量不同。这类地区的工业用水就应分成两部分预测未来的用水量，一部分是一般工业发展用水，可选用前面三种方法之一进行预测；另一部分就是煤炭能源工业，或采矿冶金工业发展用水，应根据计划发展的规模计算水量。

一般新建工业用水预测可参照原城乡建设环境保护部门所颁用水标准进行估算。

3.5.3.2　几种预测方法的评价

研究一个城市工业用水的问题，是十分复杂的。影响工业用水的因素很多，预测将来工业用水的任何方法，都不可能将所有因素考虑到。前面介绍的几种方法，每种方法都存在一定的局限性，各有其适用条件。一个城市或一个地区，用什么方法来预测更接近实际，必须进行具体分析，一般情况下要作几种方法的计算比较。

1. 趋势法和相关法

这两种方法实质都是应用数理统计原理，用历史资料进行外延预测今后的情况。基本条件是：①要有相当长的历史资料；②工业发展要比较稳定，如果在工业发展的过程中，工业结构发生了根本变化，工业用水和产值发生了突变，就无法分析出趋势和相关关系。

如：某市1949年市区的工业十分薄弱，产值不过1亿元，用水只有260万m^3，在第一个五年计划期间，市区工业发展，新建起了许多大型工业，建成了棉纺一厂、二厂、三厂，第二轧钢厂、化工四厂、化工试剂厂、玻璃厂、针织厂……工业产值年增长率22.6%，工业用水年增长率达到51%，1958—1960年工业建设速度较快，产值年增长率达63.6%，工业用水增长较大，达到94.6%，新建一批化工厂、钢铁厂、热电厂、中型机器厂，为该市工业奠定了基础，以后经济建设凋敝，1961—1963年，平均产值下降21.8%，工业用水也有下降，这种突变的情况就是分析出工业用水的趋势和相关关系。

所以，相关法和趋势法只适于已经具有一定基础，今后稳步发展的城市。由于趋势法仅单方面考虑了用水量，而相关法则将用水量和工业产值结合起来分析，多考虑了一些因素，所以相关法比趋势法又进了一步。近几年来我国一些城市普遍采用了相关法来预测今后工业用水量，其可靠程度如何，还有待今后实践的检验。

2. 按分行业重复利用率提高法推算工业发展用水

许多城市近几年来，由于水源紧张，供水不足，工业用水得不到保证，采取了节约用水措施，减少工业用水量，使工业生产在用水减少的情况下得到发展。这种情况，趋势法和相关法都不能适用。因此，预测未来用水必须考虑节约用水的因素。

节约工业用水的方面很多。如：加强管理，减少跑、冒、滴、漏，改革工艺，改进设备等都可减少用水；但从近几年各城市节约用水情况来看，最根本的是提高重复利用率。国外也主要看重抓工业用水重复利用率。在预测工业用水中，将提高重复利用率问题考虑进去是符合工业发展规律的。其理论根据是水平衡式：

$$Q_{补}=Q_{总}-Q_{重} \tag{3-76}$$

如前面所讲，某一行业在一定的设备和工艺流程下总用水量是一定值（$Q_{总}$不变）。那么，由上式就可以看出$Q_{补}$的大小，直接取决于$Q_{重}$，也就是水平直线取决于重复利用率η。

$$\eta=\left(1-\frac{Q_{补}}{Q_{总}}\right)\times 100\% \tag{3-77}$$

现在的问题在于假设的设备不变，工艺流程不变是否合理？对于一个行业来讲，在某一段不长的时期内，设备和工艺不会有巨大的变化，是符合实际的，特别是像我国目前的经济状况，不可能在短期内，在工艺和设备上来一个大改革，至于设备和工艺上的一些局部变故，引起$Q_{总}$变化是可能的，但这种变化，比起重复利用率提高对$Q_{补}$的影响为小。

以北京市冶金行业为例，1980 年是预测起始年份，重复利用率为 75.75%，万元产值用水为 595m^3/万元。把 1981—1984 年，按重复利用率提高法计算的万元产值和近几年实际的万元产值用水量见表 3-8，进行比较。

从表 3-8 可以看出：①在预测的 4 年中，计算的万元产值用水与实际值相关不大，平均每年误差 1%～2%，但时间越长累积误差越大。这说明如果预测时间不长，或采取滚动式预测，用重复水利用提高法预测计算用水还是能够保证一定精度的；②计算值总比实际值大一些，对于这种情况，北京市采用万元产值用水变化趋势进行修正，使预测成果更接近实际。

根据上面的分析，分行业提高重复利用率法预测未来不同水平年的工业用水量是比较成熟的一种方法，在理论上和实践上都比趋势法和相关法更进了一步。

表 3-8　北京市冶金工业实际用水和计算用水比较

年　份	1980	1981	1982	1983	1984
产值/万元	224700	226828	223316	238675	282074
用水量/万 m^3	13363	12294	9759	9616	10056
万元产值用水量/m^3	595	542	437	408	357
重复利用率/%	75.75	77.57	81.93	82.76	84.31
计算的万元产值用水量/m^3	595	550	443	423	385
差值/m^3	—	8	6	15	28
误差百分比/%	—	1.5	1.4	3.7	7.8

3.6　农业需水

我国是农业大国，农业用水量占总用水量的70%以上。长期以来，由于技术和管理水平落后、灌溉设施老化失修等原因，目前我国灌溉水的利用率仅为45%左右，与发达国家80%的利用率相差甚远，农业节水潜力很大。21世纪我国人口高峰将达到16亿，农产品需求量和农业需水量也将达到高峰。而工业、生活用水的增加将会进一步挤占农业用水，缺水问题势必更加突出。因此，研究分析需水高峰期的农业需水量，探寻节水高效现代灌溉农业与现代旱地农业的建设途径，对保证16亿人口对农产品的需求和国民经济的持续发展，实现预期目标，具有重要意义。

农业需水包括农田灌溉、农村生活和林牧渔副三个部分，其中农田灌溉的比重较大，是农业需水的主体。与工业、生活需水比较，具有面广量大、一次性消耗的特点，而且受气候影响较大，当水资源短缺，水量得不到保证时，一般可以改变作物组成，使需水量减少，压缩农业需水满足工业和生活需水。因此，农业灌溉需水的保证率低于生活和工业需水的保证率。但菜田需水要求较高的供水保证率，与工业和生活需水一样得到保证。

3.6.1　农田灌溉需水

农田灌溉需水包括水浇地和水田，灌溉需水预测采用灌溉定额预测方法，灌溉定额预测要考虑灌溉保证率水平。

1. 农作物的需水量

一般是指农作物在田间生长期间植株蒸发量和棵间蒸发量之和（又称腾发量）。对水稻田来说，也有将稻田渗水量算在作物需水量之内，这点在引用灌溉试验资料进行计算时要特别注意。我国一些农作物全生育期需水量大致范围见表3-9。

表3-9　我国几种主要作物全生育期内田间需水量的变化范围　单位：m^3/亩

作物	地区	水平年		
		枯水年	中水年	丰水年
一季稻	东北	250~500	220~500	200~450
	黄河流域及华北沿海	400~600	350~550	250~500
中稻	长江流域	400~550	300~500	250~450
一季晚稻	长江流域	500~700	450~650	400~600
双季早稻	长江流域	300~450	250~400	200~300
双季晚稻	华南	300~400	250~350	200~300
冬小麦	华北	300~500	250~400	200~350
	黄河流域	250~450	200~400	160~300
	长江流域	250~450	200~350	150~280
	东北	200~300	180~280	150~250
	西北	250~350	200~300	—

续表

作物	地　区	水平年		
		枯水年	中水年	丰水年
棉花	西北	350～500	300～450	
	华北及黄河流域	400～600	350～500	300～450
	长江流域	400～650	350～500	250～400
玉米	西北	250～300	200～250	
	华北及黄河流域	200～250	150～200	130～180

作物需水量一般是通过灌溉试验确定，用产量法、蒸发系数法、积温法等分析估算，可由当地灌溉试验资料提供，在当地缺乏资料时，可应用邻近相似区域灌溉试验资料。

2. 灌溉制度

指在一定的自然气候和农业栽培技术条件下，使农作物获高产稳产对农田进行适时适量灌水的一种制度，它包括灌水定额（m³/亩次）、灌水时间（日/月）、灌水次数（次）、灌溉定额（m³/亩）等。灌溉定额为各次灌水定额之和。灌水方式分地面灌溉、地下灌溉和地上灌溉等，如图 3－3 所示。对不同灌溉方式，同一作物其灌溉制度是不同的。

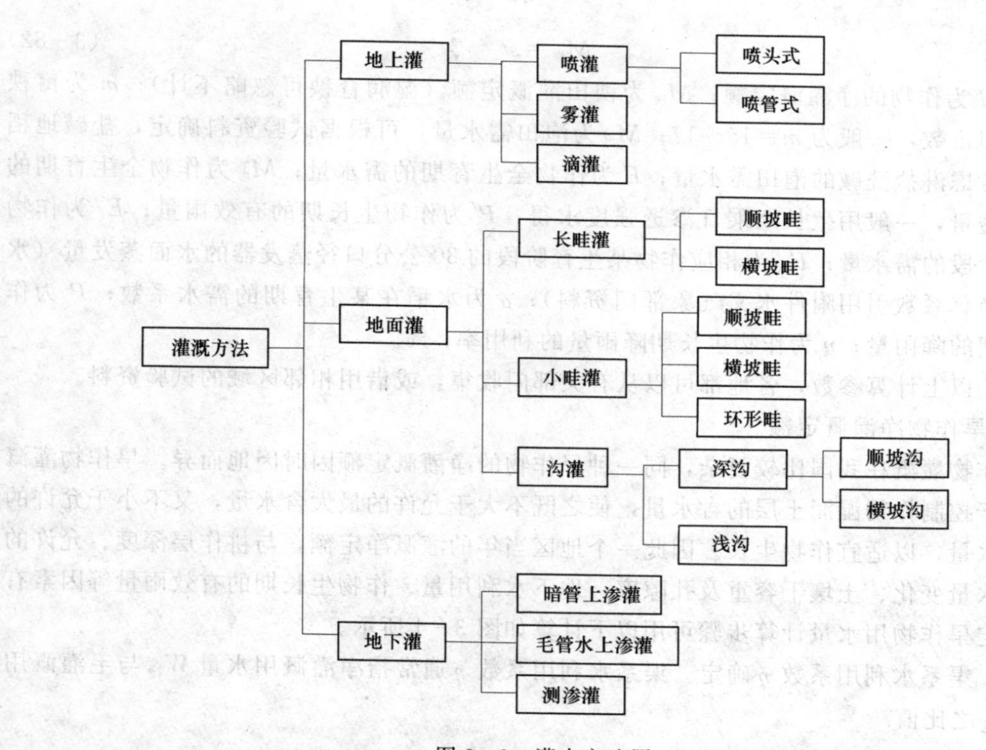

图 3－3　灌水方法图

影响灌溉制度的因素很多，主要有：气候、土壤、水文地质、作物品种、耕作方式、灌排水平以及工程配套程度等。一般灌溉制度的拟订要通过灌区调查，总结相邻省丰产的经验，综合分析制定。但是，实际年份的灌水情况受当地气候条件影响较大，其中受作物生长期的降雨及其分布影响最大。

3. 净灌溉定额和渠系水利用系数

灌溉需水量计算，涉及两个关键的指标：各种作物的净灌溉定额（m）和渠系水利用系数（n）。

（1）净灌溉定额。灌溉定额是作物各次灌水量之和。不同的灌溉方式，不同的作物及其组成，有不同的灌溉定额。而实际某一年的灌溉定额又由当年的各种条件来决定。以地面灌溉为例，分水稻和旱作物，从水量平衡原理进行计算的方法为：

1）水稻净灌溉定额。

水量平衡原理：

$$M=\frac{1}{m}M_{秧}+M_{泡}+E+M_{渗}-P' \tag{3-78}$$

$$E=\sum E_i \tag{3-79}$$

$$E_i=\alpha E_{水} \tag{3-80}$$

$$P'=nP \tag{3-81}$$

其中

$$M_{渗}=st \tag{3-82}$$

式中：M 为作物的净灌溉定额；$M_{秧}$ 为秧田灌溉定额（湿润育秧可忽略不计）；m 为亩秧田分插田亩数，一般为 $m=15\sim17$；$M_{泡}$ 为泡田需水量，可根据试验资料确定，盐碱地稻改区需考虑淋盐洗碱的泡田需水量；E 为作物全生育期的需水量；$M_{渗}$ 为作物全生育期的田间渗透量，一般用生长期乘日渗透强度求得；P' 为作物生长期的有效雨量；E_i 为作物某生育阶段的需水量；$E_{水}$ 为相应作物某生育阶段的 80 公分口径蒸发器的水面蒸发量（水面蒸发换算系数引用附件水文气象部门资料）；α 为水稻在某生育期的需水系数；P 为作物生长期的降雨量；n 为作物生长期降雨量的利用率，%。

关于以上计算参数，各地都可以从有关部门收集，或借用相邻区域的试验资料。

2）旱作物净灌溉定额。

旱作物灌溉在我国比较复杂，同一种旱作物的净灌溉定额因时因地而异。旱作物灌溉目的在于控制作物湿润土层的含水量，使之既不大于允许的最大含水量，又不小于允许的最小含水量，以适宜作物生长。因此一个地区当年的灌溉净定额，与耕作层深度、允许的土壤含水量变化、土壤干容重及孔隙率、地下水利用量、作物生长期的有效雨量等因素有关。确定旱作物用水量计算步骤可用以下计算如图 3－4 所示。

（2）渠系水利用系数 η 确定。渠系水利用系数 η 通常指净灌溉用水量 $W_{净}$ 与毛灌溉用水量 $W_{毛}$ 之比值。

$$\eta=W_{净}/W_{毛} \tag{3-83}$$

设 $\eta_{干}$、$\eta_{支}$、$\eta_{斗}$、$\eta_{农}$ 分别表示干、支、斗、农各级渠道（同时输水）的加权平均有效利用系数，则：

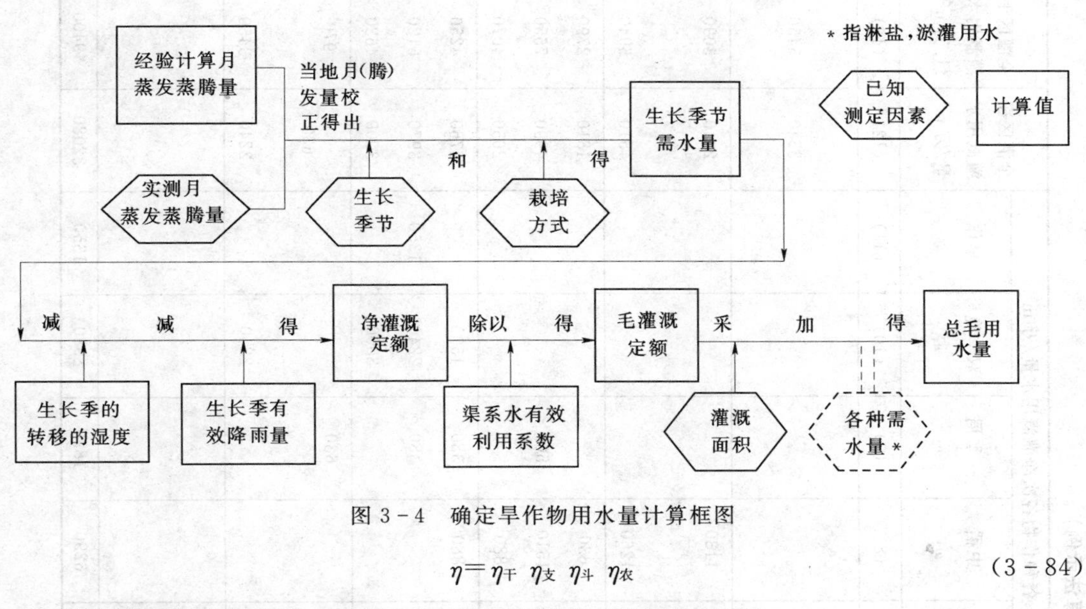

图 3-4　确定旱作物用水量计算框图

$$\eta=\eta_{干}\ \eta_{支}\ \eta_{斗}\ \eta_{农} \tag{3-84}$$

同时输水的同级渠道，其加权平均有效利用系数根据定义：

$$\eta=\sum q_{净}/\sum q_{毛} \tag{3-85}$$

式中：$\sum q_{毛}$ 为同时工作的同级渠道渠首毛流量之和；$\sum q_{净}$ 为同时工作的同级渠道渠尾净流量之和。

η 的大小与各级渠道长度，沿线土质和水文地质条件，工程配套和衬砌情况，灌溉管理水平等因素有关。η 的确定可在渠道运用过程中实测。我国目前已建灌区 η 值一般只有 0.45～0.6 左右。

4. 灌溉需水量估算

农业灌溉是分灌区进行，不同的灌区其灌溉条件不尽相同，因此，农业用水调查应按灌区进行，各灌区用水累计即全区域农业用水量。

现在，灌溉需水量一般估算方法可分为直接估算法和间接估算法。

(1) 直接估算法。直接选用各种作物的灌溉定额进行估算。其公式为：

$$W_i=\frac{1}{10^4}\omega_i\sum_{i=1}^{n}m_i \tag{3-86}$$

$$W=\sum W_i \tag{3-87}$$

$$W'=W/\eta \tag{3-88}$$

式中：m_i 为某作物某次灌溉定额；ω_i 为某些物灌溉面积；n 为某作物灌溉次数；W_i 为某作物净灌溉水量；W 为全灌区所有作物净灌水量；η 为灌区渠系水利用系数；W' 为全灌区总毛灌溉用水量。

具体计算可列表进行，见表 3-10。对于灌区有附加淋盐、淤灌水量应另行估算。

表 3-10　　灌区灌溉用水过程计算表（直接估算法示例）

项目		各种作物各次灌水定额					各种作物各次净灌溉用水量/万 m^3					全灌区净灌溉用水量/万 m^3	全灌区毛灌溉用水量/万 m^3
时间/(月、旬) \ 作物及灌溉面积/万亩		双季早 ω_1 =44.1	中稻 ω_2 =12.6	一季稻 ω_3 =6.3	双季晚 ω_4 =434.4	旱作 ω_5 =27	双季早 ω_1	中稻 ω_2	一季稻 ω_3	双季晚 ω_4	旱作 ω_5		
(1)		(2)	(3)	(4)	(5)	(6)	(7)	(8)	(9)	(10)	(11)	(12)	(13)
	上												
4	中	80 泡					3540					3540	5450
	下												
	上	20.0	90 泡				880	1130				2010	3090
5	中												
	下	73.5	100				3260	1260				4510	6940
	上	26.7	50				1180	630				1810	2790
6	中	66.7	120	80 泡			2950	1510	500			4990	7650
	下	40.0	70				1770	880				2650	4070
	上		70	60	40 泡			880	380	1500		2760	4250
7	中			60	60	50			380	2240	1350	3970	6120
	下				80					3000		3000	4620
	上			100					630			630	970
8	中												
	下				60					2240		2240	3450
	上												
9	中												
	下												
全年内		307	500	300	240	50	13570	6290	1890	8980	1350	32080	49400

注　1. 全灌区面积=90 万亩；

2. 灌溉水利用系数 η=0.65。

（2）间接估算法。即先计算各时段综合灌水定额，再算整个灌溉用水量，其计算公式为：

$$m_i = \alpha_1 m_{1t} + \alpha_2 m_{2t} + \cdots + \alpha_i m_{it} \tag{3-89}$$

$$m'_t = m_t / \eta \tag{3-90}$$

$$W'_t = \omega m'_t \tag{3-91}$$

$$W' = \sum W'_t \tag{3-92}$$

式中：m_i 为 t 时段综合净灌水定额；m_{1t}，m_{2t}，…，m_{it} 为 t 时段各种作物的净灌水定额；α_1，α_2，…，α_i 为各种作物占全灌区的灌溉面积比值，%；m'_t为 t 时段毛综合灌水定额；η 为全灌区渠系水利用系数；ω 为全灌区的灌溉面积；W'_t为 t 时段全灌区毛灌溉用水量；W'为全灌区总毛灌溉用水量。

具体计算可列表进行，见表 3-11。如灌区有附加淋盐、淤灌等水量则应计算在内。

表 3-11　灌区灌溉用水过程计算（间接推算法示例）

项目 / 作物及种植比例 α / 时间/（月、旬）		各种作物净灌水定额/（m³/亩）					综合净灌水定额/（m³/亩）	综合毛灌水定额/（m³/亩）	全灌区毛灌溉用水/（m³/亩）
		双季早 $\alpha_1=49\%$	中稻 $\alpha_2=14\%$	一季晚 $\alpha_3=70\%$	双季晚 $\alpha_4=22\%$	旱作 $\alpha_5=30\%$			
（1）		（2）	（3）	（4）	（5）	（6）	（7）	（8）	（9）
4	上								
	中	80 泡					39.2	60.3	5430
	下								
5	上	20	90 泡				22.4	34.4	3090
	中								
	下	73.5	100				50	76.9	6920
6	上	26.7	50				20.1	30.9	2780
	中	66.7	120	80 泡			55.1	84.8	7630
	下	40	70				29.4	45.2	4070
7	上		70	60	40 泡		30.8	47.3	4250
	中			60	60	50	44.4	68.3	6140
	下				80		33.6	51.7	4650
8	上			100			7	10.8	970
	中								
	下				60		25.2	38.7	3480
9	上								
	中								
	下								
全年内		307	500	300	240	50	357.2	549.3	49400

5. 关于经济灌溉定额和现状计算灌溉面积

在区域水资源供需分析计算中，灌溉定额和计算灌溉面积的取值大小对供需平衡起着决定性的作用。特别是北方干旱缺水地区，这种影响更大。以海河流域部分测站统计情况为例，$P=75\%$年水量约为$P=50\%$的59%，$P=95\%$年水量约为$P=50\%$的33%，倘若在水资源供需分析中，不同保证率情况仍按丰产灌溉定额和同样的灌溉面积计算农业需水的话，则缺少程度将很大。事实上，从海河水量调节性能受限制和枯水年水量减少来分析，枯水年灌溉需水也必定要遭到破坏。这样就涉及到在不同保证率情况下，究竟按什么样的灌溉定额和灌溉面积来计算农业灌溉需水的问题。

目前众家比较一致的意见是：

(1) 在干旱缺水的北方地区，部分农田计算农业需水，要考虑用经济灌溉定额，或日节水定额，以此来衡量地区的水资源平衡问题。经济灌溉定额的解释是单位水量的增产量最大时的灌溉需水量，水电部新乡灌溉研究所曾在“六五”攻关“华北水资源合理利用”研究课题中，对华北地区的灌溉定额做了深入研究，提出平水年在华北地区经济需水定额冬小麦为160～200m³/亩，夏玉米为40～75m³/亩，棉花为80～140m³/亩。

(2) 用核实的灌溉面积作为现状计算面积。从各地反映出来的情况看，灌溉面积数字存在如下几个问题：① 各部门的统计数字是不同的；水利部门的、农业部门的、国家统计局的统计数字不尽一致；② 统计数字和实际调查数字有差距，一些地方通过土地利用调查，发现统计数字比实际数字少很多；③ 即便是统计数字，也有有效灌溉面积、实际灌溉面积、旱涝保收面积几类数字之分。因此，灌溉面积的计算取值是一个非常复杂的问题，一般要通过具体对比分析，并根据一些实地调研，才好选用。

南方地区虽然水资源相对充足，但灌溉供水需要资金投入，且在局部地区灌溉供水的水源也受城市和工业的挤占，因而其灌溉需水增长受到抑制。

3.6.2 农业其他需水

除了农业灌溉需水之外，农业中还有其他一部分需水。包括农村居民生活需水、牲畜需水、渔业需水以及乡镇企业需水等。这些需水在整个农业需水中虽然所占比例不大，但一般都要求保证供水。它们可以用下述的一些方法估算。

1. 农村居民生活需水

通过典型调查，按人均需水标准进行估算。公式为：

$$W_{居}=\sum n_i m_i \tag{3-93}$$

式中：$W_{居}$为农村居民生活需水量；m_i为人均生活需水标准；n_i为需水人数。

农村居民生活需水标准与各地水源条件、用水设备、生活习惯有关。南方与北方需水标准相差很大，应进行实地调查拟订需水标准。

2. 牲畜用水

$$W_{牧}=\sum n_i m_i \tag{3-94}$$

式中：$W_{牧}$为整个牧业用水；n_i为各种牲畜或家禽头数或只数；m_i为各种牧畜或家禽用水

定额（调查或实测值）。

3. 渔业需水

渔业需水仅指养殖水面蒸发和渗漏所消耗水量的补充值。公式为：

$$W_{渔}=\omega(\alpha E-P+S) \tag{3-95}$$

式中：ω 为养殖水面面积；E 为水面蒸发量，由水文气象部门蒸发器测得；α 为蒸发器折算系数（可根据附近水文气象部门资料获得）；P 为年降雨量；S 为年渗漏量（由调查、实测或经验数据估算）。

渔业需水也可以根据调查补水定额和养殖面积进行估算。如辽河流域调查估算养殖补水定额为 $500m^3$/亩。公式为：

$$W_{渔}=\omega m \tag{3-96}$$

式中：ω 为养殖面积，亩；m 为鱼塘补水定额，m^3。

4. 村办企业需水

村办企业包括小型工厂、小型加工作坊等，种类繁多。其需水量估算可在典型调查基础上，用工业需水的有关方法进行需水预测。

3.7 生 态 需 水

我国地域辽阔，区域差异大，复杂的自然地理和气候条件，形成了显著的区域生态特征。内陆河流域降水集中在山区，广阔的平原降水稀少，人类活动集中在狭小的绿洲，有限的河川径流支撑着绿洲的生存与发展。外流河流域又因为降水量分布的不同与水土组合的差异，导致北方缺水、南方水土流失严重。地区经济发展的不平衡性，以及人口压力，使人水矛盾突出，工农业之间以及国民经济与生态环境之间用水竞争激烈，生态环境用水难以保证。黄河、海河、淮河以及辽河等北方流域，国民经济和社会生活耗水量占水资源总量50%以上，长期挤占生态用水，出现地表水体严重萎缩、地下水超采、海水倒灌、河口淤积等一系列生态问题。长江、珠江等南方大江河，近些年经常出现枯水季节水质下降、海水倒灌、水生态环境恶化，导致全流域性供水紧张。

我国对水资源及生态问题非常重视。多年来始终将水问题作为资源环境领域的主要内容，研究成果经历了水资源评价、四水转化、考虑宏观经济的水资源优化配置、考虑生态与经济结合的水资源合理配置，清楚反映了我国水资源学科的进步。在水资源统一管理和高效利用上，将水与生态结合起来的研究正受到空前关注。由水资源开发利用引发的生态问题受到重视，将水与生态结合起来研究是发展的必然趋势。

在“九五”攻关中，对内陆河地区的生态耗水机理、生态需水、经济用水与生态用水的竞争机制和配置方案，进行了系统研究，提出了最小生态需水量，对西北干旱地区的生态需水开展了研究，并提出了相应的生态保护准则和生态需水计算模型，在干旱区生态需水理论与计算方法方面进行了创新性研究。位于淮河、黄河和海河流域的我国华北平原地区，由于水资源量有限，人口密集，水资源开发利用率高，面临着更为严峻的生态问题。其表现在河流径流减少，河道断流，水生态系统受到严重破坏；河流流量减少，排污量增加，河流污染严重；地下水超采严重，造成环境地质问题；湿地萎缩，湿地生态遭到破坏；入海水量减少，海水入侵，河口生态系统退化等。尤其是影响全局的北方半湿润半干旱区，针对水资源开发利用造成的生态需水问题，需要进行系统深入的研究。

相比之下，国外对河道生态用水问题关心较早。20 世纪 40 年代，随着水库的建设和水资源开发利用程度的提高，美国的资源管理部门开始注意和关心渔场的减少问题。60 年代初期，工业化国家开始出现水资源对国民经济的制约作用，这种影响在枯水期尤为显著：由于径流迅速减小，对水力发电、航运、供水的限制越来越大，常常造成巨大经济损失，更造成生态恶化。于是各工业化国家对枯水期径流开展了大规模研究。同时，生态学家也开始大规模介入对自然水体中河流的生态学研究。20 世纪 70 年代以来，法国、澳大利亚、南非等国都开展了许多关于鱼类生长繁殖与河流流量关系等方面的研究，从而提出了河流生态流量的概念，并产生了许多计算和评价方法。20 世纪 90 年代以前河流流量的研究主要集中在所关心的鱼类、无脊椎动物等对流量的需求。20 世纪 90 年代后的研究，不仅研究维持河道的流量，而且还考虑了河流流量在纵向上、横向上的连接。从总体上讲，考虑了河流生态系统的完整性，考虑了生态系统可以接受的流量变化。对生态需水的深层次研究需要水文水资源的介入和多学科融合，首先是水文学家和生物学家的结合。

由于中国的自然条件复杂、人口众多造成的生态用水问题极为复杂。国外的生态用水问题，从深度和广度上都远非我国严重。由于生态问题本质的不同，国外的研究方式不能直接移用于中国，但有许多经验可供借鉴。同时应该指出的是，国内外的研究迄今还没有很好地解决临界问题。因此，研究生态系统某种临界状态下的水分条件，以此作为生态用水衡量标准，既是该领域理论和技术上的探索，也是生产实践中急需解决的问题。这对于我国这样的水资源严重短缺的国家来说，特别是北方半湿润半干旱区的河流用水尤为必要。

3.7.1　基本概念与内涵

综合各种研究的观点，生态需水量研究基本上可以认为是针对具体的生态系统，在保持目标要求的生态系统功能的前提下，以地带性理论、水文循环、水量平衡、水力学理论、遥感等高新技术为基础所计算出来的，在一定范围内存在和变化的，构成生态系统的各项需水量的广义和。由于在很多方面没有达成共识，一般的各种概念和含义如下：

（1）需水是生态系统固有的属性，是一种状态的表征，而用水是生态系统变化过程的反应，这一过程是受需水规律支配的。生态需水研究的目的是为生态用水提供安全阈值或者是控制性指标。生态需水研究属于基础层次的规律研究，生态用水是属于实践操作层次的过程控制。

（2）生态和环境在实际中不可截然分割，但从基础性研究的角度出发，认为环境是依附于所研究的生态系统主体的，在对水体生态需水研究规律的基础上，对特定的环境需水进行叠加或耦合分析，即为生态环境需水。

（3）几种概念的内涵和规定。

1）生态需水：维持不同水体生态系统状态下对应的需水特征值。主要研究维持水体自身生存以及生物完整性和稳定性的状态，相应的需水特征值称为最小生态需水和适宜生态需水。

2）环境需水：对依附于水体生态系统的环境相应的需水。

3）生态环境需水：在水体生态系统本身生态需水的基础上，满足对环境具有不同功能要求的需水。

4）生态用水：依据当前生态系统所处的状态所对应的需水值，为维持现状或者在不同状态之间转化系统所消耗的水量，这种过程可以人为控制。

5）环境用水：为了维持现有环境功能或者提高环境质量，主要针对水环境质量所耗用的水。

6）生态环境用水：在对水体生态系统需水特征值和不同环境功能需水值进行组合或者耦合分析的基础上，两者共同耗用的水。

(4) 生态需水研究限于河流时，将生态需水称为河流生态流量。生态需水特征值最终可以作为生态用水的控制性指标。

河流生态需水或生态流量的研究是一个复杂的问题，它与很多因素有关，要给出一个确切的定义是比较困难的，但其包含的本质内容应是相同的。

水资源是河流生态系统中有机的、不可替代的核心资源，是现有河流生态系统得以良性循环发展、使面临破坏的生态环境加以恢复的直接载体或因子。鉴于目前对河流生态流量在定义、影响因素、计算方法等方面还没有达成共识的情况下，对两级生态流量进行讨论和分析研究，揭示河流形态特性、完整性和稳定性与生态流量的内在联系，以期能更有效地实现水资源的生态服务功能。

定义生态需水量或生态流量应该包含以下内涵：

1）时空变化性。对不同的时间尺度，在年内和不同年际之间，不同的生态系统分区如干旱区、湿地、湖泊、林地、和绿洲等生态系统，生态需水量是不同的。对河流生态流量而言，不同时期、不同断面的生态流量是有差异的。

2）目标层次性。生态流量为实现不同生态功能目标，具有最小和适宜生态流量两个层次，适宜生态流量包容了最小生态流量，两者属于递阶关系，所针对的目标不同，最小生态流量是基于河流生存目标的，适宜生态流量是基于河流生物完整性和稳定性目标的。

3）相对性。河道最小和适宜生态流量是两个不同的子集合，在不同的径流条件下可以发生相互转化，具有一定的过渡性和相对性。允许在一定的条件下处于边界状态，只要在其允许的恢复范围内就可以。

4）不确定性。生态需水量或生态流量受自然和人类活动双重影响，是一个逐渐积累变化的过程，有其自身的趋势和一定的波动性，因而，有一定的变动范围，具有统计的平均意义。

3.7.2 河流生态需水计算方法

1. 形态学观点

在计算河道生态流量的方法中，有许多都直接或间接属于形态学观点的范畴。基于河道水力参数来确定河道生态流量的计算方法，都在某种程度上考虑了河道的特性，即水力学方法。其中，以湿周法、R2CROSS 法最具有代表性。主要适用于：①小型河流或者是流量很小且相对稳定的河流；②泥沙含量少，水环境污染不明显的河流；③推荐的流量是主要为了满足某些大型无脊椎动物以及特殊物种保护的要求。

河道湿周法计算河道生态流量由尼尔森等人提出，美国地质勘测局报告伊普斯威奇（Ipswich）河流水生栖息地评价，罗得岛州尤斯科鄱女王河（Usquepaug-Queen River）湿周法的应用，缅因州环境保护局（Maine DEP）修正的湿周法对河流无脊椎大型动物进行保护等研究，均运用了这一方法。

湿周法是根据河道的水力特性参数，如湿周、水力半径、平均水深等，由实测的河道断面湿周与断面流量之间的对应关系，绘制流量—湿周关系图，由图中找出突变点或影响点（Point of Effection），与该点对应的流量值即为河道流量推荐值。

湿周法简单易行，它是基于满足临界区域水生物栖息地的湿周，同时自然满足非临界区域栖息地的湿周条件的水力学方法。如果只考虑河道基流，则只需进行低水测验或者现场搜集河道相关资料即可，如果有计算机辅助，则可实现自动化。对于不同的断面形态，对应的突变点各不相同，湿周利用率的差异较大，依据突变点确定的流量有时会偏大，有研究以河流为例进行验证，发现平均流量的 10%相当于最大湿周的 50%，平均流量的 30%接近于最大湿周。

从关系图中直接判断突变点有时比较困难，甚至无法判断，尤其对于山区河流，变化点多数不明显，需要借助数学方法来加以判别。通常，该法较适用于平原地区河道。同时，湿周法存在的不足有：要求河床形状稳定，没有考虑年际年内流量变化，不能给出流量变化范围。

R2CROSS 法的目标是要保护临界的河流栖息地，将保护类型转化为等同的水利参数，包括河流顶宽、平均水深、平均流速等，且平均流速采用常数来确定河道生态流量。该法在实质上将水生栖息地或特定的水生生物与河道流量建立经验关系，也没有完全从河道形态特性来考虑生态流量。同时，在确定河道生态流量推荐值时，总是结合水生生物目标保护的约束要求。

2. 统计学观点

统计学观点是国外在对多条河流进行研究后，提出的以天然流量百分比或者在某一保证率下的流量作为河道生态流量的推荐值。该观点中最具有代表性的方法为 Tennant 法，Tennant 在对美国 11 条河流的断面数据进行分析后，依据流量对应的流速、水深等增幅大小，认为年均流量的 10%是河流生境得以维持的最小流量，并以预先确定的年平均流量百分比将河流生境划分为不同的等级。该观点的局限性主要有：①水文规律本身的不确定性，在时空尺度上没有充分考虑河道流量的动态变化性；②没有从流域特性及成因规律分析流量的特点，在机理上没有形态学观点具有说服力，特别是没有考虑河流形态对流量的影响。

改进的 7Q10 法也属于该类观点。一般采用河流近 10 年最枯月平均流量或 90%保证率最枯月平均流量作为河道推荐的生态流量，以适应国内河流对生态流量的要求，主要是用来计算河流纳污容量的。由于我国水生态问题的区域特性极为明显，流域生态问题差异较大，导致这种差异的根源是水文循环中降雨—径流条件的不同及土地资源的利用程度。

即水土资源的不同组合产生了不同类型的流域生态问题，这一标准自然不能适用于确定各个流域的河流生态流量。

统计学观点的最终取向是要形成一定的经验模式，一般情况下统计特性不能像形态学观点那样从成因或机理上对选定的标准进行合理解释，但能表明部分或某种趋势。

属于统计学观点的方法还有 Texas 法、NGPRP 法、基本流量法（Basic Flow）等。基于水文学的方法大都具有统计性质，多属于此类。

Tennant 在分析了美国 11 条河流的断面数据后发现河宽、流速和水深在流量小于年平均流量的 10%时增加幅度较大，当流量大于年平均流量的 10%时，对应水力参数的增长幅度下降。提出以年平均流量的 10%作为水生生物生长最低标准下限，年平均流量的 30%作为水生生物的满意流量。该法是不需要现场测定数据类型的经验设定法，河道推荐流量以预先确定的年均流量百分比为基准，划分的流量标准设定见表 3-12。

表 3-12　　河道流量等级标准设定

流量等级描述	推荐的基流百分比标准（年平均流量百分数）/%	
	10 月—次年 3 月	4—9 月
最大流量	200	200
最佳流量	60～100	60～100
极好	40	60
非常好	30	50
好	20	40
中等或差（退化）	10	30
最小	10	10
极差	<10	<10

该法具有简单快速和实用的特点，较适合于确定大河流的流量，但缺点是没有考虑到流量的季节变化，没有区分干旱年、湿润年和标准年的差异，没有考虑河流形状。Tennant 法是以预先确定的年平均流量百分数作为河流推荐流量，应用较为普及，同时是在河道流量研究中最具有影响的方法之一。

3. 特定环境功能观点

美国早期对生态流量的研究，主要是为满足河流系统的单项服务功能（如通航、河道基流）而进行的水量方面的研究。对水质等问题是在水污染问题加剧后，开始进行河流水环境容量的研究，主要是从水质及其他河流服务功能方面来考虑河道流量。为保持河流一定的水环境容量，根据水质保护标准和特定的环境要求，进行水量或流量的推求。主要局限于：①针对具体的河流，在一定的时期，根据环境所要求的目标，推算相应的流量；②河流各项需水要求之间的消长或者影响情况，即环境功能的相容性、重叠性考虑不多；③由于环境目标的争水性等级不同，计算结果有时会产生量级上的差异。

由于河流水环境污染加剧和多种服务功能的丧失，对河流自净能力的研究不断深入期间，河流生态流量、河道枯水流量、河流生态需水量、景观河流流量、环境用水量等概念相继提出。主要研究内容是将河流生态系统的有机组成部分和功能进行划分：如河道基流需水、通航需水、冲沙需水、景观娱乐需水等，对不同的环境要求和生态服务功能，分别计算所要求的水量，根据计算结果取最大值，以满足各种功能的要求。

环境问题是与特定的河流主体相结合的，离开主体的环境是不存在的，因而，该类观点不具有普遍性，只是针对具体的河流，在一定的时期，根据环境所要求的目标，推算相应的流量。同时，河流单项或多项之间对需水的消长，以及重叠性需水等对生态需水量或生态流量的影响情况没有加以考虑。

在该类观点中，也有从水盐平衡、水沙平衡的角度出发，针对各自流域的水生态主要问题，如西北干旱内陆流域的水盐运移问题、北方河流的高泥沙特点、南方河流的水环境有机污染特点，提出了基于各种理论或经验的河流生态流量的计算方法。总体上说，特定环境功能观点也没有从成因上分析河流生态流量，特别对河道最小生态流量没有进行深入研究，也没有从河流形态角度加以考虑。

4. 生物学观点

生物学观点是从水域生态系统要保护的水生生物出发，通常的研究对象是鱼类，建立河道流量与生物量或种群变化关系，在湿地方面主要是建立水量与高等大型植物的关系。在生态需水的研究过程中，对特定生物的保护目标或多或少的贯穿在其中。

以生物学观点进行生态需水量的研究，考虑生物的完整性，最具有代表性的是美国中西部评价鱼群落的方法，即生物完整性指数法。主要依据所要保护的敏感高级指示物种（一般为鱼类）对水域生态指标的需求与当前生态系统的状况进行比较，对现状作判断，然后给出提高多样性和稳定性发展的策略要求。

生境模拟法是现状生物学观点中的主要方法，将生物资料与河流流量研究相结合，以生物为主要因子，考虑生境对河流流量的季节性变化要求。主要局限性有：①生境质量并不能真正代表生物本身的状态，指标标准经验因素过多；②对生物完整性考虑不够，侧重于某些特定河流生物物种的保护上，没有将整个生态系统作为整体模拟；③在应用时要进行一定的假设，如对生物数量和分布的影响只限制于水深、流速等；④生物群落结构之间的生境或者生态与水量关系处理不多，且对河岸植被生态需水尚无法应用。

在生物完整性中，由于生物群落结构的各组成部分对水域生态所要求的生境不同，对一种或几种生物，特别是高等生物（如鱼类）满足的生境，并不一定能满足其他生物对这种生境的要求，没有系统的、动态的考虑生物完整性的要求。

利用该观点进行生态需水研究，主要是借助于水文学或水力学等方法，用生境质量指标的变化来代替生物种群的变化，因而，在本质上，生物学观点是水文学、水力学等方法的拓展或者是外延。

生物完整性是生态系统研究的核心基础，是衡量生物多样性和完整性的前提条件。因而，在研究水域生态系统的适宜生态需水时，必须要考虑生物完整性与流量或者水量的关系，这部分内容是生物学观点必须要解决的问题，也是发展的必然趋势。目前，国际上对这一领域的研究工作刚刚起步。

5. 其他观点

在其他观点中，主要是将生境保护目标与水文学或水力学基础相结合，或者将专家经验融入到对生境要求的判断之中，主要是出于对流域规划和管理目的进行的。在形式上采用模拟或回归的手段，建立流量与生物保护目标之间的关系，属于上述观点的交叉。主要有水文-生物分析法、模拟法、整体法等。

以上各种观点所采用的方法中，有相互交叉或重叠的部分，如 Tennant 法，既涉及了部分形态学的观点，又表现了水文统计的特性。

国外对河流生态流量的研究内容可概括为：以河道生态环境或水生生物为保护目标，结合统计学、形态学、特定环境功能等观点，展开与影响河流生态系统因子（水力参数、水生生物、水文要素等）的各项研究。

3.7.3 河道最小生态流量研究计算

1. 最小生态流量的形态学分析

河流等水体生存条件由两类基本要素决定：水体及水体所处空间的特性。水体可以用水文学因素如流量来描述；水体所处空间的特性即水域活动范围；是约束水体运动空间的条件；可以用形态学因素如各种水力参数来概括。对河流水体而言，形态学因子与水文学因子两者具有耦合关系。如果在低水状态下该关系发生突变，则意味着水体生存条件发生由正常到异常的改变，即出现水体处在濒临危险的临界状态对应的最小生态流量。

Leopold 认为，河床的形态主要取决于流量，即

$$B=\alpha_1 Q^{\beta_1}，H=\alpha_2 Q^{\beta_2}，v=\alpha_3 Q^{\beta_3} \tag{3-97}$$

式中：$\alpha_1\alpha_2\alpha_3=1$，$\beta_1+\beta_2+\beta_3=1$；$B$ 为河宽；α_1，α_2，α_3 为河流特性系数；β_1，β_2，β_3 为河流特性指数。

为了尽量消除各种指数和系数分布不均匀产生的影响，采用无量纲的 B/B_0，Q/Q_0 指标来描述。B_0 为平均水面宽，Q_0 为多年平均流量。

由上述形态学的表达方程组和约束条件可知各水力参数与流量之间在性质上属于凹函数，$\beta_1<1$，即

$$\frac{d^2B}{dQ^2}=\alpha_1\beta_1(\beta_1-1)Q^{\beta_1-2} \tag{3-98}$$

从统计学上分析，当上述关系发生突变时，突变点是变化率发生明显转变的地方，称其为临界点。在各种关系图中，与该临界点相应的水力参数和流量成为河湖生存处于劣变的临界状态。临界点以对应的最小水流条件维持河流自身的形态，临界点以下的水位或流量损失会导致大规模河流水面宽的损失。河流水力几何形态特征方程的水力相似性和函数特性，为河道断面形态分析和断面最小生态流量的计算提供了依据。

分析可知，最小生态流量 Q_e 具有多层意义。①几何意义：是河流水面宽与流量关系发生转折变化的特征值，即 $d(B/B_0)/d(Q/Q_0)$ 是发生变化的临界阈值；②经济意义：是维持河流形态和生态环境最经济的点。利用临界阈值以下的河道水量在经济上将为恢复或补偿这一损失付出极大的代价；③物理意义：当水深或水位在对应临界值以下时水深或者

水位的较小变动均会引起河道水面宽等其他水力要素大幅度的变化，此时容易发生河道断流或干涸等危及河流自我生存功能的情况；④生态意义：可以维持河流的连续性并且这一流量是有效维持河流形态的必要条件，能够使河流的某些水生生物在枯水期尽快地适应不利的生态环境。

2. 最小生态流量的计算步骤

计算的主要资料来源于流域水文年鉴，计算步骤为：①从水文控制站历年实测断面成果表中获取河道断面资料，对各断面进行资料可靠性、稳定性及相应归类分析，选择河流变化相对稳定的时期；②对选定的各控制断面计算水力断面特性，包括水面宽、水位、平均水深和流速等，并进行无量纲处理，建立水力特性参数计算表；③绘制断面计算期水面宽—水位百分比关系图、流量—水位关系曲线，以其他水力参数与流量的关系曲线为检验的参照；④确定水面宽—水位百分比关系图中的临界点以及对应水位、水面宽和其他水力参数，从水位—流量关系图中查出对应的流量，作为最小生态流量的初步结果；⑤进行合理性和一致性分析，利用其他水力参数进行多指标检验，最终确定各控制断面最小生态流量的范围或平均值。

3. 临界点的成因分析

河道断面形态中出现明显的转折点或临界点有以下几方面原因：①受地壳大地构造运动的影响，上升带与下降带交替而形成纵剖面上的不连续转折点，这种转折点的形成一般需要很长的地质年代。在研究形态时，需要加以识别；②河流流经河床基质及河岸岩性不同的地区时，由于对断面不同部位水力作用的强弱不同，使断面形成不同的坡降，表现为纵剖面中出现明显的转折点；③流域洪水对河道局部断面的冲刷和侵蚀作用。这种作用由于受气候、地质地貌、边坡土壤特性等众多因素的影响，随机性较为明显；④作为河流的暂时侵蚀基准面，受水利工程对河道水流的调控作用，如水库蓄水、回水顶托等也会形成较明显的转折点；⑤人工干预作用形成的转折点。由于防洪安全、农业灌溉的需要，通常在河道两岸进行护坡治理，出于施工或河道稳定的需要造成纵剖面出现转折点。

上述几种转折点中，除人工河道整治和地质构造运动作用出现的转折点外，其他都与水动力条件有关。在天然状态下，与河道断面最小生态流量对应的突变点主要是经常性的水流作用造成的，即主要是②类型的转折点。洪水冲刷和暂时侵蚀在一定时期可能会加速转折点的形成，或者使已有的转折点位置发生改变，需要结合流域水文条件、河道断面基质组成合理地判断。

4. 辽河河道最小生态流量的计算

（1）控制断面的选取。水文控制断面是联系河流形态因子和水文因子的载体。为了确定在天然状态下，不同河道断面对应的河道最小生态流量，即临界流量，断面的选取应该遵循典型性、稳定性、实用性的准则。这里选取辽河麦新、郑家屯（西辽河）、太平（东辽河）、朱家房、福德店（辽河干流）、邢家窝堡（浑河）、唐马寨（太子河）、东白城子（饶阳河）、朝阳（大凌河）等 9 个主要断面进行计算和分析。

（2）计算结果及分析。依据上述的计算原则和方法，对辽河控制性断面的生态流量进行计算，对计算过程中的各种不确定性进行相应处理。计算结果见表 3 - 13。

表 3-13 辽河河流最小生态流量计算结果

水系	断面名称	最小生态流量			
		集水面积/10^4km^2	流量/(m^3/s)	流量比/%	湿周/m
西辽河	麦新	5.09	4.09	9.5	136
	郑家屯	12.67	4.73	7.65	36.8
东辽河	太平	1.04	2.78	11.2	35.6
辽河干流	福德店	14.77	7.30	8.39	48.4
	朱家房	17.71	8.89	5.29	200
饶阳河	东白城子	0.21	0.728	16.5	20.7
大凌河	朝阳	1.02	4.31	19.4	37.1
浑河	邢家窝堡	1.10	11.4	13.9	86.2
太子河	唐马寨	1.12	11.8	12.7	99.3
水系	断面名称	湿周比/%	河底高程/m	平均水深/m	平均流速/(m/s)
西辽河	麦新	65.7	280.15	0.33	0.23
	郑家屯	35.7	114.94	0.43	0.17
东辽河	太平	63.2	6.12	0.58	0.25
辽河干流	福德店	35.6	97.04	0.66	0.11
	朱家房	22.3	7.89	0.27	0.11
饶阳河	东白城子	49.9	69.56	0.28	0.23
大凌河	朝阳	31.8	97.31	0.65	0.26
浑河	邢家窝堡	73.8	2.58	0.47	0.19
太子河	唐马寨	73.5	0.68	0.51	0.14

从各控制断面的流量来看，流域面积与流量呈正相关关系，东辽河太平流量最小，辽河干流朱家房流量最大，即天然状况下，满足整体流域一致性的要求；从流域径流条件来看，东辽河流域太平的产流条件最好，其次为辽河干流的朱家房，西辽河郑家屯最差，符合流域“东水西沙”的自身特点；在水深和流速等水力参数上，变化不大，在防止河道断流和河相相对平衡的较为合理的范围之内[8]。

河道生态环境需水量主要包括河道最小生态需水量、河道渗流需水量、河道蒸发需水量、河道自净需水量以及河道输沙需水量等五项。在这五项需水量中，河道自净需水量在年内分布比较均匀，河道渗流需水量年内分布变化不大，而河道输沙需水量主要集中在汛期，同时，河道最小生态需水量和河道蒸发需水量也是汛期大于非汛期。另一方面，在这五项需水中，只有河道蒸发需水量和河道渗流需水量在河道水量中参与水量转换而消耗掉，对河道中其他生态环境功能的作用小，可以忽略不计，而其余三项均在河道中，从一水多能的特性来看，自净水量在净化污染物的同时也能携带泥沙，输沙水量也具有净化污染物的作用，同样，河道最小生态需水量在对水生生态功能维护的同时也能净化污染物和携带泥沙，反之亦然。

因此，河道生态环境需水量并不是这五项需水量的简单叠加，而是这五项需水量的有机组合。一般地，河道生态环境需水量的合理取值是河道最小生态需水量、河道自净需水量以及河道输沙需水量等三项中的最大者与河道渗流需水量、河道蒸发需水量之和。

3.7.4　河口生态环境需水量计算

河口生态系统位于河流与海洋系统的交汇处，径流与潮流的掺混造成河口地区独特的环境和生物组成特征。河口生态系统主要特征表现在淡水与盐水的混合，这也是河口生态系统营养物质富集并成为重要生物栖息地的根本原因。河口生态环境需水量具有明显的空间差异性，即不同的河口生态系统对水量的需求不同。同时，河口地区环境的季节性和周期性变化又使得其生态系统始终是一种动态平衡，即河口生态环境需水量又具有显著的时间差异性。河口生态环境需水量（F）可划分为水循环消耗需水量（F_a）、生物种群分布需水量（F_b）及河口生物栖息地需水量（F_c）等三部分进行计算。

3.7.4.1　水循环消耗需水量

（1）蒸发消耗需水量 F_{a1}。蒸发消耗需水量是指保证蒸发需要的淡水量，计算公式如下

$$F_{a1}=(E-P)A \tag{3-99}$$

式中：E 为蒸发量；P 为降雨量；A 为研究河口区水域面积。

（2）土壤需水量 F_{a2}。由于河口地区常年积水，系统渗漏需水量可忽略不计，因此只需要根据土壤含盐量的不同等级（如将土壤含盐量划分为 0.6%、0.4%、0.2%等三个等级）等因素计算相应的土壤需水量，计算公式如下

$$F_{a2}=\alpha\gamma HA_S \tag{3-100}$$

式中：α 为田间持水量或饱和持水量百分比，根据土壤生态系统类型而定；γ 为土壤容重；H 为土壤厚度；A_S 为土壤面积。

（3）水循环消耗需水量 F_a。水循环消耗需水量即是蒸发消耗需水量与土壤需水量之和，即

$$F_a=F_{a1}+F_{a2} \tag{3-101}$$

3.7.4.2　生物种群分布需水量

河口生物种群分布需水量 R 根据不同生物的生物量及其自身含水量进行计算，计算公式如下

$$F_b=\sum F_{bi}=\sum\beta_i W_i A_b h \tag{3-102}$$

式中：F_{bi} 为第 i 种生物种群需水量；β_i 为第 i 种生物自身含水量；W_i 为第 i 种生物量；A_b 为生物分布面积；h 为水域平均水深。

实际计算中，生物种群可划分为初级生产者、次级生产者和较高营养级分别计算，见表 3-14。

表 3-14　河口生态系统生物种群需水量计算参数

项　目		初级生产者		次级生产者		较高营养级
		高等水生植物/[g/(m³·a)]	浮游植物/[g/(m³·a)]	浮游动物/[g/(m²·a)]	底栖动物/[g/(m²·a)]	洄游鱼类/[g/(m²·a)]
生物量	最大值	4.0	2.5～3.5	2.5～3.5	＞25.0	＞25.0
	适宜值	2.0	2.0～2.5	2.0～2.5	10.0～25.0	10.0～25.0
	最小值	1.0	1.5～2.0	1.0～2.0	5.0～10.0	5.0～10.0
含水量/%		60	90	80	70	70

3.7.4.3 生物栖息地需水量

（1）淡水生物栖息地需水量 W_1。河口湿地因广阔且相对平静的水面使得其水生生物丰富，从而成为珍稀、濒危鸟类的重要栖息地。河口湿地水面面积和水深是其控制指标，故淡水生物栖息地需水量计算公式如下

$$W_1 = n\beta A_w H \tag{3-103}$$

式中：n 为河口湿地水体换水周期，次/年；β 为湿地水面面积占湿地面积的百分比；A_w 为湿地面积；H 为湿地平均水深。

（2）盐度平衡需水量 W_2。河口地区洄游性鱼类对栖息地的要求主要反映在喜爱温度、盐度和营养物分布等指标上，而各项指标与河道径流量的变化密切相关。河口盐度平衡需水量研究的目的就在于确定河口及其临近海域合理的盐度，为河口洄游性鱼类提供理想的栖息地。由于不同河口目标盐度不同且具有显著的季节性，因此河口盐度平衡需水量一般分季节进行计算，即

$$W_2 = \sum_{i=1}^{4} \lambda_i V \tag{3-104}$$

其中

$$\lambda_i = \frac{S_i - S_{0i}}{S_i}$$

$$V = \frac{1}{3} A_0 H_0$$

式中：λ_i 为第 i 季淡水在河口区水体中所占的比例；S_i 为第 i 季外海盐度；S_{0i} 为第 i 季河口目标盐度；V 为河口外海滨水体体积；A_0 为从河流进口至口外海滨段的咸淡水交界处的水域面积；H_0 为河口外边界处平均水深。

（3）泥沙输运需水量 W_3。为了防止河道泥沙在河口的淤积，必须保证河口的泥沙输运需水量，计算采用下式

$$W_3 = \frac{Q}{C} \tag{3-105}$$

式中：Q 为泥沙年淤积量；C 为河流冲泄流能力，可采用水流挟沙能力表示。

（4）生物栖息地需水量 F_c。由于生物栖息地需水量中的盐度平衡需水量和泥沙输运需水量为非消耗型水量，两者之间具有兼容性，在计算生物栖息地需水量时取其大者即可。因此，生物栖息地需水量为

$$F_c = W_1 + \max(W_2, W_3) \tag{3-106}$$

（5）河口生态环境需水量。河口生态环境需水量（F）就是水循环消耗需水量（F_a）、生物种群分布需水量（F_b）及河口生物栖息地需水量（F_c）等三部分之总和。且

$$F=F_a+F_b+F_c \tag{3-107}$$

3.7.5　湖泊生态环境需水量

根据人为活动对湖泊的干扰程度不同，湖泊可分为自然湖泊和人工湖泊两类，其中人工湖泊又包括水库和城市人工湖。

湖泊生态需水量是指为保证特定发展阶段的湖泊生态系统结构与功能并保护生物多样性所需要的一定质量的水量，它具有明显的时空性、复杂性和综合性，主要包括湖泊生物需水量、湖泊蒸散发需水量和水生生物栖息地需水量。湖泊环境需水量是以生态环境现状为出发点，为保证湖泊发挥正常的环境功能，为维护生态环境不在恶化并逐步改善所需要的一定质量的水量，包括污染物稀释需水量、防止湖水盐化需水量、航运需水量以及景观建设和保护需水量。

由于不同类型的湖泊其生态环境、社会和经济特性的差异较大，湖泊最小生态环境需水量的计算方法需水量的计算方法也有所不同，主要有水量平衡法、换水周期法、最小水位法和功能法，见表 3-15。不同计算方法所基于的理论基础和侧重点也不同，水量平衡法是根据湖泊水平衡理论；换水周期法是根据湖泊的自然换水周期理论；最小水位法是以湖泊水位年变化和季节变化为理论基础；功能法是从维持和恢复湖泊生态环境功能的角度出发，遵循生态优先、兼容性、最大值和等级制原则，系统全面地计算湖泊生态环境需水量。因此，应根据研究区域和对象的不同而选择不同的计算方法，湖泊水量平衡法和换水周期法遵循自然湖泊水量动态平衡的基本原理和出入湖水量交换的基本规律，适用于人为干扰较小的闭流湖、水量充沛的吞吐湖和城市人工湖泊；对于急需保护和濒临干枯的湖泊，特别是干旱、缺水区域或人为干扰严重的湖泊比较适合用最小水位法来计算湖泊最小生态环境需水量；功能法是在全面评价湖泊生态健康的基础上，对湖泊生态环境现状和发展趋势进行分析，适用于特定区域湖泊生态系统恢复与重建和流域水资源管理。

表 3-15　　湖泊生态环境需水量计算方法

方法名称	计算公式	说　　明
水量平衡法	$\Delta W_t=P+R_i-R_f-E+\Delta W_g$	ΔW_t 为湖泊蓄水变化量，m³；P 为降水量，m³；R_i 为入湖水量，m³；R_f 为出湖水量，m³；E 为蒸发量，m³；ΔW_g 为地下水变化量，m³
换水周期法	$W_{\min}=\frac{W_{枯}}{T}$ $T=\frac{W}{Q}$或$T=\frac{W_{枯}}{W_q}$	$W_{\min}$为湖泊最小生态环境需水量，m³；$W_{枯}$ 为枯水期出湖水量，m³；T 为换水周期，s；W 为多年平均蓄水量，m³；Q 为多年平均出湖流量，m³/s；W_q 为多年平均出湖水量，m³
最小水位法	$W_{\min}=H_{\min}S$	$W_{\min}$为湖泊最小生态环境需水量，m³；$H_{\min}$为维持湖泊生态系统各组成成分和满足湖泊主要生态环境功能的最小水位的最大值，m；S 为湖泊水面面积，m²
功能法	不同功能采用不同的计算公式	根据生态系统生态学的基本理论和湖泊生态系统的特点，从维持和保证湖泊生态系统正常的生态环境功能的角度，对湖泊最小生态环境需水量进行估算的计算方法

下面将详细介绍功能法，以功能法进行湖泊生态环境需水量计算所包括的主要内容如下：

(1) 湖泊蒸散需水量。以挺水植物和浮水植物为优势种的湖泊，湖泊蒸散需水量是湖泊水生高等植物蒸散需水量与水面蒸发需水量之和。水生植物不发达的藻型湖泊，湖泊蒸散需水量则仅为水面蒸发需水量。

(2) 湖泊渗漏需水量。假定地表水与地下水保持平衡状态，且在不考虑地下水过度开采形成的地下漏斗的情况下，湖泊渗漏需水量就是研究区的渗漏系数与湖泊面积的乘积。

(3) 水生生物栖息地需水量。根据生产者、消费者和分解者的优势种生态习性和种群数量，确定水生生物生长、发育和繁殖的需水量。

(4) 环境稀释需水量。根据湖泊水质模型，湖泊水质与湖泊蓄水量、出湖流量和污染物排入量有关。湖泊水体环境容量是湖泊水体的稀释容量、自净容量和迁移容量之和。在现状排放量已知的情况下，满足湖泊稀释自净能力所需的最小基流量如下

$$V=\frac{\Delta T[W_c-(C_s-C_0)V]}{(C_s-C_0)+KC_s\Delta T} \tag{3-108}$$

式中：V 为枯水期湖泊所需最小库容；ΔT 为枯水期时段，d，它取决于湖泊水位年内的变化，枯水时间短，水位年内变化大的可取 60～90d，常年稳定则可取 90～150d；C_0 为背景值浓度；C_s 为水污染控制目标浓度（水质标准），mg/L；W_c 为现状排放量；K 为水体污染物的自然衰减系数，1/d；V 为安全容积期间，从湖泊中排泄的流量。

对于水库和大型湖泊，湖水中污染物的稀释扩散实际上是三维的，求解较困难，在实际工作中可将湖泊水力、水文和水质状况作适当简化后进行计算。

(5) 湖泊防盐化需水量。根据湖泊盐化程度确定盐化指标和数量范围，与湖泊盐化的面积、水深的乘积即为湖泊防盐化需水量。

(6) 能源生产需水量。根据湖泊发电量和能源生产的规模，计算湖泊能源生产需水量。

(7) 航运需水量。根据湖泊航运的线路、时间长短和航运量，确定相关定量指标，计算航运需水量。

(8) 景观保护与建设需水量。根据研究区生态环境特点，确定植被类型、缓冲带面积和景观保护与规划目标等相关指标计算此项需水量。

(9) 娱乐需水量。根据研究区旅游人数、娱乐项目和附属设施，确定相关指标，计算娱乐需水量。

由于水资源的特殊性，上述各项需水量中部分类型具有兼容性，在计算时应认真区分，对于具有兼容性的各项需水量的计算，以最大值为最终的需水量，避免重复计算，而对于其他非兼容性的消耗型各项需水量则直接进行相加求和。

3.7.6 湿地生态环境需水量

湿地是缓冲陆地和水生系统交互作用的群落交错区，改变湿地水文条件将会在很大程度上影响湿地生物多样性，并导致湿地生态系统的改变。

广义的湿地生态需水量就是指湿地为维持自身发展过程和保护生物多样性所需要的水

量。狭义而言，湿地生态需水量是指湿地每年用于生态消耗而需要补充的水量，主要是补充湿地生态系统蒸散需要的水量。广义的湿地环境需水量是指湿地支持和保护自然生态系统与生态过程、支持和保护人类活动与生命财产以及改善环境而需要的水量。狭义而言，湿地环境需水量是指湿地每年用于环境消耗而需要补充的水量，即补充湿地每年渗漏、防止盐水入侵及补给地下水漏斗、防止岸线侵蚀及河口生态环境需要的水量。

3.7.6.1　湿地生态需水量

1. 湿地植物需水量 W_p

湿地植物的正常生长所需要的水分就是植物需水量，植物需水量包括植物含水量、蒸腾量、植株表面蒸发以及棵间蒸发等几部分。其中，蒸腾量和棵间蒸发量是主要的耗水项目，占整个植物需水量的99%左右，因此把湿地植物需水量近似理解为植物叶面蒸腾和棵间土壤蒸发的水量之和，即蒸散发量。在正常生育状况下（水分充分满足），常采用彭曼公式计算植物实际蒸散发量。在估算大区域或流域湿地植物需水量中，常常采用湿地植被面积和蒸散发量的乘积进行植物需水量的计算。从理论上表达为：

$$\frac{dW_p}{dt}=A(t)ET_m(t) \tag{3-109}$$

式中：$A(t)$ 为湿地植被面积；ET_m 为蒸散发量；t 为时间。

2. 湿地土壤需水量 Q_t

湿地土壤需水量与植物生长及其需水量密切相关。在一定的时空尺度内，土壤中具有一定的含水量，但土壤中的含水量并不能代表土壤的需水量，因此，土壤含水量不是解决土壤需水量的办法，但却是一个参照。不同的湿地土壤，持水量、含水量和水特性不同，需水量就会有差异，通常根据研究的需要，按照前述湿地生态环境需水量阈值特征，用田间持水量或用饱和持水量参数进行计算，公式为

$$Q_t=\alpha\gamma H_t A_t \tag{3-110}$$

式中：α 为田间持水量或饱和持水量百分比，根据研究的土壤类型而定；γ 为土壤容重；H 为土壤厚度；A_t 为湿地土壤面积。

3. 野生生物栖息地需水量 Q_i（$i=1,2$）

野生生物栖息地需水量是鱼类、鸟类等栖息、繁殖需要的基本水量。以湿地的不同类型为基础，找出关键保护物种，如鱼类或鸟类，根据正常年份鸟类或鱼类在该区栖息、繁殖的范围内计算其正常水量，为避免与湿地土壤需水量的重复，这里只计算地表以上低洼地的蓄水量（满足野生动物栖息、繁殖的水量）。

计算野生生物栖息地的理想需水量和最小需水量的公式如下

$$Q_1=\frac{1}{6}(A_b+A_t+\sqrt{A_tA_b})\delta_1(T_1+B) \tag{3-111}$$

$$Q_2=\frac{1}{6}(A_b+A_m+\sqrt{A_tA_b})\delta_2(T_2+B) \tag{3-112}$$

式中：Q_1 为理想需水量；Q_2 为最小需水量；A_b 为湿地区正常年面积；A_t 为洪水期湿地面积；A_m 为枯水期湿地面积；T_1、T_2 分别为洪水期、枯水期水平面高度；B 为正常年水平面高度；δ_1、δ_2 分别为水平面高度修正系数。

3.7.6.2 湿地环境需水量

(1) 补水需水量 W。湿地具有补给地下水的功能，实现这一功能是通过渗漏途径完成的。根据达西定律其计算公式为

$$W=kIAL \tag{3-113}$$

式中：k 为渗透系数；I 为水力坡度；A 为渗流剖面面积；L 为计算区域长度。

对于有大面积水稻田（人工湿地）的平原区，水稻生长期的降水入渗和灌溉入渗应一并考虑（可按水稻生长期有效降水量与同期灌溉水量间的比例关系，分别确定两者的数量），其人渗入补给量的计算公式为

$$W=\varphi TF \tag{3-114}$$

式中：φ 为水稻田稳渗率（即降水或灌溉水每天平均对地下水的补给量，实验数据表明：黏土 φ=1mm/d，亚黏土 φ=1.7mm/d，亚砂土 φ=2.5mm/d，粉细砂 φ=3mm/d），mm/d；T 为水稻生长期（包括泡田期），d，单季稻为120d，双季稻为180d；F 为水稻田计算面积。

另外，若存在向其他湿地补水，则通过研究被研究湿地来水量的类型，用水量平衡的方法进行计算。

(2) 防止盐水入侵需水量 Q_w。控制地表盐化、避免海水从地下侵入，主要计算溶盐、洗盐和滨海湿地防止盐水入侵需要的水量。

盐水入侵需水量主要计算补给地下水漏斗水量 Q_w，其公式为

$$\frac{\mathrm{d}Q_w}{\mathrm{d}t}=\alpha A(t)h(t) \tag{3-115}$$

式中：α 为给水度；$A(t)$ 为地下漏斗面积；$h(t)$ 为漏斗取水面净上升高度。

对于溶盐、洗盐而言，根据盐土分布特征、盐土类别以及含盐量等特点，以达标含盐量（即通过溶盐、洗盐后希望达到的含盐量）为根据，计算溶盐、洗盐需水量。公式为

$$W_y=(R-R_0)A\rho H\beta \tag{3-116}$$

式中：W_y 为溶盐、洗盐需水量；R_0 为达标含盐量，%；R 为需要洗盐的盐土表层含盐量，%；A 为土壤面积；ρ 为土壤密度；H 为土壤层厚度；β 为溶解度。

(3) 防止岸线侵蚀需水量 W。防止河岸、湖岸和海岸侵蚀，河岸、湖岸的湿地植被是防止岸线侵蚀的屏障，其需水量可依据植被和土壤类型计算，如对于红树林湿地就可通过计算红树林植被及其土壤需水量等来确定防止岸线侵蚀需水量。这里主要计算河口生态环境需水量，计算公武为

$$W=\frac{S}{C_{\max}} \tag{3-117}$$

其中

$$C_{\max}=\frac{1}{N}\sum_{i=1}^{N}\max(C_{ij})$$

式中：S 为多年平均输沙量；$C_{\max}$ 为多年最大月平均含沙量的平均值；C_{ij} 为第 i 年 j（j=1,…,12）月的平均含沙量；N 为统计年数。

(4) 净化污染物需水量 W_j。从理论上来讲，净化污染物需水量模型可表示为

$$\frac{\mathrm{d}W_j}{\mathrm{d}t}=\alpha Q_d(t)+\beta Q_m(t) \tag{3-118}$$

式中：t 为时间；Q_d 为点源污水排放量进入湿地量；Q_m 为非点源污水进入湿地总量；α、β 分别为点源污水和非点源污水的稀释倍数，稀释倍数的计算根据达标排放浓度与地表水国家标准比值而定。

然而，由于湿地面积的限制以及排污量较大，上述公式计算的结果将会很大，需要如此大的水量来对污染物进行稀释是不现实的。另一方面，按现有研究成果，湿地对污染物COD的净化效果是 0.2t/hm^2，根据这一结果，以黄淮海地区典型沼泽湿地总面积为 74 万 hm^2 为例，能够净化污水仅仅为 0.015 亿 m^3，即使将其他类型的湿地一并考虑在内，进入湿地的污水远远高于其净化能力，因此，唯一的途径是大量的污染物在排放前必须得到有效处理。这样，上述理论公式中的 $Q_d(t)$ 应改为 $Q_r(t)$，即湿地可容纳、可承载点源污水排放量。这样更符合生产实际。

(5) 景观需水量 Q_T。休闲娱乐、旅游摄影等需水量，重点计算特殊湿地区用于该项的需水量。其模型可表示为

$$\frac{dQ_T}{dt}=Q(t) \tag{3-119}$$

式中：Q_T 为娱乐休闲需水量；$Q(t)$ 为时间 T 生物栖息地需水量，常计算湿地水体水量，与野生生物栖息地需水量相一致。

3.7.7 城市生态环境需水量

城市生态环境需水量是指为了改善城市环境而人为补充的水量，它是以改善城市环境为目的的。

城市生态环境需水量由绿地系统生态环境需水量和河湖系统生态环境需水量组成。绿地系统需水量包括绿地植被蒸散需水量、植被生长制造有机物需水量以及维持植被生存的土壤含水需水量组成。而河湖系统需水量的计算分为水面蒸发需水量、湖泊换水需水量、水底渗漏需水量、湖泊作为栖息地存在的自身需水量、污染物稀释净化需水量和河道基流需水量等。

3.7.7.1 城市绿地生态环境需水量

城市绿地有园林、道路绿化带、河岸生态林、风景区林地等。绿地需水量包括绿地植被蒸散需水量、植被生长需水量以及维持植被生长的最小土壤含水量。

(1) 绿地植被蒸散发需水量 W_E。绿地植被蒸散发需水量计算公式如下

$$W_E=AE_p \tag{3-120}$$

式中：A 为城市绿地面积，由于在城市绿化覆盖率计算中，绿地面积统计一般将水面包括在内，因此这里的绿地面积应不包括湖泊和河流水面面积；E_p 为植被蒸散量，mm/a。

由于不同植被的蒸散量不同，精确计算时可根据城市主要绿化植被类型所占面积及蒸散量分别求需水量后，再求总和。

(2) 植被生长制造有机物需水量 W_p。从植物生理角度看，植物在生命活动中所吸收的大量水分中仅有小部分用于制造有机物，其余绝大部分则用于蒸腾及棵间蒸发。研究表明植被自身的含水量和植被蒸散量的比例大约为 1∶99，于是取植被生长制造有机物需水量与植被蒸散需水量的比例为 1∶99，则有

$$W_p = \frac{W_E}{99} \tag{3-121}$$

(3) 维持植被生存的土壤含水需水量 W_s。当土壤含水量在凋萎系数以下时，土壤含水量不能补偿植物的耗水量，植物将产生永久凋萎，通常把它作为植物可利用土壤水分的下限。如果土壤含水量达到植物生长阻滞含水量，植物虽然还能从土壤吸收水分，但因补给不足，只能维持生命，生长受到阻滞。当灌溉超过田间持水量时，只能加深土壤的湿润深度，而不能再增加土层中的含水量的百分数。因此，田间持水量是土壤中作物有效含水量的上限值，常作为灌溉上限和计算灌水定额的依据和标准。因此

$$W_s = A_s h_s \rho \xi \tag{3-122}$$

式中：A_s 为植被覆盖土壤面积；h_s 为土壤深度；ρ 为土壤容重，g/cm^3；ξ 善为土壤含水量系数，%。

另外，城市绿地用水可简单地采用每平方米绿地面积每月用水 1～2L 来估算。

3.7.7.2 城市河湖生态环境需水量

此处所指的河湖是城内河流和湖泊，其需水量是指维持城内河流基流和湖泊一定水面面积、满足景观条件及水上航运、保护生物多样性所需的水量。

(1) 水面蒸发需水量 W_e。水面蒸发是水体水分的消耗项，无论是湖泊还是河流，都必须将这部分水进行补充，才能保证在入水和出水平衡的情况下，水位保持基本不变，水量不至于减少或干涸。计算公式如下

$$W_e = A_w E_w \tag{3-123}$$

式中：A_w 为河湖水面面积；E_w 为河湖水面蒸发量，mm/a。

(2) 渗漏需水量 W_l。河湖渗漏需水量是指当河湖水位高于地下水位时，通过河湖底部渗漏和岸边侧渗向地下水补充的水量，其计算公式为

$$W_l = kITW \tag{3-124}$$

式中：k 为含水层平均渗透系数，mm/d；I 为水力坡度；W 为过水断面面积；T 为补给时间，d。

另外，也可根据经验公式计算

$$W_{年渗} = kF_{河湖} \tag{3-125}$$

式中：$W_{年渗}$ 为河湖年渗漏损失，m^3；k 为经验取值，m，与河湖水文地质条件有关，优良（库床为不透水层）取 0～0.5m，中等取 0.5～1.0m，较差取 1.0～2.0m；$F_{河湖}$ 为河湖年平均蓄水水面面积，m^2。

(3) 水体自身存在的需水量 $W_{自身}$。水体自身存在的需水量是指维持河流湖泊正常存在及发挥功能的蓄水量，是水体发挥生物栖息地和娱乐场所功能存在的前提条件，属于生态环境需水的重要组成部分，计算公式为

$$W_{自身} = A_1 h_1 \tag{3-126}$$

式中：A_1 为河湖面积；h_1 为河湖平均水深。

(4) 污染物稀释净化需水量 Q。污染物稀释净化需水量计算公式为

$$Q=\frac{C_i}{C_{0i}}Q_i \tag{3-127}$$

式中：C_{0i}为达到用水水质标准规定的第i种污染物浓度，mg/L；C_i为实测河流第i种污染物浓度，mg/L；Q_i为90%保证率最枯月平均流量；$\frac{C_i}{C_{0i}}$为污染指数（计算Q时，取污染指数最高的污染物进行计算）。

另外，利用有限水资源进行污染物稀释不符合城市水资源可持续利用，尽量推行零排放或达标排放，从根本上解决水污染问题。

（5）换水需水量$W_{换}$。当城市湖泊自身不能净化输入的污染物，人工换水成为一种解决办法，实质是促进水体流动起来，换水量和次数一般由相关部门规划而来，模拟河湖自身换水周期达到最佳效果。换水实施应同清淤、疏浚结合起来，做到标本兼治。每年的换水需水量为

$$W_{换}=\frac{A_c h_c}{T} \tag{3-128}$$

式中：A_c为城市湖泊面积；h_c城市湖泊平均水深；T为城市湖泊换水周期，年。

（6）河道基流W_R。河道基流需水量是保持河流一定流速和流量所需的水量，计算公式为

$$W_R=A_R V \tag{3-129}$$

式中：A_R为河道平均断面面积；V为流速。

3.7.8　林地生态环境需水量

国内外的研究一致表明，退化生态系统恢复与重建的关键在于恢复植被。因为植被是组成生态系统生物部分中最基本的成分，要维持良好的生态环境，必须保护和建设植物群落，而其正常生长和更新就必然消耗一定的水量，这正是植被生态需水的基础。目前我国对于植被生态需水的研究已有一定进展，但主要集中在水资源缺乏的干旱和半干旱地区。

林木需水量系指林木在适宜的土壤水分和肥力条件下，其正常生长发育过程中林木枝、叶面的蒸腾和其林地地面土壤蒸发的水量总和，也称为生理需水量或生态需水量，即林地的蒸散量。但对于干旱、半干旱的生态脆弱地区来说，森林植被需水量是维护林地生态系统不再进一步恶化并逐步改善所需要消耗的水。目前，林木生态需水量计算应用比较广泛的是根据林地生态系统的主要水分支出项——蒸散耗水量，同时根据不同区域林地气候条件、土壤因子的差异，并考虑林木种类的差异，来计算不同区域林地生态需水额度。林地生态需水量包括林地蒸散量和林地土壤含水量两种形式，通过对林地土壤最小含水定额和最小蒸散定额的理论探讨，按区域生态环境保护目标要求，对林地合理面积进行规划，在GIS技术的支持下计算黄淮海地区的林地最小生态需水量。

因此，林地生态需水量是指维持林地生态系统自身发展过程和维护生物多样性所需要消耗和占用的水资源量。林地环境需水量是指林地生态系统为保持水土、涵养水源、维特土壤水盐平衡以及保护和改善环境、发挥应有环境功能所需要的水资源量。

这里，将林地生态环境需水量划分为林地土壤含水量和林地蒸散量两部分进行计算，

具体计算公式如下

$$EWQ = \sum_{j=1}^{12} EWQ_j \tag{3-130}$$

$$EWQ_j = ETQ_j + AMQ, j=1,\cdots,12 \tag{3-131}$$

$$ETQ_j = \frac{ET_j A}{100} \tag{3-132}$$

$$SMQ = W_q AH \tag{3-133}$$

式中：EWQ 为林地年生态环境需水量，m^3；EWQ_j 为第 j 月林地生态环境需水量，m^3；ETQ_j 为第 j 月林地蒸散量，m^3；ET_j 为第 j 月林地蒸散定额，mm；SMQ 为林地土壤含水量，m^3；W_q 为林地土壤含水定额，m^3；A 为林地面积，m^2；H 为林地土壤深度，m。

显然，林地生态需水量计算的关键在于林地蒸散定额和林地土壤含水定额的确定，下面分别介绍。

3.7.8.1 林地蒸散定额

据研究，林地蒸散定额（ET）应保持在潜在蒸散量（ET_p）的60%～100%之间，即林地最小蒸散定额约为潜在蒸散量的60%，即

$$ET = (60\% \sim 100\%) ET_p \tag{3-134}$$

其中潜在蒸散量可根据 Penman 公式（彭曼公式）进行计算。

下面介绍经联合国粮农组织改进的 Penman 公式来计算林地潜在蒸散量。该公式综合能量平衡方程和空气动力学方法，具有较好的物理学依据。计算公式如下：

$$ET_p = \frac{\frac{p_0}{p} \times \frac{\Delta}{\gamma}\left[0.75R_a\left(a+b\frac{n}{N}\right) - \sigma T_k^a (0.56-0.079\sqrt{e_{sa}})\left(0.10+0.09\frac{n}{N}\right)\right] + 0.26(e_{sa}-e_a)(1.0+CU_2)}{\frac{p_0}{p}\frac{\Delta}{\gamma}+1.00} \tag{3-135}$$

其中

$$\frac{U_2}{U_{10}} = \frac{\lg H_2 - \lg H_0}{\lg H_{10} - \lg H_0}$$

$$\Delta = \frac{de_s}{dT} = \frac{e_s}{273+T}\left(\frac{6463}{273+T} - 3.927\right)$$

式中：ET_p 为区域潜在蒸散量，mm；p_0 为海平面平均气压，hPa；p 为测站平均气压，hPa；γ 为干湿球常数；R_a 为天空辐射，MJ/(m^2 · d)；a、b 为计算太阳总辐射系数；n 为实际日照时数；N 为天文日照时数；σT_k^a 为绝对黑体辐射，MJ/(m^2 · d)；e_{sa} 为实际水汽压，hPa；C 为风速校正系数；U_2 为距地面 2m 高处的风速，m/s；U_{10} 表示 10m 处的风速，m/s；H_2 = 2m；H_0 = 0.03m；H_{10} = 10m；Δ 为温度饱和水汽压曲线斜率，hPa/℃；e_s 为温度为 T 时饱和水汽压，hPa。

3.7.8.2 林地土壤含水定额

林地土壤含水定额（W_q）应该保持在林地土壤田间持水量（W_{FC}）的 45%～100%之间，这样才能满足林地生态系统对土壤含水量的要求，因此

$$W_q = (45\% \sim 100\%) W_{FC} \tag{3-136}$$

田间持水量是在地下水较深的情况下，土壤中保持的毛管悬着水的最大量，它主要由

土壤质地决定，可采用 Saxton 等建立的土壤水分含量与土壤颗粒之间的经验关系式进行计算，计算公式如下：

$$W_{FC}=\left(\frac{\Psi}{A}\right)^{\frac{1}{B}} \tag{3-137}$$

$$A=100.0\exp[a_1+a_2(\%C)+a_3(\%S)^2+a_4(\%S)^2(\%C)] \tag{3-138}$$

$$B=a_5+a_6(\%C)^2+a_7(\%S)^2+a_8(\%S)^2(\%C) \tag{3-139}$$

式中：W_{FC}为田间持水量，m^3；Ψ为土壤水势，kPa；$a_1\sim a_8$为常系数：$a_1=-4.396$，$a_2=0.0715$，$a_3=-4.880\times10^4$，$a_4=-4.285\times10^{-5}$，$a_5=-3.140$，$a_6=-2.22\times10^{-3}$，$a_7=-3.484\times10^{-4}$，$a_8=0.332$；$\%S$为土壤中砂粒所占百分比；$\%C$为土壤中黏粒所占百分比。

3.8　综合需水分析与计算

以绵阳市国民经济、社会发展"九五"计划和2010年远景目标为依据，按社会发展和各部门用水现状，对不同发展阶段的控制指标、标准、定额进行预测，使全市水资源各水平年、典型年的用水在总量上有一个总控制数，作不同保证率水资源需求预测。

1. 农业需水

农业用水包括农田灌溉，农村生活，林牧渔副三个部分，其中农田灌溉的比重较大。农田灌溉需水量的基础是灌溉定额，在分析利用绵阳市过去农作物需水试验资料和近年来，省、市农作物灌溉试验成果的基础上综合确定其成果见表3-16。

表3-16　绵阳市现状灌溉定额成果表　　单位：m^3/亩

县（市、区）	定额					
	$P=50\%$		$P=75\%$		$P=95\%$	
	田综合	土综合	田综合	土综合	田综合	土综合
北川县	500	93	538	100	633	118
平武县	440	95	480	105	580	125
安县	450	84	484	90	569	106
江油市	479	74	539	93	639	114
梓潼县	544	110	564	120	624	140
涪城区	480	78	540	98	640	120
游仙区	484	146	544	180	670	223
三台县	526	104	566	109	665	115
盐亭县	475	93	511	100	601	118

近期（2000年）、远期（2010年）的灌溉定额，随着农作物种植度的不断改善，复种指数逐步提高，需水量的增加。另一方面，随着农业灌溉节水措施的采用，需水量的减少，还有农作物优良品种的推广，需水定额也在变化。经综合分析后，在1993年基础上作适当调整作近期和远期定额，成果见表3-17。

表 3-17　　绵阳市近期（2000 年）和远期（2010 年）灌溉定额成果表　　单位：m³/亩

县（市、区）	定额					
	P=50%		P=75%		P=95%	
	田综合	土综合	田综合	土综合	田综合	土综合
北川县	500	93	538	100	633	118
平武县	440	95	480	105	580	125
安县	450	84	484	90	569	106
江油市	479	74	539	93	639	114
梓潼县	544	110	564	120	624	140
涪城区	480	78	540	98	640	120
游仙区	484	146	544	180	670	223
三台县	526	104	566	109	665	115
盐亭县	475	93	511	100	601	118

上述灌溉定额实际上已考虑到了渠系水利用系数（全市均值为 0.4～0.8 之间）的毛灌定额，其值乘以各工程有效灌溉面积，即得各工程的毛需水量。经计算，1993 年有效灌溉面积 280.34 万亩，其中田 204.59 万亩，三个代表年农田灌溉需水量：$P=50\%$为 10.89 亿 m³；$P=75\%$为 11.92 亿 m³；$P=95\%$为 14.08 亿 m³。考虑时空分布不均需水量：$P=50\%$为 15.93 亿 m³；$P=75\%$为 16.96 亿 m³，$P=95\%$为 19.12 亿 m³。

2. 工业需水

工业需水量计算采用万元产值法，即先求出各计算单元工业各行业万元产值综合用水定额，然后乘以该计算单元的工业总产值，求得计算单元的工业需水量。由于工业用水的保证率高，故在不同保证率的供水情况下，其需水量一律按 $P=95\%$需水计算。全市火电行业的万元产值需水量 1031m³，重复利用率 14%，乡镇企业万元产值需水量 201m³。各县（市、区）工业、企业万元产值需水指标见表 3-18。

表 3-18　　绵阳市各计算单元不同水平年工业企业万元产值需水指标表　　单位：m³/万元

县（市、区）	定额											
	P=50%				P=75%				P=95%			
	近期		远期		近期		远期		近期		远期	
	田综合	土综合	田综合	土综合	田综合	土综合	田综合	土综合	田综合	土综合	田综合	土综合
北川县	461	73	433	60	496	79	466	64	584	93	548	75
平武县	430	75	410	63	470	86	450	74	570	106	550	94
安县	414	68	389	61	445	74	418	67	525	84	492	75
江油市	419	64	399	46	479	83	454	56	599	105	549	85
梓潼县	524	90	484	54	544	100	504	64	604	120	564	84
涪城区	420	68	400	48	480	88	455	58	600	110	550	90
游仙区	420	106	410	87	484	124	474	105	544	142	536	123
三台县	516	113	490	108	544	131	516	126	571	158	542	151
盐亭县	438	73	412	60	471	79	443	64	554	93	521	75

3. 城镇生活需水

由于市镇规模不同，使得各计算单元的生活用水标准发生了一些变化。通过各县（市、区）的调查资料，再参照全省成果资料，综合制定出绵阳市城镇生活用水标准，居民生活用水80升/(人·d)，其中流动人口的需水量已包含在公共用水中。商品菜田在本市没有形成大的规模，在此忽略不计。1993年全市城镇生活需水总量0.37亿m^3，与1993年城镇生活实际取水量0.35亿m^3基本一致。

4. 农村人畜需水

1993年全市农村人口422.95万，大牲畜34.12万头，小牲畜324.88万头。根据各县（市、区）的调查数据分析拟定：农村生活需水0.91亿m^3，牛、马、骡、驴等牲畜饮用水0.0512亿m^3，猪、羊等小牲畜饮用水0.23亿m^3，以此计算出全市农村人、畜共需水1.1912亿m^3。

5. 国民经济各部门需水

以上各项需水量之和，就是国民经济各部门需水总量。即：$P=50\%$时为11.68亿m^3，$P=75\%$时为12.71亿m^3，$P=95\%$时为16.72亿m^3；考虑时空分布不均，需水总量$P=50\%$时为16.72亿m^3，$P=75\%$时为17.76亿m^3，$P=95\%$时为19.91亿m^3[8]。

第4章　水资源优化配置模型

水资源优化配置是涉及社会经济、生态环境以及水资源本身等诸多方面的复杂系统工程，其目的即是通过工程及管理措施，对水资源在时间、空间、数量和质量以及用途上进行合理分配，做到水资源的供给与经济、社会和生态对水资源的需求基本平衡，使有限的水资源利用获得较好的综合效益，从而达到可持续利用的目标。水资源优化配置的最终实现是通过构建和求解水资源优化配置模型。

模型的建立就是确定决策变量与决策目标之间的函数关系，并依据区域特性给出相应的约束条件。一方面，可以利用足够的历史统计数据资料确定决策变量与决策目标之间的函数关系式，建立水资源配置综合模型；另一方面，通过系统考虑涉及社会、经济、资源和环境方面的各种要求，考虑多种目标建立大系统模型。这种方法在实际应用中已经显示出其优越性，是一种适合于复杂系统综合分析需要的方法，如宏观经济系统、生产效益函数法、投入产出分析、大系统协调理论等[10]。

4.1　水资源优化配置理论

4.1.1　水资源优化配置建模方法

随着可持续发展战略的开展以及水资源的严重短缺，水资源优化配置的研究有了很大的发展，研究者们不断的引入新的水资源优化配置理论方法，到目前为止用于水资源优化配置模型构建的方法有系统动力学方法、大系统分解协调理论、宏观经济分析法、多目标规划与决策分析等。

1. 系统动力学方法

系统动力学是由 Forrester 于 1956 年创立的。它是一种以反馈控制理论为基础，以计算机仿真技术为手段的研究复杂系统的定量方法。系统动力学是在总结运筹学的基础上，综合系统理论、信息反馈论、决策理论、系统动力学、仿真与计算机科学等基础上形成的崭新科学[11]。系统动力学模型作为一种因果机理性模型，最适合于分析复杂社会经济系统中的高阶数、多重反馈问题，适合对区域经济社会环境发展的长期趋势作出预测。

系统动力学方法是把研究的对象看做具有复杂结构的、随时间变化的动态系统。通过系统分析绘制出表示系统结构和动态特征的系统流图，然后把变量之间的关系定量化，建立系统结构方程式以便进行模拟试验。

水资源系统涉及的变量很多，各变量之间关系复杂，并且模拟的过程是个动态过程，系统动力学恰恰具备了处理非线性、多变量、信息反馈、时变动态性的能力，基于系统动力学建立的水资源优化配置模型，可以明确地体现水资源系统内部变量间的相互关系。系统动力学方法的优点在于能定量分析各类复杂系统的结构和功能的内在关系，能定量分析系统的各种特性，擅长处理高阶、非线性问题，比较适应宏观动态趋势研究。其缺点是系统动力学模型的建立受建模者对系统行为动态水平认识的影响，由于参变量不好掌握，易导致不合理的结论[12]。

2. 大系统分解协调理论

大系统理论的分解协调法是解决工程大系统全局优化问题的基本方法。根据协调方式的不同，可分为目标协调法和模型协调法，目标协调法是在协调过程中通过修正子问题的目标函数来获得最优解，模型协调法则是通过修正子问题的优化模型（约束条件）来获得最优解[13]。

3. 多目标规划与决策技术

水资源优化配置涉及经济、社会、环境、资源等多个方面，是典型的多目标优化决策问题。水资源优化配置过程中，任何目标都不可偏否，必须强调目标间的协调发展，于是，多目标优化方法应运而生。多目标优化包括两方面的内容，其一是目标间的协调处理；其二是多目标优化算法的设计。多目标决策的优点在于它可以同时考虑多个目标，避免为实现某单一目标而忽视其他，但是，由于多目标决策涉及决策者偏好问题，不同的利益集团体追求不同的目标效果，往往还是相差甚大，因而难以得到一个单一的绝对的最优解。

由于水资源优化配置受复杂的社会、经济、环境及技术因素的影响，在水资源优化配置过程中必然会反映决策者个人的价值观和主观愿望。水资源配置多目标决策问题一般不存在最优解，其结果与决策者的主观愿望紧密联系。交互式决策方法能够实现决策者与系统之间信息的反复交换并充分体现决策者的主观愿望，在多目标决策中得到广泛应用。

4. 投入产出分析

将水资源优化配置纳入国民经济宏观分析系统，通过投入产出分析，从区域经济结构和发展规模入手，实现区域经济和资源利用的协调发展。但是，由于传统的投入产出模型中的平衡只是传统经济学范畴的市场交易平衡，忽视了资源自身的价值和生态环境保护，与可持续发展理论相悖，因此有待改进。目前已有研究正在进行传统宏观经济模型的修正工作，比如提出绿色 GDP 等。随着宏观经济模型的进一步完善，在水资源优化配置中将会得到广泛应用。

4.1.2　水资源优化配置系统模型

水资源系统优化配置系统模型是人口、水资源、生态环境和社会经济各个方面的综合体。归纳起来，水资源优化配置系统模型大体上可以由水资源模块、社会经济模块以及生态环境模块三部分构成[1]，如图 4-1 所示。

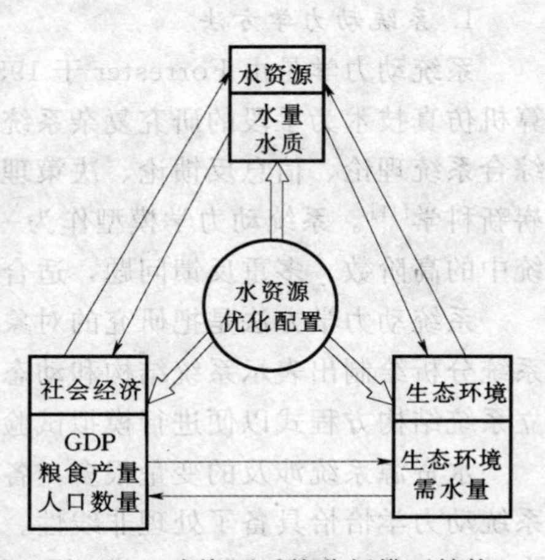

图 4-1　水资源系统分析模型结构

水资源模块主要从水质、水量分析入手，以供需平衡分析为基础，在供水方面尽量提高供水保证率，以最大限度满足蓄水要求。在水资源可利用量分析方面以水资源可持续利用为原则，根据不同区域或流域特征，科学合理的确定区域水资源总量以及水资源可以开采利用量，以维持区域水资源的良性循环。在水质方面，准确计算河道、水体的环境容量，保证不同的取水水质要求，同时保证水体所要求的水质级别。社会经济模块则是体现区域水资源开发利用情况对区域社会经济的发展状况和规模的影响，以此建立水资源与区域经济发展的联动模型，确定产业结构、经济发展规模与水资源之间的定量模型关系。比如，计算不同人口规模和不同自然增长率情况下的居民需水量，计算不同工业产值下的工业需水量，计算不同粮食产量下的农业灌溉用水量等。生态环境模块主要是描述水资源开发与生态环境之间的关系，在水资源优化配置中，生态环境模块必须能够合理计算区域生态环境需水量，在水环境配置模型中必须优先保证各生态环境需水量的供应，区域发展必须是在保证区域生态环境不被破坏、实现区域生态环境的良性循环的前提下进行可持续发展。

4.2 线性规划模型

线性规划（Linear Programming，LP）是数学规划的一个重要分支，用于分析线性约束条件下目标函数的最优化问题。线性规划的特点是目标函数及约束条件的数学形式均为线性。

4.2.1 线性规划数学模型

1. 线性规划问题的组成

以水资源分配问题为例，介绍水资源规划中简单的线性规划问题，以讨论一般线性规划问题的组成[14]。

【例 4-1】 有甲、乙两个水库同时给 A、B、C 三个城市供水，甲水库的日供水量为 28 万 m^3/d，乙水库的日供水量为 35 万 m^3/d，三个城市的日需水量分别为 A 城市≥10 万 m^3/d，B 城市≥15 万 m^3/d，C 城市≥20 万 m^3/d。由于水库与各城市的距离不等，输水方式不同（如明渠或管道等），因此单位水费也不同。各单位水费分别为 c_{11}，c_{12}，c_{13}，c_{21}，c_{22}，c_{23}。试作出在满足对三个城市供水的情况下，输水费用最小的方案。

解： 设甲水库向三城市日供水量分别为 x_{11}，x_{12}，x_{13}，乙水库向三城市日供水量分别为 x_{21}，x_{22}，x_{23}。

（1）建立约束条件的数学模式。供水量应满足各城市需水量，即

$$x_{11}+x_{21}\geqslant 10$$

$$x_{12}+x_{22}\geqslant 15$$

$$x_{13}+x_{23}\geqslant 20$$

供水总量要小于水资源总量

$$x_{11}+x_{12}+x_{13}\leqslant 28$$

$$x_{21}+x_{22}+x_{23}\leqslant 35$$

水库向各城市供水量应大于或等于 0，即非负条件

$$x_{11},x_{12},x_{13},x_{21},x_{22},x_{23}\geqslant 0$$

(2) 最佳方案以水费最小为目标，即

$$\min Z = c_{11}x_{11} + c_{12}x_{12} + c_{13}x_{13} + c_{21}x_{21} + c_{22}x_{22} + c_{23}x_{23}$$

从例题可以看出，对于一个实际问题在建立线性规划数学模型时：

1）根据问题的已知条件选择决策变量 $x_1, x_2, \cdots, x_n$。

2）根据问题的要求，建立目标函数关系式。目标函数关系式如为非线性，则应线性化。目标函数单位可以是货币单位，也可以是其他单位。

3）根据客观条件的限制（如水资源量等）建立约束方程。

在进行上述三方面的抽象和简化后，就实现了根据实际的条件和人们想要达到的目的，把一个具体问题转化成线性规划的数学模型。在转化中，尤其对约束方程的建立更应注意，如果遗漏了某些限制条件，求得的结果可能不是最优解。

因此，建立线性规划模型的关键步骤为：

1）根据研究问题的性质确定决策变量（Decision Variable）。

2）根据问题的目标，列出与决策变量有关的目标函数（Objective Function）。

3）根据问题的限制条件，列出与决策变量有关的约束条件（Constraint）。

线性规划模型具有以下特点：

1）每个模型都有若干个决策变量（$x_1, x_2, \cdots, x_n$），其中 n 为决策变量的个数。决策变量的一组值表示一个决策方案，同时决策变量一般是非负的。

2）目标函数是决策变量的线性函数，根据具体问题可以是最大化（max）或最小化（min），二者统称为最优化（opt）。

3）约束条件也是决策变量的线性函数。

2. 线性规划的标准形式

根据上述分析的结果，可以把线性规划问题抽象为普遍的数学模型，其一般形式为

$$\text{opt} Z = \sum_{j=1}^{n} c_j x_j \tag{4-1}$$

$$\text{s.t.} \sum_{j=1}^{n} a_{ij} x_j \leqslant (=, \geqslant) b_i, i = 1, 2, \cdots, m \tag{4-2}$$

$$x_j \geqslant 0, j = 1, 2, \cdots, n \tag{4-3}$$

其中“s. t.”（subject to 的缩写）表示“约束于”，m 为约束条件个数。

线性规划的其他数学形式可通过下述五种变换，化为标准型。

1）目标函数的极小化，在数学上相当于其负函数的极大化。可令 $Z' = -Z$，则可得到

$$\max Z' = -CX$$

2）不等式两端乘以 −1，改变不等式方向，例如

$$a_1x_1 + a_2x_2 \geqslant b \quad 相当于 -a_1x_1 - a_2x_2 \leqslant -b$$

3）若约束不等式左端需取绝对值，通常可用相应的两个不等式替代，例如

$$|a_1x_1 + a_2x_2| \leqslant b$$

相当于

$$-a_1x_1 - a_2x_2 \leqslant b$$

和

$$a_1x_1 + a_2x_2 \leqslant b$$

4）若变量值可为正、负或零时，该变量相当于两个非负值变量的差，例如 x 符号未加限制时，可令 $x=x^{+}-x^{-}$，其中 $x^{+}\geqslant 0$，$x^{-}\geqslant 0$。

5）约束方程当约束号为“$\leqslant$”时，则在“$\leqslant$”号的左端加入非负的松弛变量；如约束号为“$\geqslant$”时，则在“$\geqslant$”号左端减去一个非负的剩余变量，变为等式。

3. 线性规划解的概念

考虑 n 个决策变量、m 个约束条件的线性规划标准型，由于不等式约束在转换为标准型时需要加入松弛变量或剩余变量，一般情况下 $n>m$。

线性规划的解常有下列名词，它们的含义分别为：

（1）可行解。凡满足约束条件式（4-2）、式（4-3）的解 $X=(x_1,x_2,\cdots,x_n)^{\mathrm{T}}$ 称为线性规划问题的可行解（Feasible Solusion）。所有可行解的集合称为可行域（Feasible Region）。

（2）最优解。满足式（4-1），使目标函数达到最大值的可行解称为最优解。

（3）基本解。假设约束方程组（4-2）的系数矩阵的秩为 m，因 $m<n$ 故有无穷多个解，如令任意 $(n-m)$ 个变量为零，其余的变量所相应的列向量组成的方阵为非奇异的，则其余变量的解是唯一的，称为线性规划问题的一个基本解。

（4）基本可行解。满足式（4-3）非负条件的基本解，称为基本可行解。

显然，约束方程组（4-2）具有基本解的数目最多是 c_n^m 个，而基本可行解的数目一般小于或等于基本解的数目。

4.2.2 水库用水配置模型

某年调节水库的主要用途是区域工业及灌溉用水，其中工业用水户分为 3 类 (I_1,I_2,I_3)，农业用水户分为 2 类 (A_1,A_2)，各类用水户的单位供水效益、效益权重系数、月最大需水量、月最小保证供水量如表 4-1 所示。假设水库的有效库容为 V，供水期始、末均蓄满，设计典型年各月来水量为 $R_i(i=1,2,\cdots,12)$。试确定设计典型年的供水计划，使供水总效益最大。

表 4-1　各类用水户有关数据

用水户		单位供水效益	效益权重系数	月最大需水量	月最小保证供水量	备注
工业	I_1	c_1	λ_1	W_1	W'_1	
	I_2	c_2	λ_2	W_1	W'_2	
	I_3	c_3	λ_3	W_1	W'_3	
农业	A_1	c_{4i}	λ_4	W_1	W'_4	$i=1,2,\cdots,12$ 代表不同月份
	A_2	c_{5i}	λ_5	W_1	W'_5	

根据已知资料条件，可以建立如下水库用水配置的线性规划模型[15]。

以向各类用水户各月的供水量 x_{ji} 为决策变量，其中 $j=1,2,\cdots,5$ 分别对应 I_1，I_2，I_3，A_1，A_2 等 5 类用水户，$i=1,2,\cdots,12$ 为月份，于是有目标函数：全年加权供水效益最大，即

$$\max Z=\lambda_1 c_1\sum_{i=1}^{12}x_{1i}+\lambda_2 c_2\sum_{i=1}^{12}x_{2i}+\lambda_3 c_3\sum_{i=1}^{12}x_{3i}+\lambda_4\sum_{i=1}^{12}c_{4i}x_{4i}+\lambda_5\sum_{i=1}^{12}c_{5i}x_{5i} \tag{4-4}$$

约束条件包括以下几个方面：

1）各类用水户最小供水量限制

工业用户：$x_{ji}\geqslant W'_j$，$j=1$，2，3；$i=1$，2，…，12

农业用户：$x_{ji}\geqslant W'_{ji}$，$j=4$，5；$i=1$，2，…，12

2）各类用水户最大需水限制

工业用户：$x_{ji}\leqslant W_j$，$j=1$，2，3；$i=1$，2，…，12

农业用户：$x_{ji}\leqslant W_{ji}$，$j=4$，5；$i=1$，2，…，12

3）水库水量平衡条件

$$V_i=V_{i-1}+R_i-\sum_{j=1}^{5}X_{ij}-E_i-Q_i,\ i=1,2,\cdots,12 \tag{4-5}$$

式中：V_{i-1}，V_i 分别为第 i 月初、月末的水库蓄水量；E_i 为第 i 月的水库蒸发、渗漏等损失水量；Q_i 为第 i 月的水库弃水量。

4）水库蓄水量限制

$$V_{\min}\leqslant V_i\leqslant V_{\max},i=1,2,\cdots,12 \tag{4-6}$$

$$V_0=V_{12}=V_{\max} \tag{4-7}$$

5）非负条件

$$X_{ji}\geqslant 0，j=1，2，\cdots，5；i=1，2，\cdots，12$$

给定各具体参数后，求解以上模型即可得到供水效益最大的优化供水方案。

4.3 非线性规划模型

一般来说，非线性关系是普遍存在的，线性关系只是非线性关系的一种特殊情况或在一定条件下的近似。因此用非线性规划模型来描述一些实际问题能更准确地反映变量间的关系。

4.3.1 非线性规划类型与特点

对于线性规划都可以用一个统一的模型来表示，同时有一些通用的解法。但对非线性规划，则存在不同的类型，每一个类型都有不同的解法。

从变量的多少来看，非线性规划可分为单变量（一维）问题、多变量（多维）问题两类。

从约束条件来看，非线性规划可以分为以下几种类型：

1）无约束极值问题，其模型为

$$\min f(X) \tag{4-8}$$

式中：$X=(x_1,x_2,\cdots,x_n)^{\mathrm{T}}$ 为决策变量，下同。

2）约束极值问题，包括等式约束极值（约束条件均为等式）和不等式约束极值（约束条件至少有一个不等式）两种情况，其模型分别为

$$\min f(X)$$
$$h_j(X)=0, j=1,2,\cdots,m \quad (4-9)$$

$$\min f(X)$$
$$h_j(X)=0, j=1,2,\cdots,m$$
$$g_k(X)\geqslant 0, k=1,2,\cdots,p \quad (4-10)$$

与线性规划相比，非线性规划具有以下特点：

1）目标函数或约束条件至少有一个非线性函数。

2）非线性规划可以无约束，即对非线性函数求无条件极值，而线性函数的无约束极值不存在（$+\infty$或$-\infty$）。

3）非线性规划最优解可能在可行域的边界或内部，而线性规划的最优解一定在可行域的顶点上。

4）线性规划最多有一个最优目标函数值（存在多种最优解时目标函数值相同）；而非线性规划的极值可能不止一个，存在局部极值与全局极值。

5）线性规划有标准的模型和算法，而非线性规划有多种算法，但各种算法都有一定的适用范围。

4.3.2 灌溉水量优化配置模型

某灌区耕地面积1000hm²，计划种植作物A、B各500hm²，可用净灌溉水量280万m³。作物产量Y(kg/hm²）与总耗水量ET(kg/hm²）的关系可以用二次曲线来表示

$$Y=aET^2+bET+c$$

式中：a，b，c为检验系数（见表4-2）；总耗水量ET取决于灌溉定额Q、作物生育期有效降水量P和播前土壤水利用量W（在平水年P，W见表4-2），即

$$ET=Q+P+W$$

如果灌水成本d为0.2元/m³，其他生产成本C分别为2000元/hm²、1800元/hm²；作物A，B的单价u分别为1.3元/kg、1.0元/kg。如何分配灌溉水量才能使整个灌区净收入最大？

表4-2 有关参数

作物	a	b	c	P/(m³/hm²)	W/(m³/hm²)	$(P+W)$/(m³/hm²)	u/(元/kg)	C/(元/hm²)
A	−0.0016	15.1	−29500	1300	300	1600	1.3	2000
B	−0.0010	9.9	−16000	2300	0	2300	1.0	1800

现以作物A，B的灌溉定额（m³/hm²）Q_A、Q_B为决策变量可建立如下的非线性规划模型[15]。

目标函数：灌区净收入最大，即

$$\begin{aligned}\max Z=&1.3\times 500[-0.0016(Q_A+1600)^2+15.1(Q_A+1600)-29500]\\&+1.0\times 500[-0.0010(Q_B+2300)^2+9.9(Q_B+2300)-16000]\\&-0.2(500Q_A+500Q_B)-2000\times 500-1800\times 500\end{aligned}$$

约束条件：

1）可用水量（m³）

$$Q_Z^* = 500Q_A + 500Q_B \leqslant 280 \times 10000$$

2）非负约束

$$Q_A \geqslant 0, Q_B \geqslant 0$$

求解上述非线性规划模型，可得最优配置方案为 $Q_A^* = 3064\text{m}^3/\text{hm}^2$，$Q_B^* = 2536\text{m}^3/\text{hm}^2$，$Z=576$ 万元，具体结果见表 4-3。

表 4-3　　灌溉用水优化配置结果

作物	灌溉定额 /(m³/hm²)	灌水量 /万 m³	粮食单产 /(kg/hm²)	粮食产量 /t	净收入 /万元
A	3064	153	6122	3061	267
B	2536	127	8490	4245	309
合计	—	280	—	7306	576

4.4　动态规划模型

动态规划（Dynamic Programming，DP）是最优化技术中一种适用范围很广的基本的数学方法。它用于分析系统的多阶段决策过程（Multistage Decision Processes），以求得整个系统的最优决策方案。

当一个系统中含有时间变量或与时间有关的变量，且其现时的状态与过去和未来的状态有关联时，这个系统称为动态系统。动态系统的优化问题是一个与“时间过程”有关的优化问题。就是说，在寻求动态系统的最优状态与决策时，不能只从某个时刻着眼，得到一个状态和决策的优化结果就算完结，而是要在某一段时期内，连续不断地做出多次决策，得到一系列最优的状态和决策，使得系统在整个过程中，由这一系列决策造成的总的效果为最优。换句话说，就是在实践过程中，依次采用一系列最适当的决策，来求得整个动态过程最优化问题的解。这种动态过程寻优的一种基本的数学方法，被称为动态规划法。由于世界上一切事物都在不停地运动，随时间、空间而变化。“静态”只是“动态”的一种特例，是一种暂时的平衡稳定状态。因此，仅从这一点上也可看出动态规划法所涉及问题范围之广阔。例如，水资源系统中的河流流量的季节变化问题与水库调度问题等，都可以看成是随时间而变化的“动态过程”，都可能使用动态规划法使其优化。从另一方面说，动态规划方法的实质又是把动态过程的规划问题化为一系列（N 段）“静态”问题的规划问题（线性规划与非线性规划）来求解的。所以，反过来说，对于一般非时序问题，即对“时间过程”不明显，或没有“时间”因素的“静态问题”，例如，资源分配问题，投资问题，装载问题等，在一定条件下，也是可能用动态规划模型来求解的。就是说，只要根据时间、空间或性质的特点，可把过程分为若干个阶段，在“静态”模型中人为地引进“时间”的因素，把它当作多阶段决策过程来考虑，满足最优性原理的要求，就可应用动态规划来求解，得出全部问题的最优决策。这种性质的规划，又可称为“空间动态规划”，而前者可称为“时间动态规划”。

动态规划法是由美国学者贝尔曼（R. Bellman）等人1957年发表的“Dynamic Programming”一文中正式提出后，逐步发展起来的数学分支。它寻优的思路与求函数极值的微分法、求泛函极值的变分法、求解线性规划问题的单纯形法等都有明显的区别。它不一定要求所规划的问题是连续的，可微的；也不一定要求它们是线性的或凸性的。因此，对于众多的非线性规划问题，不连续不可导，古典优化技术所不能解的问题，却可能用动态规划法得到其最优解。总之，动态规划法实用性强，它可用来分析确定性和随机性的问题、有时序（“动态”）和无时序（“静态”）的问题、连续的和离散的问题、线性的和非线性的问题、单变量（一维）和多变量（多维）的问题。特别对于其他方法不好解的离散的、非线性的、多变量的优化问题，动态规划更为常用。这些都是动态规划法的优点。

4.4.1 动态规划模型与求解

动态规划的基本方法是把一个复杂的系统分析问题分解，形成一个多阶段的决策过程，并按一定顺序或时序，从第一阶段开始，逐次求出每段的最优决策，并经历各阶段，从而求得整个系统的最优决策。

动态规划的基础是贝尔曼提出的最优性原理。他是这样叙述的：“一个过程的最优策略具有这样的性质，即无论初始状态和初始决策如何，对以第一个决策所形成的状态作为初始状态的过程而言，余下的诸决策必须构成最优策略”。

根据最优性原理，把问题表述为数学形式——递推方程后，可以逐次递推求得最优解。

动态规划的模型由三部分构成，即目标函数、各阶段状态与决策需要满足的约束条件和系统方程，可以表示为如下形式：

目标函数：

$$\mathrm{opt}R = \sum_{i=1}^{N} r_i(s_i, d_i), i = 1,2,\cdots,N \tag{4-11}$$

式中：i 为阶段数；s_i 为 i 的状态；d_i 为阶段 i 的决策；$r_i(s_i,d_i)$ 为在阶段 i、状态 s_i 下作出决策 d_i 所产生的效应（效益、损失等）指标，称为 i 阶段的指标函数。

约束条件：

$$s_i \in S_i, d_i(s_i) \in D_i(s_i), i=1,2,\cdots,N \tag{4-12}$$

系统方程：

$$s_{i+1} = T_i(s_i, d_i), i=1,2,\cdots,N \tag{4-13}$$

式中：T_i 为状态转移函数。

将阶段变量 i、状态变量 s_i 和决策变量 d_i 联系起来。系统方程（或称状态转移方程）表明 $i+1$ 阶段的状态 s_{i+1} 是由 i 阶段的状态 s_i 和决策 d_i 所决定的，而与 i 阶段以前的状态 s_{i-1}，…，s_1 无关，这也是多阶段决策过程对无后效性的要求。

然而，动态规划模型的求解还必须构造动态规划的基本方程，以反映在多阶段决策过程中相邻的 i 阶段和 $i+1$ 阶段之间的递推关系。根据动态规划中求解顺序的不同，有逆序法（从终点向起点逆推，$i=N$，$N-1$，…，2，1）和顺序法（从起点向终点递推，$i=$

1，2，…，$N-1$，N）两种，相应的方程式也有两种形式，其中常用的是逆序法。

对于一般的多阶段决策问题，逆序法的基本方程为：

$$f_i^*(s_i)=\underset{d_i\in D_i(s_i)}{\mathrm{opt}}\left[r_i(s_i,d_i)+f_{i+1}^*(s_{i+1})\right],i=N,N-1,\cdots,2,1 \quad (4-14)$$

式中：$s_{i+1}=T_i(s_i,d_i)$；$f_{N+1}^*(s_{N+1})=1$。

如果过程指标函数是阶段指标函数的连乘形式，则逆序法基本方程为

$$f_i^*(s_i)=\underset{d_i\in D_i(s_i)}{\mathrm{opt}}\left[r_i(s_i,d_i)\cdot f_{i+1}^*(s_{i+1})\right],i=N,N-1,\cdots,2,1 \quad (4-15)$$

式中：$s_{i+1}=T_i(s_i,d_i)$；$f_{N+1}^*(s_{N+1})=1$

如果采用顺序法从起点向终点递推，也得出类似的顺序法基本方程，这时的子过程定义为从起点开始到某一阶段末状态的过程。一般来说，当初开始状态给定时，采用顺序法比较方便；而最终状态给定时，采用逆序法比较方便。

动态规划模型的求解就是以基本方程为基础进行的，该方程把一个复杂的 N 阶段优化问题转化为 N 个相互关联的单阶段优化问题。逆序法求解中从末阶段开始，对 N 个单阶段优化问题以此求解，确定各阶段的最优决策（为各阶段状态的函数），最后的得到最优策略 $P^*=[d_1^*(s_1),d_2^*(s_2),\cdots,d_N^*(s_N)]$，然后将已知的初始状态 s_1 和 $d_1^*(s_1)$ 代入系统方程，即可得到 s_2 和 $d_2^*(s_2)$，…。依此类推，便可得到最优策略下的系统状态序列（最优轨迹）。

4.4.2 水资源优化配置动态规划模型

某供水系统可供水量为 Q，用户数为 N，当给第 k 个用户供水 x_k 时所产生的效益为 $g_k(x_k)$。如何合理分配水量才能使总效益最大？

以上问题是一个静态问题，其数学模型可以表示为

$$\max Z=\sum_{k=1}^{N}g_k(x_k)$$

$$\sum_{k=1}^{N}g_k(x_k)\leqslant Q$$

$$x_k\geqslant 0,k=1,2,\cdots,N \quad (4-16)$$

如果 $g_k(x_k)$ 均为 x_k 的线性函数，则以上模型属于线性规划模型；如果 $g_k(x_k)$ 均为 x_k 的非线性函数，这模型属于非线性规划中的可分规划模型。此外，如果把向每一个用户供水视为一个阶段，则以上问题也可以看做一个 N 阶段的决策过程，可以用动态规划方法来求解，其模型描述如下[15]：

1）阶段变量：$k=1$，2，…，N，表示第 k 个用户。

2）决策变量：第 k 个用户的供水量 x_k。

3）状态变量：可用于分配给当前及以后阶段各用户的水量，即

$$q_k=\sum_{i=k}^{N}x_i,k=1,2,\cdots,N \quad (4-17)$$

4）状态转移方程：根据状态变量 q_k，可得到状态转移方程为

$$q_{k+1}=q_k-x_k \quad (4-18)$$

5）指标函数：第 k 阶段的指标函数为第 k 个用户的效益 $g_k(x_k)$。

6）目标函数：总效益最大

$$\max Z=\sum_{k=1}^{N}g_k(x_k) \tag{4-19}$$

7）约束条件：

$$0\leqslant q_k\leqslant Q,0\leqslant x_k\leqslant q_k,k=1,2,\cdots,N \tag{4-20}$$

建立以上模型后，可采用逆序法进行递推求解，其基本方程为

$$f_k^*(q_k)=\max_{x_k}[g_k(x_k)+f_{k+1}^*(q_k-x_k)],k=N,N-1,\cdots,2,1 \tag{4-21}$$

如果用函数或列表形式给出个用户的效益 $g_k(x_k)$，则可利用动态规划方法求出最优供水方案。假设可供水量 $Q=500$ 万 m^3，供给 A、B、C 三个用户（$N=3$），各用户的供水效益见表 4-4。

表 4-4　　供水效益表

供水量 x/万 m^3	供水效益/万元		
	A：$g_1(x_1)$	B：$g_2(x_2)$	C：$g_3(x_3)$
0	0	0	0
100	30	50	40
200	70	100	60
300	90	110	110
400	120	110	120
500	130	110	120

水量是一个连续变量，但供水效益是以离散形式给出的，在求解过程中也需要将决策变量和状态变量离散化（以 100 万 m^3 为 1 个单位）。即使供水效益是以连续函数形式给出，进行离散化求解也往往是比较方便的。以上问题的逆序法求解过程如下。

第一步：阶段 3（$k=N=3$），将 $x_3=q_3$ 水量分配给用户 C，其基本方程为

$$f_3^*=\max_{x_3}[g_3(x_3)]=g_3(x_3) \tag{4-22}$$

其计算结果见表 4-5。

表 4-5　　阶段 3 计算结果

状态变量 q_3	指标函数 $f_3^*(q_3)$	最优决策 x_3^*
0	0	0
100	40	100
200	60	200
300	110	300
400	120	400
500	120	500

第二步：阶段 2（$k=2$），将 $x_2=q_2-q_3$ 的水量分配给用户 B、C，其基本方程为

$$f_2^*(q_2)=\max_{0\leqslant x_2\leqslant q_2}[g_2(x_2)+f_3^*(q_2-x_2)] \tag{4-23}$$

其计算结果如表4-6所示，表中 $f_2(q_2)$ 的计算式中，第一项为 $g_2(x_2)$，第二项为 $f_3^*(q_3)=f_3^*(q_2-x_2)$。例如 $q_2=200$ 时，x_2 有0、100、200等3种可能的离散状态，相应的 $g_2(x_2)$ 分别为0、50、100；$q_3=q_2-x_2$ 分别为200、100、0，从表4-5中可查出相应的 $f_3^*(q_3)$ 分别为60、40、0；因此 $f_2(q_2)$ 的值分别为0＋60＝60、50＋40＝90、100＋0＝100，其中的最大值100（在表中加下划线表示）即为 $f_2^*(q_2)$，此时 $x_2^*=200$。

表4-6　　阶段2计算结果

q_2	$f_2(q_2)$						$f_2^*(q_2)$	x_2^*
	$x_2=0$	$x_2=100$	$x_2=200$	$x_2=300$	$x_2=400$	$x_2=500$		
0	0＋0						0	0
100	0＋40	50＋0					50	100
200	0＋60	50＋40	100＋0				100	200
300	0＋110	50＋60	100＋40	110＋0			140	200
400	0＋120	50＋110	100＋60	110＋40	110＋0		160	100，200
500	0＋120	50＋120	100＋110	110＋60	110＋40	110＋0	210	200

注　带下划线数字表示不同供水量 q_2 情况下 $f_2(q_2)$ 的最大值。

第三步：阶段1($k=1$)，将 $x_1=q_1-q_2$ 的水量分配给用户A，B，C，其基本方程为

$$f_1^*(q_1)=\max_{0\leqslant x_1\leqslant q_1}\left[g_1(x_1)+f_2^*(q_1-x_1)\right] \tag{4-24}$$

其计算结果见表4-7，在表中 $f_1(q_1)$ 的计算式中，第一项为 $g_1(x_1)$，第二项为 $f_2^*(q_2)=f_2^*(q_1-x_1)$。

表4-7　　阶段1计算结果

q_1	不同 x_1 下的 $f_1(q_1)$						$f_1^*(q_1)$	x_1^*
	0	100	200	300	400	500		
0	0＋0						0	0
100	0＋50	30＋0					50	0
200	0＋100	30＋50	70＋0				100	0
300	0＋140	30＋100	70＋50	90＋0			140	0
400	0＋160	30＋140	70＋100	90＋50	120＋0		170	100，200
500	0＋210	30＋160	70＋140	90＋100	120＋50	130＋0	210	0，200

注　带下划线数字表示不同供水量 q_1 情况下 $f_1(q_1)$ 的最大值。

利用以上各阶段计算结果，可以确定不同初始状态（可供水量）下的最优策略。根据表4-7，$q_1=500$ 万 m^3 时的最大供水效益为210万元，相应的阶段1最优决策（用户A供水量）为 $x_1^*=0$ 或200。根据状态转移方程，$q_2=q_1-x_1=500$ 或300，从表4-6中查出相应的阶段2最优决策为 $x_2^*=200$；$q_3=q_2-x_2=300$ 或100，从表4-5中查出相应的阶段3最优决策分别为 $x_3^*=300$ 或100。最优可得到两个最优策略：

(1) $P^*=(0,200,300)$，即向用户A，B，C供水量分别为0万 m^3、200万 m^3、300万 m^3。

（2）$P^* = (200, 200, 100)$，即向用户 A，B，C 供水量分别为 200 万 m^3、200 万 m^3、100 万 m^3。

两种供水方案下的供水效益均达到最大值 210 万元。

以上最优供水方案是在可供水量 $Q=500$ 万 m^3 的情况下得到的。如果遇到一个枯水年，可供水量只有 $Q=400$ 万 m^3，则从以上各阶段计算结果中可以直接确定相应的最优策略；如果丰水年可供水量达到 $Q=600$ 万 m^3，则可在以上计算表中加入相应的行、列计算即可；如果增加一个用户，则相当于增加一个阶段，在以上计算基础上再递推一次即可得到相应的最优供水方案。

4.4.3 水库优化调度动态规划模型

水库优化调度问题是一个典型的多阶段决策过程，一般按一定的要求将调度期划分为若干个阶段，通过对下泄水量的合理调控使整个调度期内的总效益（如发电等）达到最大。

某一年调节水库，起调水位（枯水期末）与最终水位均为死水位，相应蓄水量为死库容，调度期分为 N 个阶段，以一年内总效益最大为目标的动态规划模型如下：

（1）阶段变量：

$$f_t^*(V_t) = \max_{x_t}[r_t(V_t, x_t, Q_t) + f_{N+1}^*(V_{N+1}) = 0], t = N, N-1, \cdots, 2, 1 \quad (4-25)$$

式中：$t=1$，2，…，N，表示调度期内的第 t 个阶段（月或旬等）。

（2）决策变量：第 t 个阶段的水库供水量 x_t。

（3）状态变量：阶段初水库需水量 V_t。

（4）状态转移方程：根据水库水量平衡方程，可得到

$$V_{t+1} = V_t + Q_t + P_t - x_t - WS_t - E_t, t = 1, 2, \cdots, N \quad (4-26)$$

式中：Q_t 为阶段内水库入库水量；P_t 为水库降水量；WS_t 为水库弃水量（当水库需水量超出当前阶段的蓄水量限制时，超出部分为阶段弃水量）；E_t 为水库蒸发渗漏损失量。

（5）指标函数：t 阶段的指标函数为该阶段的供水效益，如发电效益是发电水量、入库水量与水头（与水库蓄水量相对应）的函数，可表示为 $r_t(V_t, x_t, Q_t)$。

（6）目标函数：调度期内总效益最大，即

$$\max Z = \sum_{t=1}^{N} r_t(V_t, x_t, Q_t) \quad (4-27)$$

（7）约束条件：水库的水位（需水量）、阶段放水量均有一定的限制条件，可以表示为 $V_{t,\min} \leqslant V_t \leqslant V_{t,\max}$，$t=1$，2，…，$N$；$x_{t,\min} \leqslant x_t \leqslant x_{t,\max}$，$t=1$，2，…，$N$。

（8）边界条件：水库初始、最终蓄水量均为死库容 V_d，即

$$V_1 = V_{N+1} = V_d \quad (4-28)$$

由于以上动态规模模型中状态变量与决策变量均为连续变量，在求解过程中需要根据其变化范围（约束条件）将其离散化，然后采用逆序递推求解，其基本方程为

$$f_t^*(V_t) = \max_{x_t}[r_t(V_t, x_t, Q_t) + f_{t+1}^*(V_{t+1})], t = N, N-1, \cdots, 2, 1 \quad (4-29)$$

式中：$f_{N+1}^*(V_{N+1}) = 0$。

以上模型中只考虑了一个水库，为一维动态规划模型，如果考虑多个水库联合调度，

在总效益最大的目标下可建立多维动态规划模型。

4.5　多目标规划模型

水资源优化配置涉及社会经济、生态环境等诸多目标，随着经济和社会的发展，水资源开发利用也从局部地区、单一目标逐步转向水资源综合利用（如防洪、发电、供水、航运等）、流域或区域的多目标（经济、社会、环境等）。这些不同的目标之间可能是存在矛盾的，甚至是不可公度的（不能用同一单位来度量）。这种情况下，以经济效益为中心的单目标规划方法已不再适用，需要采用多目标决策（Multiple Criteria Decision Making）的方法来进行水资源系统的规划。在多目标决策问题中，如果目标能够定量描述且能以极大化或极小化的形式来表示，则可用多目标规划（Multi - Objective Programming, MOP）的方法来解决；对于非结构化问题（问题复杂，无法定量描述，没有现成方法可以遵循）、半结构化问题，全部或部分目标只能定性描述，同时可供选择的方案为有限多的情况，则属于多属性决策问题。

多目标优化问题的研究始于 19 世纪，20 世纪 70 年代开始作为运筹学的一个分支进行系统的研究，理论上不断完善，应用领域也越来越广泛，目前已应用于工程技术、环境、经济、管理等领域。

4.5.1　水资源配置的多目标规划

在区域水资源开发规划中经常会遇到多目标问题。一个具体的水利工程可以有防洪、发电、灌溉、工业及生活供水、航运、旅游等多种功能，相应的各种效益一般不能用统一的经济指标来描述；而区域、流域、跨流域的水资源规划中，除了经济指标外还要考虑社会发展、生态、环境等方面的要求。

在区域水资源优化配置中，同样涉及多目标的问题，这些目标主要包括：

(1) 可以用货币体现的经济效益。

(2) 促进社会发展的社会效益。

(3) 保护环境、维持生态平衡的生态环境效益。

例如，在华北宏观经济水资源规划多目标分析模型中[16]，综合考虑了社会、经济、环境等方面的因素，以国内生产总值（GDP）最大作为经济目标，以粮食产量（FOOD）最高作为农业与社会发展目标，以生化需氧量（BOD）最低作为环境目标。在塔里木河干流水资源合理配置辅助决策模型中[17]，考虑到塔里木盆地生态保护及农牧业发展的需要，以生态保护面积最大、农牧业效益最大为决策目标。

4.5.2　多目标规划数学模型

与单目标模型不同，多目标规划的目标函数为多个，构成一个向量最优化问题。p 个目标函数、m 个约束条件的多目标规划模型可以表示为：

$$\mathrm{opt}F(X)=[f_1(X),f_2(X),\cdots,f_p(X)]^{\mathrm{T}}$$
$$\mathrm{s.t.}\ g_i(X)\leqslant b_i,i=1,2,\cdots,m \tag{4-30}$$

多目标规划问题具有以下特点：

(1) 多目标性。

(2) 目标之间是不可公度的。

(3) 各目标可能是相互矛盾的。

(4) 一般不存在最优解。

多目标性是多目标问题的基本特征，在单目标规划中，可以通过比较目标函数值的大小来确定可行解的优劣，而多目标规划中一般不存在绝对的最优解，决策者往往只能根据自己的偏好从多个有效解中选择出其中之一作为最后的满意解。

多目标规划的解法可以分为直接法和间接法两种[18]。

直接法针对规划本身，直接求出其有效解，目前只研究提出了几类特殊的多目标规划问题的直接解法，包括单变量多目标规划方法、线性多目标规划方法及可行域有限时的优序法等。

间接法则根据问题的实际背景，在一定意义下将多目标问题转化为单目标问题来求解。间接法主要包括以下方法：

(1) 转化为一个单目标问题的方法。按照一定的方法将多目标问题转化为一个单目标规划，然后利用相应的方法求解单目标规划问题，将其最优解作为多目标问题的最优解。这类方法常用的方法有主要目标法、评价函数法（包括加权和法、理想点法、乘除法、功效系数法等）等。

(2) 转化为多个单目标问题的方法。按照一定的方法将多目标问题转化为有序的多个单目标问题，然后依次求解这些单目标规划问题，将最后一个单目标问题的最优解作为多目标问题的最优解。这类方法包括分层序列法、重点目标法、分组序列法、可行方向法、交互规划法等。

(3) 目标规划法。对于每一个目标都给定了一定的目标值，要求在约束条件下目标函数尽可能逼近给定的目标值。常用的方法有目标点法、最下偏差法、分层目标规划法等。

以上几种方法均属于定量化的方法。

4.5.3 供水系统水量配置多目标规划

某供水系统，有甲、乙两个水源向3个城市A、B、C供水，水源i（$i=1$，2分别表示甲、乙两水源）的供水能力W_i、城市j（$j=1$，2，3分别表示A、B、C三城市）的需水量b_j、水源i到城市j的单位供水费用c_{ij}如表4-8所示。根据表中数据，总需水量8500万m^3/a大于供水能力7000万m^3/a，不能满足需水要求。经协商，管理部门拟定以下6项供水目标：

(1) 至少满足城市C需水量的85%。

(2) 至少满足城市A、B需水量的75%。

(3) 系统总输水费用最小。

(4) 水源乙向城市A最小输水量为1000万m^3/a。

(5) 水源甲向城市C、水源乙向城市B的输水线路较差，输水量尽量少。

(6) 协调城市A、B的供水水平，使之达到满意的水平。

表4-8　各水源供水成本、供水能力及城市需水量

项目	城市 A	城市 B	城市 C	供水能力
水源甲	10元/m^3	10元/m^3	10元/m^3	3000万 m^3/a
水源乙	10元/m^3	10元/m^3	10元/m^3	4000万 m^3/a
需水量	2000万 m^3/a	1500万 m^3/a	5000万 m^3/a	—

根据上述资料可以构建该问题如下的目标规划模型[15]。

设水源 i 向城市 j 的供水量为 $x_{ij}(i=1,2,3;j=1,2,3)$，d_i^-、d_i^+ 分别表示第 i 个目标未达到给定目标值的负偏差、超过给定目标值的正偏差。约束条件包括：

1）水源供水能力约束：各个水源的供水总量不超过其供水能力。

$$x_{11}+x_{12}+x_{13}+d_1^-=3000$$

$$x_{21}+x_{22}+x_{23}+d_2^-=4000$$

由于各水源的供水总量不能超过其供水能力，因此正偏差变量无意义，不予考虑。负偏差变量也可用松弛变量代替。

2）城市需水约束：水源不足情况下对各个城市的总供水量不超过其需水量。

$$x_{11}+x_{21}+d_3^-=2000$$

$$x_{12}+x_{22}+d_4^-=1500$$

$$x_{13}+x_{23}+d_5^-=5000$$

3）水源乙向城市 A 的最小输水量为1000万 m^3/a。

$$x_{21}+d_6^--d_6^+=1000$$

4）各城市的最小供水量要求，即对城市 A、B、C 的供水量分别要至少达到75%，75%，85%。

$$x_{11}+x_{21}+d_7^--d_7^+=2000\times75\%=1500$$

$$x_{12}+x_{22}+d_8^--d_8^+=1500\times75\%=1125$$

$$x_{13}+x_{23}+d_9^--d_9^+=5000\times85\%=4250$$

5）输水的合理性要求，即水源向城市 C、水源乙向城市 B 的输水量尽量少。

$$x_{13}-d_{10}^+=0$$

$$x_{22}-d_{11}^+=0$$

由于输水量非负，因此以上约束中负偏差变量为0。

6）供水平衡约束，即城市 A、B 的供水比例相同。根据 $(x_{11}+x_{21})/2000=(x_{12}+x_{22})/1500$，可得到

$$x_{11}+x_{21}-4(x_{11}+x_{22})/3+d_{12}^--d_{12}^+=0$$

7）输水总费用最小约束

$$10x_{11}+4x_{12}+12x_{13}+8x_{21}+10x_{22}+3x_{23}-d_{13}^+=0$$

8）非负约束：以上决策变量及正、负偏差变量均为非负，即

$$x_{ij}\geqslant0, i=1,2; j=1,2,3$$

$$d_k^-\geqslant0, d_k^+\geqslant0, k=1,2,\cdots,13$$

根据拟定的6项供水目标，按照目标重要性排列的目标函数可以表示为

$$\min P_1 d_9^- + P_2(d_7^- + d_8^-) + P_3 d_{13}^+ + P_4 d_6^- + P_5(1.2d_{10}^+ + d_{11}^+) + P_6(d_{12}^- + d_{12}^+)$$

其中在目标 P_5 中，d_{10}^+ 的权重1.2是考虑到两条线路输水费用的差别而确定的。

建立模型后，可用单纯形法进行求解。

4.5.4 地下水资源管理多目标规划

在地下水资源管理规划中，既要考虑人类活动对地下水的需求（在水资源短缺地区通常要求在一定条件下的地下水开采量达到最大），又要考虑地下水的可持续利用（地下水位维持在合理的范围内，同时地下水质满足开发利用要求并逐步得到改善）。因此可以地下水可开采量最大、地下水污染物浓度最小为目标，建立地下水资源管理的多目标规划模型。以下简要介绍王来生等[19]进行的哈尔滨市地下水资源管理多目标规划分析。

首先根据研究区的实际情况将其划分为 N 个子区，把各子区视作单独的源，对其施加单位脉冲值，根据地下水流动方程、地下水污染物运移方程的数值模拟结果得到所有计算节点的水位、水质的响应值，即响应矩阵。第 $j(j=1,2,\cdots,N)$ 子区单位脉冲在节点 $i(i=1,2,\cdots,M)$ 引起的水位、水质响应值分别为 β_{ij}、γ_{ij}，则各子区开采量为 $Q_j(j=1,2,\cdots,N)$ 时各个节点的地下水位变化量 ΔH_i、污染物浓度变化量 ΔC_i 分别为：

$$\Delta H_i = \sum_{j=1}^{N} \beta_{ij} Q_j, i = 1,2,\cdots,M \tag{4-31}$$

$$\Delta C_i = \sum_{j=1}^{N} \gamma_{ij} Q_j, i = 1,2,\cdots,M \tag{4-32}$$

以各子区地下水开采量 $Q_j(i=1,2,\cdots,N)$ 作为决策变量。考虑到研究区水位大幅度下降、地下水位降落漏斗不断扩展、水质不断恶化的实际情况，地下水管理的目标是在整个研究区地下水位降深满足一定条件下，使各子区开采量之和 Z_1 最大、各节点污染物浓度变化量的平均值 Z_2 最小，即目标函数取为

$$\max Z_1 = \sum_{j=1}^{N} Q_j \tag{4-33}$$

$$\min Z_2 = \sum_{i=1}^{M} \sum_{j=1}^{N} \gamma_{ij} Q_i / M \tag{4-34}$$

约束条件包括：

1）地下水位约束：地下水位需要控制在一定范围内，即

$$\sum_{j=1}^{N} \beta_{ij} Q_j + H_{i0} \leqslant H_i^*, i = 1,2,\cdots,M \tag{4-35}$$

式中：H_i^* 为节点 i 容许的最大水位；H_{i0} 为天然情况下水位。

2）开采量约束：各子区的开采量满足最小开采量要求，即

$$Q_j \geqslant q_j, j=1,2,\cdots,N \tag{4-36}$$

式中：q_j 为子区 j 的最小开采量。

3）水质约束：地下水污染物浓度需要控制在一定范围内，即

$$\sum_{j=1}^{N} \gamma_{ij} Q_j + C_{i0} \leqslant C_i^*, i = 1,2,\cdots,M \tag{4-37}$$

式中：C_i^* 为节点 i 容许的最大污染物浓度；C_{i0} 为天然情况下的污染物浓度。

以上模型为一多目标规划模型，可以采用主要目标法、线性加权和法等方法进行求解。

需要指出的是，在以上模型中，假设地下水开采所引起的地下水位和污染物浓度变化满足线性叠加条件，而在复杂的水位地质条件下这一假设可能不成立，须根据具体问题进行调整。

4.6 系统模拟模型

上述几种方法均属于系统优化方法，对于一些复杂的水资源系统，系统优化方法的应用会受到一定的限制，如有些问题可能难以建立优化模型，建立的优化模型可能由于简化而不能反映系统的一些基本特性，建立的优化模型难以求解等。这时可以考虑建立水资源系统模拟模型，通过模拟得到不同方案下水资源系统状态的动态变化特性及相应的效应(效益或损失)。但模拟技术不能直接得出最优的方案，需要在模拟的基础上利用一定的优选方法或评价方法得到最优或满意的方案。

模拟有不同的形式，包括物理模拟（如水工模型试验）、数学模拟等，系统模拟一般是指数学模拟。系统模拟（System Simulation）或称系统仿真，根据研究目的建立反映系统的结构、行为和功能的数学模型，通过计算机对模型进行求解，得到所模拟系统的有关特性，为系统预测、决策等提供依据。利用系统模拟方法可以对不同运行方案下系统状态的变化及其效益、损失等进行模拟，并根据模拟结果对方案进行优选与评价，从中选出最优或满意的运行方案。

系统模拟的主要类型有蒙特卡洛（Monte Carlo）模拟、连续时间过程模拟、离散时间过程模拟、离散事件模拟等[20]。在水资源系统分析中应用较多的是离散时间过程模拟，即将系统的动态变化划分为一系列离散的阶段，用一组差分方程来描述系统状态的变化，通过差分方程的求解进行系统的动态模拟。根据模拟过程中是否考虑系统的随机性，系统模拟可分为确定性模拟和随机性模拟。在确定性模拟中，系统的状态和输入都是确定的；而在随机性模拟中，需要考虑系统状态与输入的随机性，以随机模拟序列作为模型的输入进行系统模拟。

4.6.1 模拟技术与优化技术的比较

模拟技术和优化技术是水资源系统分析中的两种不同方法，它们各有特点，适用于解决不同类型的问题。在有些情况下，可以将二者配合使用，对问题从不同侧面进行分析和研究。

模拟技术和优化技术都需要首先将水资源系统抽象为一定的数学模型，即模拟模型和优化模型。优化方法包括线性规划、整数规划、非线性规划、动态规划、多目标规划等，不同的方法对模型都有一些具体要求。对于单目标问题可以利用相应的优化方法求得最优解，而对于多目标问题可以得到若干有效解供决策参考。如果优化模型能够反映系统的实际情况，则优化方法应该是首先考虑的方法。但对于复杂的水资源系统，有些问题可能难以建立优化模型或者建立优化模型后不易求解。

模拟技术则受模型的限制较小，可以对复杂的系统进行模拟，得出系统的状态变化及效果。但模拟技术很难找到最优解或有效解，一般只是找到满足约束条件的一些可行解。因此模拟技术需要与一定的优化技术（如非线性规划中的搜索技术）相结合，以找出最优解或近似最优解。如果可能，可以对整个系统建立模拟模型，而一些子系统则用优化模型来描述。

此外，优化模型往往可以用一些标准的形式来表示，求解各种优化模型的软件也多种多样，这使得优化模型的求解比较方便。而不同问题的模拟模型相差较大，使得系统模拟的程序工作量较大。

模拟方法和优化方法各有优缺点，需要根据具体问题来选择一种合适的方法，或将二者配合使用。一般来说，优化方法多用于初步筛选方案，这时可以对系统进行一定的简化；然后对经过筛选的若干方案进行模拟分析，以深入了解系统的状态变化，对方案作进一步的评价和改进。

4.6.2 系统模拟的一般步骤

对于不同的系统和不同的系统分析目的，模拟的内容和顺序也有所不同。一般来说，系统模拟包括建立系统模拟模型、进行模拟试验、方案优选等几个部分，主要步骤如下：

(1) 明确模拟对象。根据系统模拟的目的，分析系统结构、功能，确定需要进行模拟的系统行为和功能。

(2) 资料的收集与整理。收集并整理与水资源系统模拟有关的资料，主要包括气象资料、水文资料、水文地质资料、工程资料（如水库的水位-面积-库容关系、调度规则等）、用水资料（工业、农业、生活、生态、发电、航运、旅游等对水资源的需求）、有关的经济指标（如工程投资、供水成本、经济效益等）。对于随机模拟，还要根据有关的数据生成水文、气象等随机因素的随机模拟序列。

(3) 建立系统模拟模型。根据分析确定系统状态变量、输入、输出、目标、约束等，建立系统模拟模型，并根据有关资料确定模型参数。

(4) 模型模拟。在模拟模型的基础上，利用计算机实现对系统的模拟。模型程序的开发可以采用通用的语言，如 Bacic，Fortran，Pascal，C (C++)，MATLAB 等；也可以采用专门的系统仿真语言，如 CSSL，GPSS，Dynamo 等。此外，MATLAB 提供了动态系统仿真工具 Simulink，可用于进行连续或离散系统的动态模拟。

(5) 模型检验。将历史资料作为输入进行模型模拟，把模拟结果与实际结果相比较，以检验模型能否模拟实际系统的行为和功能。必要时需对模型及其参数进行一定的调整。

(6) 方案的优选与评价。利用检验后的模型对不同方案下系统的状态变化进行模拟，按照一定的方法进行方案优选，或按照一定的方法对若干设定的方案进行评价，找出最优或满意的方案供决策参考。

4.6.3 水资源系统模拟模型

根据分析目的不同，水资源系统模拟的对象也会有所差别。在流域规划及水库、水电站等工程的运行管理中，通常主要考虑地表水系统的模拟；在地下水管理中，需要进行地下水系统模拟；在地表水、地下水联合调度中，需要对地表水、地下水系统进行统一模拟；而在农田灌溉用水管理中，除了考虑地表水、地下水系统模拟外，还要对以土壤水为中心的农田水循环过程进行模拟。

本节主要介绍地表水资源系统的模拟模型。

1. 水资源系统的结点图

模拟模型主要取决于水资源系统的组成及其相互联系。为了使模型能够模拟水资源系统的行为和功能，首先需要建立系统的结点图，以反映系统的组成部分及其相互联系。结点图又称网络图，由结点及连线构成，其中结点一般代表工程位置、水流汇集及分流点等，而连线表示河流、渠道、管道等输水和导水设施。

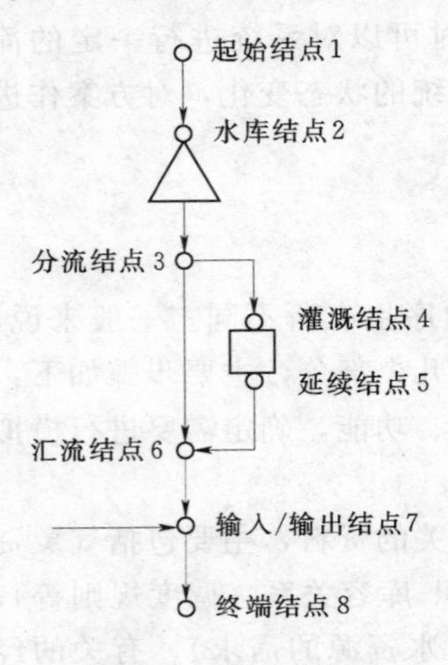

图 4-2　地表水资源系统结点图

图 4-2 为包含一座水库、一处灌区的地表水资源系统结点图。通常一个水资源系统的结点包括以下几种类型：

(1) 起始结点。位于所研究水资源系统的上游端，是系统模拟的起始点。

(2) 水库结点。表示一个可调节水量的水库，通常水库下游的电站也并在水库结点内一起考虑。

(3) 分流结点。河流分叉以及从河流引水、提水的地点。

(4) 灌溉结点。代表一个灌区。

(5) 延续结点。用于延续两个延伸的结点，如在灌区终端常用延续结点来延续并接受灌区的退水水量。

(6) 汇流结点。是支流汇入以及向河流退水、排水的地点。

(7) 输入/输出结点。指向系统内引入或向系统外引出水量的地方，即跨流域或跨水系调水的地方。

(8) 终端结点。系统下游的终止点。

在水资源系统结点图中，起始结点以上和终端节点以下不允许有其他结点，各结点和连线应准确地反映模拟对象所处的相对位置和相互联系。对于较为复杂的系统，可以在精度允许范围内对某些组成部分进行适当的合并或分解，以便于进行模拟。

2. 模拟模型的决策变量与目标函数

模型模拟的决策变量，是指需要通过模拟寻求其最优值的变量。通常水资源系统的决策变量可以分为两类，即设计变量和运行变量。设计变量为反映水资源工程规模的决策变量，需要根据具体情况确定，例如水库库容（包括死库容、兴利库容、防洪库容的分配）、放水及泄水设施的规模、水电站装机容量、灌区规模、渠道及管道等的尺寸等。运行变量是系统运行过程中有关的决策变量，例如各个模拟阶段内的发电引水量、灌溉引水等。

对于一个水资源系统，其规划设计或运行管理都有一定的目标，可以用目标函数表示的是物理关系，则系统规划设计或运行管理的目的在于寻求各决策变量之间的最佳配合，如图 4-2 所示的水资源系统的目标函数可以是一定库容下的最大灌溉面积或一定灌溉面积下的最小库容。如果目标函数表示的是经济关系，则系统运行的目标可以是净效益最大，也可以是工程建设投资、运行费用最小。

在缺水地区，可供水量不足是水资源系统面临的主要矛盾，如果水资源系统包括多年调节水库，通常可以利用水量 WU 最大或弃水量 WS 最小作为目标函数，即：

$$\max WU = \sum_{i=1}^{n} WU_i \quad (4-38)$$

或

$$\min WS = \sum_{i=1}^{n} WS_i \quad (4-39)$$

对于一个多用途的水资源系统，如果其目标均可用统一的货币单位来衡量，则合适的目标函数为系统净效益 Z 最大，即：

$$\max Z = B - C \quad (4-40)$$

式中：B，C 分别为系统运行期内的年均总效益现值和年均总费用现值。系统效益包括工业及生活供水效益、灌溉效益、发电效益等，费用包括工程投资、运行费用等，在确定目标函数时各种效益和费用均应折算为现值。

对于一些水资源系统，多个目标间是不可公度的，例如要求发电效益 Z 最大、灌区粮食产量 Y 最高，二者不能用统一的计量单位来衡量，这时目标函数是一个向量，即

$$\max\{Z, Y\} \quad (4-41)$$

这种情况下，可以采用多目标规划与决策的方法对系统运行方案进行比较和评价。

3. 模拟模型的约束条件及运行规则

水资源系统运行中需要满足一定的条件，通常用一定的约束条件来表示。水资源系统模拟中的主要约束包括连续性约束、水库约束、灌溉约束、水力发电约束、调水约束、地下水约束、政策性约束等。

(1) 连续性约束（水量平衡方程）。在水资源系统中，水量要满足连续性要求，即任一时段 t 内各结点的水量要保持平衡。图 4-2 中各结点的水量平衡方程为：

起始结点 1：来水量 $W_1(t)$，为系统的输入项。

水库结点 2：水库来水量 $W_2(t)$ 和下泄 $WD(t)$ 满足关系

$$W_2(t) = W_1(t) - L_{12}(t) \quad (4-42)$$

$$V(t) = V(t-1) + W_2(t) + P_2(t) - WD(t) - L_2(t) \quad (4-43)$$

式中：$L_{12}(t)$，$L_2(t)$ 分别为 t 时段结点 1 到结点 2 之间和水库的水量损失；$V(t-1)$，$V(t)$ 分别表示 t 时段始、末的水库蓄水量；$P_2(t)$ 为 t 时段水库降水量。

分流结点 3：经水库调蓄后的结点 3 来水量 $W_3(t)$ 为

$$W_3(t) = WD(t) - L_{23}(t) \quad (4-44)$$

其中，$L_{23}(t)$ 为 t 时段结点 2 到结点 3 之间的水量损失；$W_3(t)$ 在该结点分流为两部分，即灌溉引水 $E_3(t)$ 和流向下游的水量 $E_d(t)$

$$W_3(t) = E_3(t) + W_d(t) \quad (4-45)$$

灌溉结点 4：到达灌区的水量 $W_4(t)$ 为

$$W_4(t) = \eta E_3(t) \quad (4-46)$$

式中：η 为结点 3 到结点 4 之间的渠系水利用系数。

延续结点 5：灌溉退水量为

$$W_5(t)=\rho E_3(t) \tag{4-47}$$

式中：ρ 为退水量占灌溉引水量的比例。

汇流结点 6：来水量 $W_6(t)$ 包括上游河道来水和灌溉回归水，则有

$$W_6(t)=E_d(t)-L_{36}(t)+W_5(t)-L_{56}(t) \tag{4-48}$$

式中：$L_{36}(t)$，$L_{56}(t)$ 分别为 t 时段结点 3 到结点 6 之间，结点 5 到结点 6 之间的水量损失。

输入/输出结点 7：水量 $W_7(t)$ 满足

$$W_7(t)=W_6(t)-L_{67}(t)+WT_7(t) \tag{4-49}$$

式中：$L_{67}(t)$ 为 t 时段结点 6 到结点 7 之间的水量损失；$WT_7(t)$ 为结点调入或调出水量（调入为正，调出为负）。

终端结点 8：

$$W_8(t)=W_7(t)-L_{78}(t) \tag{4-50}$$

式中：$L_{78}(t)$ 为 t 时段结点 7 到结点 8 之间的水量损失。

在以上水量平衡关系的模拟中，还需要其他一些辅助关系式和参数，如水库水位-面积-库容关系，水库水位-放水流量关系等。

（2）水库约束及运行规则。水库约束包括总库容约束、汛期防洪限制水位约束等。在水库运行过程中，水库蓄水量 $V(t)$ 不能超过总库容 V_g，汛期水库水位应低于防洪限制水位（或蓄水量小于防洪限制水位以下的库容 V_f），即

$$0\leqslant V(t)\leqslant V_g \tag{4-51}$$

$$0\leqslant V(t)\leqslant V_f \tag{4-52}$$

针对水库的具体运行要求，还可能包括其他约束条件，如水力发电的水头（库容）要求、枯水期通航补充水量所需库容等。

在以上约束条件下，需要确定满足下游各种需水要求的水库运行规则。一个简单的水库运行规则为：①如果水库可供水量小于下游蓄水量时，水库可供水量全部向下游供水，不同用户的供水优先顺序根据具体情况确定，通常供水顺序为生活供水、工业用水、灌溉用水；②水库可供水量大于下游蓄水量且水库蓄水量满足蓄水要求时，水库可按需水量向下游供水；③当水库蓄满或汛期达到防洪限制水位以后，按照净来水量（河道来水量减去水库损失水量）向下游放水，超过需水量的部分即为水库弃水。

以上水库运行规则只考虑到当前阶段的情况，对于可供水量充足时比较适用。当可供水量不足时，需要考虑在整个调度期内水库的最优运行规则，可以利用动态规划等优化方法或多方案筛选方法来拟定水库优化调度图。

（3）灌溉约束及运行规则。从水源引水到灌溉农田、作物水分消耗到形成作物产量，需要经过复杂的水分转化过程。从河道的灌溉引水或地下水开采量，经过一定的渠系或管道输送到达田间，一部分水量在输水过程中因蒸发、渗漏而损失，一部分水量到达农田；到达农田的水量通过一定的灌水方法转化为可以被作物吸收利用土壤水；作物根系吸水后，在水分的参与下通过光合作用形成作物产量。因此，灌溉与产量之间的关系十分复杂。即使单从水分因素来说，产量不仅与灌溉定额有关，而且与灌溉时间有很大的关系，

同时受降水等气象因素的影响。对于灌溉水资源的合理分配，需要考虑水资源在灌区内不同区域间的分配、区域内不同作物间的分配、同一作物生育期内的分配等几个层次的水量优化分配问题，需要建立相应的模拟模型或多层次优化模型来解决。

在更大的水资源系统模拟中，对灌溉因素的考虑通常是比较简化的。对于一种作物来说，作物产量 Y 与全生育期耗水量 ET 之间的关系（作物水分生产函数）一般可以表示为：

$$Y=a_0ET^2+b_0ET+c_0 \tag{4-53}$$

其中，a_0，b_0，c_0 为经验参数，可根据灌溉试验结果得到。而作物耗水量 ET 与灌溉制度及降水、蒸发等气象因素有关，可以根据经验方法或能量平衡-空气动力学方法来进行估算[21]。对于一定的典型年，降水、蒸发等气象因素确定，作物产量也可近似表示为灌水量 W 的函数：

$$Y=aW^2+bW+c \tag{4-54}$$

据此可以得到产量最大时的灌溉定额（称为高产灌溉定额）为

$$W_m=-b/(2a) \tag{4-55}$$

还可以进一步考虑粮食价格和灌溉成本等因素，确定净效益最大时的经济灌溉定额 W_e。

确定灌溉定额以后，还需要确定灌溉水量在作物生育期内的分配。假设灌区内共有 K 种作物，第 k 种作物的种植面积为 A_k，灌溉定额为 W_k（可以取高产灌溉定额或经济灌溉定额），在时段 t 内的灌水比例为 $r_k(t)$，则灌溉水量约束可以表示为

$$E(t)\leqslant\sum_{k=1}^{K}r_k(t)W_kA_k/\eta \tag{4-56}$$

上式表示灌溉引水量 $E(t)$ 不超过灌区的毛灌溉需水量。

在灌区用水模拟中，还需要考虑灌水供水规则，即灌溉水量不足时的分配原则。一般可以考虑以下几种灌区用水规则。

1）如果存在分水协议，则按协议比例向灌区内各区域供水。

2）按需水比例向灌区内各区域或作物供水。

3）部分区域或部分作物优先供水，如上游区由于引水方便、渠系损失较少可以优先供水，经济作物由于效益较高可以考虑优先供水等。

4）以整个灌区作物总产量或净效益最大为目标的优化配水，可以通过灌溉子系统的优化模型或模拟模型得到优化配水方案。

（4）水力发电约束。如果水资源系统中有水电厂，则需要考虑水力发电的有关约束。

1）流量约束，通过电厂水轮机的流量 $Q(t)$ 应不大于最大发电流量 Q_{PM}，即

$$Q(t)\leqslant Q_{PM} \tag{4-57}$$

2）水头约束，水库水头 $H(t)$ 应不大于水力发电设计的最大水头 $H_{\max}$，即

$$H(t)\leqslant H_{\max} \tag{4-58}$$

3）发电出力约束，发电出力 $P(t)$ 应不大于电厂装机容量 P_{inst}，而发电量 $E(t)$ 受发电水量和平均水头的限制，即

$$P(t)\leqslant P_{inst} \tag{4-59}$$

$$E(t) \leqslant (2.72 \times 10^{-6}) e_s K_t Q(t) H(t) \tag{4-60}$$

式中：2.72×10^{-6} 为换算系数；e_s 为发电效率；K_t 为时段内的秒数。

如果水电厂是结合供水、灌溉而发电，则水力发电约束通常可以忽略。

(5) 水量调入/调出约束。调入、调出水量约束主要是指调水工程的输水能力，即时段调水量 $WT(t)$ 不超过最大调水量 WT_m：

$$WT(t) \leqslant WT_m \tag{4-61}$$

在模拟中确定时段调水量时，还需要考虑调出区的可能调水量以及调入区的需水量。

(6) 地下水约束。在开发利用地下水的地区，还应该对地下水位的变化进行模拟，通过地下水动力学或水量平衡等方法模拟得到不同开采量及补水条件下的地下水位变化过程。为了维持地下水的动态平衡，各分区的地下水位 $h_s(t)$ 不应低于允许的最低地下水位 $h_{s,\min}$，即

$$h_s(t) \geqslant h_{s,\min} \tag{4-62}$$

同时，各分区的地下水开采量 $q_s(t)$ 应小于该分区机井的总出水能力 $q_{s,\max}$，即

$$q_s(t) \leqslant q_{s,\max} \tag{4-63}$$

(7) 政策性约束。除了以上的技术性约束外，水量分配还往往需要考虑一些政策性或法律性的约束。例如，一些流域在地表水分配中往往有一些历史上形成的分水协议，在水资源系统模拟中一般要满足分水协议中各地区的分水比例。又如 1987 年国务院批准的黄河流域可供水量分配方案，是黄河流域配水的基本依据。这类约束条件与具体的水资源系统有关，需要根据具体情况确定，并在系统模拟中遵循这类约束。

在确定了水资源系统的目标函数、约束条件及运行规则后，则可进行模拟程序的设计。利用实测水文系列或随机模拟水文系列作为输入，可以模拟得到不同运行方案下的系统状态、效益等输出结果。在模型试验后，可以按照一定的方法进行方案优选，或按照一定的方法对若干设定的方案进行评价，找出最优或满意的方案供决策参考。

4.6.4　跨流域调水工程水量调度模拟

系统模拟在水资源系统的规划设计与运行管理等方面得到了广泛的应用，以南水北调东线水量调度模拟为例[22]，说明跨流域调水工程水量调度模拟模型及其应用。

南水北调东线工程是一个复杂的供、输、蓄水大系统，考虑其主要影响因素，将调水系统概化为图 4-3 所示。受水区沿线共分了 11 片，其中黄河以南 5 片，黄河以北 6 片，11 个单元自成系统，通过泵站、河道相联系。

根据黄河以南和黄河以北的具体特点，系统建模时考虑了以下几个主要因素：①黄河以南突出 5 个湖泊本身的调节能力，反映各湖泊之间的数量调配，忽略输水河网的调蓄功能；黄河以北突出了河道本身的调节能力，考虑了水库、蓄水河道的调节水量能力和它们之间的相互补偿作用；②黄河以南以湖泊为中心，相应地将湖泊之间的复杂状况简化为单一河道，各湖泊形成串联结构，抽水泵站群复合在各湖泊出口和入口；黄河以北以河道为中心，相应地将湖泊之间的复杂状况简化为单一河道，各蓄水河道形成串联结构；③对于黄河以南系统内的各级泵站，只考虑其补给过程（抽水时间和抽水数量），忽略水头变化对抽水效率的影响。

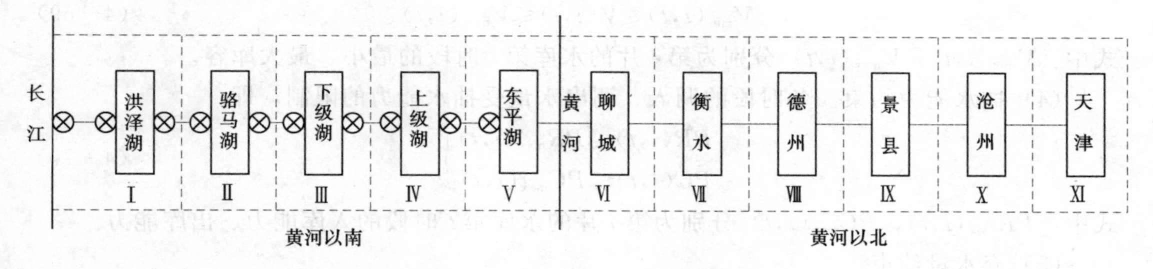

图 4-3 南水北调东线工程系统概化图

1. 目标函数

南水北调东线工程是一个多水源、多用户、多调节水库的大系统，各地区的权益具体表现在获得的水量上，如何协调各地区与各用水部门之间的矛盾，使工程发挥最大效益，是一个多目标决策分析的问题。选取模拟调度期内总缺水量最小和调水耗能最小作为目标函数，即

$$\min Z_1 = \sum_{t=1}^{m}\sum_{i=1}^{n} SH(i,t) \tag{4-64}$$

$$\min Z_2 = \sum_{t=1}^{m}\sum_{i=1}^{n} E(i,t) \tag{4-65}$$

式中：$i(=1,2,\cdots,n)$ 为单元（片）序号；n 为单元总数；$t=1,\ 2,\ \cdots,\ m$ 为时段序号；m 为模拟时段数；$SH(i,t)$，$E(i,t)$ 分别为第 i 片第 t 时段的缺水量和调水耗能。

对于以上多目标问题，采用模糊带权目标协调法将其转化为单目标优化问题进行求解。根据多目标模型的两个目标，建立模糊子集 θ_1、θ_2，其相应的隶属函数和权重分别为 μ_1、μ_2 和 ω_1、ω_2。根据最小隶属函数模型法确定目标隶属函数为

$$\mu_j=\begin{cases} 0, & Z_j \geqslant Z_{j,\max} \\ \dfrac{Z_{j,\max}-Z_j}{Z_{j,\max}-Z_{j,\min}}, & Z_{j,\min} \leqslant Z_j \leqslant Z_{j,\max}, j=1,2 \\ 1, & Z_j \leqslant Z_{j,\min} \end{cases} \tag{4-66}$$

式中：$Z_{j,\min}$，$Z_{j,\max}$分别为目标 Z_j 的下界和上界。多目标函数的效用函数可以表示为

$$\max Z = \omega_1\mu_1 + \omega_2\mu_2 \tag{4-67}$$

2. 约束条件

(1) 水量平衡方程。

$$\begin{aligned} V(i,t+1) = & V(i,t)+PR(i,t)-PC(i,t)+Q(i,t)+SH(i,t) \\ & -W(i,t)-LS(i,t)-WS(i,t) \end{aligned} \tag{4-68}$$

式中：$V(i,t+1)$，$V(i,t)$ 分别为第 i 片在第 t 时段初和时段末的蓄水量；$PR(i,t)$，$PC(i,t)$分别为调入、调出的水量；$Q(i,t)$ 为湖区和去见的天然径流量之和；$SH(i,t)$ 为湖区和区间缺水量之和；$W(i,t)$ 为湖区和区间的预测需水量之和；$LS(i,t)$ 为水量损失；$WS(i,t)$ 为弃水量。

(2) 保证率约束。各片、各部门供水保证率应达到设计保证率要求。

(3) 蓄水库容约束。各片、各时段蓄水库容限制在一定的范围内，即

$$V_{\min}(i,t) \leqslant V(i,t) \leqslant V_{\max}(i,t) \tag{4-69}$$

式中：$V_{\min}(i,t)$，$V_{\max}(i,t)$ 分别为第 i 片的水库第 t 时段的最小、最大库容。

（4）抽水能力约束。各时段的调入、调出水量受抽水能力的限制，即

$$\left.\begin{aligned} PR(i,t) \leqslant PR_{\max}(i,t) \\ PC(i,t) \leqslant PC_{\max}(i,t) \end{aligned}\right\} \tag{4-70}$$

式中：$PR_{\max}(i,t)$，$PC_{\max}(i,t)$ 分别为第 i 片的水库第 t 时段的入库能力、出库能力。

（5）弃水量约束。

$$\left.\begin{aligned} WS_0(i,t) \leqslant WS_{0,\max}(i,t) \\ WS_i(i,t) \leqslant WS_{i,\max}(i,t) \\ WS_1(i,t) \leqslant WS_{1,\max}(i,t) \end{aligned}\right\} \tag{4-71}$$

各式左端分别表示第 i 片的水库第 t 时段排入河网、湖泊、区外的弃水量，3 项之和为总弃水量；右端项为相应的承泄能力。

（6）北调控制线约束。

$$V(i,t) \leqslant V_1(i,t) \tag{4-72}$$

式中：$V_1(i,t)$ 为第 i 片水库第 t 时段的北调控制库容。

（7）非负约束。以上目标函数及约束条件中的调入水量 $PR(i,t)$、调出水量 $PC(i,t)$、缺水量 $SH(i,t)$、弃水量 $WS(i,t)$ 等均为非负变量。

3. 模拟调度结果

通过对权重向量的迭代试算，当权重向量为 $(0.65,0.35)^T$ 时多目标函数的效用函数取得最佳满意解。以此权重进行南水北调东线水量调算，得到抽江水量 110.2 亿 m^3，全线水量损失 26.63 亿 m^3，水量损失率约为 24.2%；过黄河水量 29.0 亿 m^3，输水损失 9.72 亿 m^3，占过黄河水量的 33.5%，占全线水量损失的 36.5%。各段调水量见表 4-9，各片调配水量见表 4-10。

表 4-9　南水北调东线工程调水量　　单位：亿 m^3

区段	抽江	调出洪泽湖	调出骆马湖	调出下级湖	调出上级湖	穿黄河
调水量	110.2	85.9	67.2	44.8	44.0	29.0

表 4-10　南水北调东线各片调配水量及保证率

区段	需水 /亿 m^3	供水 /亿 m^3	缺水量 /亿 m^3	供水保证程度 /%	旬供水保证率 /%
洪泽湖片	101.78	101.66	0.12	99.9	99.3
骆马湖片	31.78	30.90	0.88	97.2	99.2
下级湖片	21.85	20.84	1.01	95.5	94.8
上级湖片	11.49	10.83	0.65	94.3	96.3
东平湖片	5.68	5.58	0.10	98.2	94.8
胶东片	8.76	8.20	0.56	93.6	96.3
聊城片	1.52	1.45	0.07	95.8	94.7

续表

区段	需水 /亿 m^3	供水 /亿 m^3	缺水量 /亿 m^3	供水保证程度 /%	旬供水保证率 /%
衡水片	2.40	2.397	0.003	99.9	99.3
德州片	2.45	2.45	0	100	100
景县片	0.66	0.63	0.03	96.0	95.7
沧州片	2.12	2.12	0	100	100
天津片	7.67	7.61	0.06	99.3	99.8

第5章 水资源优化配置的智能算法

水资源优化配置模型一旦成功建立，从数学角度来讲，水资源优化配置实质上就转化为求解满足特定约束条件下的多目标优化问题。因此，优化技术是水资源优化配置重要内容之一，没有快速有效的优化算法就不可能得到最终的水资源优化配置结果。

5.1 水资源配置与优化算法

自古以来，人类的一切活动都是为了生活得更美好，寻求最佳效果的愿望几乎渗透到各种社会实践中，优化已成为各种系统乃至整个世界发展的趋势和走向，优化准则日益成为人们分析系统、评价系统、改造系统和利用系统的一种衡量尺度。水资源系统工程的最终目标就是水资源系统设计和规划的最优化、水资源系统运行和管理的最优化。当前水资源系统工程理论与实践中的重点和难点之一就是如何求解应用水资源系统工程方法过程中的各种复杂的优化问题[23]，水资源优化配置问题也不例外，因此优化方法是实现水资源优化配置的基础。

优化问题就是如何寻找优化变量以及各分量的某种取值组合，使目标函数在给定约束条件下达到最优或近似最优的问题，解决这类问题的方法称为（最）优化方法。优化方法大体可分为三类：第一类是直接利用实验方法（如科学研究中的实验、工程建设中的试点、社会实践中的政策试点）来寻求最优解；第二类是直接利用经验方法（如科技人员的思维、直觉、才能、经历、性格）来寻找最优解；第三类就是利用数学方法（图解方法、解析方法和数值方法）来寻找最优解。由于水资源系统的复杂性，在水资源优化配置中常用数值优化方法（如运筹学方法），它是通过迭代程序产生问题的最优解。数值优化方法大致可归结为一类搜索方法，也就是构造序列 $\{x_n\}$，使得[24]

$$\lim_{n\to\infty} f(x_n)=\min_{x\in E^n} f(x)$$

当 $f(x)$ 是连续函数时，有

$$\lim_{n\to\infty} f(x_n)=f(\lim_{n\to\infty} x_n)=f(x^*)=\min_{x\in E^n} f(x) \tag{5-1}$$

对有约束问题，至少当 n 充分大时有 $\{x_n\}$ 在可行域 D 内，同样有

$$\lim_{n\to\infty} f(x_n)=f(\lim_{n\to\infty} x_n)=f(x^*)=\min_{x\in D} f(x) \tag{5-2}$$

构造序列 $\{x_n\}$，一般用迭代法，其递推公式为

$$x_{n+1}=x_n+a_n P_n, n=1,2,\cdots,N \tag{5-3}$$

式中：P_n 为第 n 步的下降方向；a_n 为第 n 步的步长。

事实上，各种不同的非线性优化算法，大都源于 P_n 或 a_n 的不同构造方法上。

水资源优化配置的复杂性导致了模型结构和参数优化问题的提出，并成为水资源优化

配置理论研究的热点和难点。解决优化问题的难度主要取决于模型参数的空间维数和模型本身的非线性特征。一般来说，参数越多、非线性越强，优化时间就越多，精度就越差，同时也不能保证优化算法收敛到全局最优。经验表明，优化问题求解困难主要表现在[25]：

（1）全局搜索可能收敛到多个不同的吸引域。

（2）每一个吸引域可能包含一个或多个局部最优解。

（3）目标函数在 n 维参数空间上不连续。

（4）参数及相互间存在着高度灵敏性或高度相关和显著非线性干扰。

（5）在最优解的附近，目标函数往往不具有凸性。

由于水资源优化配置系统模型具有高维性、高度非线性以及众多的不确定性，其模型优化问题的复杂程度已经超越了传统优化方法的处理能力。因此，一些新的优化算法逐渐兴起，比如20世纪80年代的遗传算法、模拟退火和人工神经网络算法等，这些算法统称为智能优化算法或启发式搜索算法。智能优化算法的出现，为许多传统方法无法处理的复杂优化问题的求解开辟了新的途径。

5.2 传统优化算法

传统的优化方法，如 Newton 法、共轭梯度法、变尺度算法、单纯形法、模式搜索法、方向加速法和 Rosenbrock 法等，都是与初始点有关的优化算法。非线性优化问题常用算法的求解步骤为[25]：

（1）找出一个初始点 x_0。

（2）分析函数性质，以此给出一个前进方向：$x_0 \rightarrow x_1 \rightarrow x_2 \rightarrow \cdots$。

（3）直到满足某种收敛原则，得到优化结果。

优化问题的求解就是在优化问题的可行解空间进行有效搜索，进而找出其最优解。按照搜索策略的不同，可将传统优化算法分为以下四类。

（1）枚举法。枚举法的搜索策略是对整个可行解空间的所有点的性能进行比较，从而找出最优解。枚举法的搜索策略最简单，计算量也最大。该方法的主要缺点是存在“维数灾”问题，搜索效率不高。枚举法一般只能应用于可行解空间是有限集合的情形。枚举法又包括完全枚举法、隐式枚举法（分支界定法）和动态规划法。

（2）导数法。导数法（包含用差分代替导数）在搜索过程中主要使用目标函数的一阶导数、二阶导数等进行优化计算，它是从一个初始点出发，根据目标函数的梯度方向来确定下一步的搜索方向以寻找最优点。当目标函数是复杂的非线性多峰函数时，导数法将会变得非常困难和不稳定，难以找到全局最优点。导数法主要由 Newton 法、共轭梯度法和变尺度算法等。

（3）直接法。直接法（确定性）的搜索策略是从一个初始点出发，通过反射、延伸、收缩、减少棱长或通过探测、模式移动等手段，比较目标函数的大小以确定下一步的搜索方向，从而找出最优解。直接法不需要计算目标函数的导数，其搜索策略简单，计算量也不算大，但当自变量个数较多或目标函数是多峰函数时，往往搜索效率不高。直接法有单纯形法、模式搜索法、方向加速法和 Rosenbrock 法。

(4) 随机法。随机法的搜索策略是在搜索方向上引入随机的变化，通过随机变量的大量抽样，以得到目标函数的变化特征，使得算法在搜索过程中以较大的概率跳出局部最优点。研究表明，随机方法也尚无法满足许多复杂水资源系统优化问题求解的要求[26]。

传统优化算法常常是找出初始点附近的一个极值点来，至于它是否为全局极值点，在多数情况下不得而知。但在实际的优化问题中，常常都希望找到给定条件下的全局极值点，而求全局极值的方法，本质上则是一种试探性搜索方法。至于全局极值点在可行域D中的确切位置事先并不知道，而是通过构造序列$\{x_n\}$来估计的，因此，必然要求$\{x_n\}$在D中分布均匀且有一定的密度。经典的蒙特卡洛法在理论上是能满足这种要求的，优化问题的维数、几何形状、是否离散等对它影响也不大，但在实际中它却没有使用价值，因为在D中分布均匀的前提下，为了提高解的精度，势必在极值点附近加密投点的同时，也在D中盲目地加密了投点，这就导致了其运算量十分浩大，该算法的时间复杂性破坏了算法的可行性条件，因而是不合理的。合理的办法是，发展一些启发式策略或引入领域知识，通过投点过程给予指导，即在可能出现全局极值点的地方增加投点密度，而对其他地方只做少量的试探性投点，特别是对已探明无极值点的地方不投点，从而可大大节省计算量，对该算法的时间复杂性进行有效压缩，使该算法可行[23]。

在实际中经常遇到的优化问题使人们逐渐认识到，用某种优化方法寻求最优点不是唯一目的，更重要的是目标往往是解的不断改进的过程，对于复杂的优化问题更是如此。

5.3 智能优化算法

传统优化算法都是针对连续或可导的目标函数来说的，处理的问题也比较简单。而实际的优化问题常常表现出高维、多峰值、非线性、不连续、非凸性等复杂特征。为了求解这些优化问题中的难解问题，智能优化算法（也称现代优化算法）应运而生。智能优化算法是一种启发式算法，充分积累了搜索的信息，较好地处理了积累信息与探索未知空间的矛盾。正是因为很多实际优化问题的难解性以及智能优化算法在一些优化问题中的成功应用，使得智能优化算法成为解决优化问题的一种有力的新工具。目前的智能优化算法包括禁忌搜索法、模拟退火法、人工神经网络算法、遗传算法等。

(1) 禁忌搜索法。禁忌搜索法是局部领域搜索算法的推广，是人工智能在组合优化算法中的一个成功应用。其特点是采用了禁忌技术，所谓禁忌就是禁止重复前面的工作。为了回避局部邻域搜索陷入局部最优的不足，禁忌搜索法用一个禁忌表记录下已经到达过的局部最优点，在下一次搜索中，利用禁忌表中的信息不再或有选择地搜索这些点，以此来跳出局部最优点。

(2) 模拟退火法。模拟退火法将组合优化问题与统计力学中的热平衡问题对比，开辟了求解优化问题的新途径。它通过模拟金属物质退火过程，寻找到全局最优解。在金属物质进行退火处理时，通常先将它加热到某一高温状态，使其内部的粒子可以自由运动，然后随着温度的逐渐下降，物质的能量将逐渐趋近于一个较低的状态，粒子也逐渐形成了低能态的晶格，若在凝结点附近的温度下降足够慢，则金属物质一定会形成最低能态的晶格。优化问题也有这样的类似过程，优化问题解空间中的每一个点都代表一个解，不同的解有着不同的能量函数值，所谓优化就是在解空间中寻找使能量函数（即目标函数）达到最大值（或最小值）的解。

（3）人工神经网络算法。人工神经网络是在现代神经科学研究成果的基础上提出的一种数学模型，是通过人工神经元在不同层次和方面模拟人脑神经系统的信息储存、检索及处理功能的非线性信息处理系统。人工神经网络是20世纪末发展起来的前沿科学，属于多学科、综合性的研究领域。由于它为解决非线性、不确定性和不确知系统问题开辟了新途径，因而吸引了众多科学者的研究热潮。由于人工神经网络具有大规模并行处理信息的能力、泛化能力、非线性映射能力、联想功能、分布式的信息存储、自组织、自学习和自适应等主要特点，它的应用几乎遍及所有自然科学、社会科学领域，尤其在模式识别、知识处理、非线性优化、传感技术、智能控制、生物工程、机器人研制等方面得到广泛应用和研究。

（4）遗传算法。生物进化过程本质上就是生物群体在其生存环境约束下通过个体竞争、自然选择、杂交、变异等方式所进行的“适者生存”的一种自然优化过程。因此，完全可以借鉴生物进化过程来完成某一优化问题的求解过程。遗传算法是模拟生物的自然选择和群体遗传机制的数值优化方法，它把一组随机生成的可行解作为父代群体，通过选择、杂交生成子代个体，后者再经过变异，优胜劣汰，如此反复进化迭代，使个体的适应能力不断提高，优秀个体不断向最优点逼近，从而得到问题的最优解或者接近最优解。

5.4 人工神经网络

5.4.1 人工神经网络定义

人工神经网络（Artificial Neural Network，ANN）是指模拟人脑神经系统的结构和功能，运用大量的处理部件，由人工方式构造的网络系统，是最近发展起来的一门交叉学科。

人工神经网络采用物理可实现的系统来模仿人脑神经细胞的结构和功能。由很多处理单元（神经元）有机地连接起来，进行并行工作，它的处理单元十分简单，其工作则是“集体”进行的，它的信息传播、存储方式与神经网络相似。它没有运算器、内存、控制器这些现代计算机的基本单元，而是相同的简单处理器的组合。它的信息是存储在处理单元之间的连接上的。因而，它是与现代计算机完全不同的系统。神经网络理论突破了传统的、线性处理的数字电子计算机的局限，是一个非线性动力学系统，并以分布式存储和并行协同处理为特色，虽然单个神经元的结构和功能极其简单有限，但是大量的神经元构成的网络系统所实现的行为却是极其丰富多彩的。

5.4.2 人工神经网络特点

人工神经网络是基于人类大脑的结构和功能而建立起来的新学科。尽管目前它只是与人类的大脑低级近似，但它的很多特点和人类的智能特点类似。正是由于这些特点，使得神经网络不同于一般计算机和人工智能。总的说来，人工神经网络具有以下5个特点。

(1) 固有的并行结构和并行处理。人工神经网络在结构上与目前的计算机根本不同。它是由很多小的处理单元相互连接而成的。每个单元功能简单，但大量的处理单元集体的、并行的活动得到预期的识别、计算结果，并具有较快的速度。

(2) 知识的分布存储。在神经网络中，知识不是存储在特定的存储单元里，而是分布在整个系统中，要存储多个知识就需要很多连接。在计算机中，只要给定一个地址就可得到一个或一组数据。在神经网络中要获得存储的知识则采用“联想”的办法，这类似人类和动物的联想记忆。当一个神经网络输入一个激励时，它要在已存储的知识中寻找与该输入匹配最好的存储知识为其解。

联想记忆有两个主要特点：一是具有存储大量复杂图形的能力（像语声的样本、可视图像、机器人的活动、时空图形的状态、社会的情况等）；二是可以很快地将新的输入图形归并分类为已存储图形的某一类。虽然一般计算机善于高速串行计算，但它却不善于那种图形识别。

(3) 容错性。人工神经网络和人类大脑类似，具有很强的容错性，即具有局部或部分的神经元损坏后，不影响全局的活动。它可以从不完善的数据和图形进行学习并做出决定。由于知识存在整个系统中，而不是在一个存储单元里，一定比例的结点不参与运算，对整个系统的性能不会产生重大影响。所以，在神经网络里承受硬件损坏的能力比一般计算机强得多。一般计算机中，这种容错能力是很差的，如果去掉其中任一部件，都会导致机器的瘫痪。

(4) 自适应性。人工神经网络可以通过学习具备适应外部环境的能力。通过多次训练，网络就可识别数字图形。在训练网络时，有时只给它大量的输入图形，没有指定要求的输出，网络就自行按输入图形的特征对它们进行分类，就像小孩通过大量观察可以分辨出哪是狗、哪是猫一样。网络通过训练自行调节连接加权，从而对输入图形分类的特性，称为自组织特性。它所用的训练方法，称为无指导的训练。

此外，人神经网络还有综合推理的能力。综合推理是指网络具有正确响应和分辨从未见过的输入图形的能力。

人工神经网络的自适应性是重要的特点，综上所述，一般包括四个方面：学习性、自组织能力、推理能力和可训练性。正是由于 ANN 具有自适应性，我们可以训练 ANN 控制机器人，在无人的地方，在水下航行器中，在装配线上代替人的工作，甚至去完成一些诸如清除辐射物质的危险工作。

(5) 图形识别能力。目前有各种各样的神经网络模型，其中很多网络模型善于识别图形。有些称作分类器，有些用于提取特征（如图形的边缘）的系统，称规则检测器，而另一些则是自动联想器。其大多数工作都与神经网络辨别图形的能力相关。总之，图形识别是 ANN 最重要的特征之一。它不但能识别静态图形，对实时处理复杂的动态图形（随时间和空间而变化的）也具有巨大潜力。

5.4.3　BP 神经网络

目前，在应用和研究中采用的神经网络模型已有 30 多种，其中最有代表的、使用最多的是 BP 网络（Back Propagation Neutral Network，即误差反向传播神经网络），BP 网络 1986 年由 Rumelhart 等人提出，它是一种基于并行分布处理的能满足给定输入输出关系方向进行自组织的神经网络。BP 网络目前已经成为广泛使用的网络，并得到多次改进，发展了某些快速收敛和优化的学习算法 BP 网络由一个输入层、一个或多个隐含层、一个输出层组成。不仅含有输入、输出结点，而且含有一层或多层隐结点。当有信息输入时，输入信息送到输入结点；在隐结点层经功能函数处理后，送到输出结点；将得到的输出值与期望输出值进行比较，若有误差，则误差反向传播，逐层修改权值系数直到输出值满足要求为止。一个典型的 BP 型神经网络如图 5-1 所示。

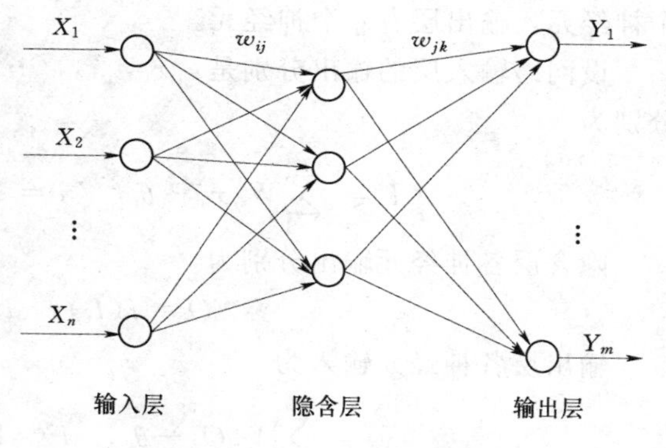

图 5-1　三层 BP 网络结构

BP 神经网络的拓扑结构如图 5-1 所示，其中，X_1，X_2，…，X_n 是 BP 神经网络的输入值，Y_1，Y_2，…，Y_m 是 BP 神经网络的输出值，w_{ij} 和 w_{jk} 是 BP 神经网络权值。BP 神经网络可以看成是一个非线性函数，网络输入值和输出值分别为该函数的自变量和因变量。当输入结点数为 n，输出结点数为 m 时，BP 神经网络就表达了从 n 个自变量到 m 个因变量的函数映射关系[27]。

BP 网络主要用于：

（1）函数逼近。用输入矢量和相应的输出矢量训练一个网络逼近一个函数。

（2）模式识别。用一个特定的输出矢量将它与输入矢量联系起来。

（3）分类。把输入矢量以所定义的合适方式进行分类。

（4）数据压缩。减少输出矢量维数以便于运输或存贮。

5.4.4 基本 BP 算法原理

（1）BP 算法的基本思想。BP 神经网络的学习采用误差反向传播算法（Back-Propagation Algorithm），简称 BP 算法。BP 算法是一种有导师的学习算法，其主要思想是把整个学习过程分为四个部分：①输入模式从输入层经隐含层传向输出层的“模式顺传播”过程；②网络的希望输出与实际输出之差的误差信号由输出层经隐含层向输入层逐层修正连接权的“误差逆传播”过程；③由“模式顺传播”和“误差逆传播”的反复交替进行的网络“记忆训练”过程；④网络趋向收敛即网络的全局误差趋向极小值的“学习收敛”过程。

（2）BP 算法学习过程的具体要求。

在给定输入量 x 和要求的输出向量 y 的情况下，BP 算法按以下步骤进行：

1）将信息提交给网络的输入层，通过正向传播，在输出层得到一个输出向量 y，其中，随着该信息在网络中的传播，同时将对网络的每一个神经元确定它们的输入与输出状态 x。

2）对输出层的每个神经元，计算局部误差及权值的修改量。

3）将权的修改值加到以前相应的权上去，以此来更新网络中所有的权值。

可见，BP 网络的计算机制是：通过网络各层将输入向输出层（向前）传播；在输出上确定误差，然后通过网络从输出层向输入层传误差。

(3) BP 算法的正向计算过程。设人工神经网络的输入层有 n 个神经元，隐含层有 m 个神经元，输出层有 q 个神经元。

设网络输入层的输出分别是：x_1，x_2，…，$x_n(n=1,2,\cdots)$，则隐含层各神经元输入分别为

$$I_i = \sum_{j=1}^{n} W_{ij}x_j - \theta_i,\quad i = 1,2,\cdots,m;j = 1,2,\cdots,n \tag{5-4}$$

隐含层各神经元输出分别为

$$O_i = f(I_i),\quad i=1,2,\cdots,m \tag{5-5}$$

输出层各神经元输入为

$$y_k = \sum_{i=1}^{m} V_{ki}O_i - \theta_k,\quad i = 1,2,\cdots,m;k = 1,2,\cdots,q \tag{5-6}$$

网络的输出（输出层各神经元输出）为

$$O_i = f(Y_i)\quad ,i=1,2,\cdots,q \tag{5-7}$$

因为输出神经元的激发函数为比例系数为 1 的线性函数，所以

$$O_i = Y_i \tag{5-8}$$

式中：W_i 为隐含层神经元与输入层神经元之间的连接权值；V_{ki} 为输出层神经元与隐含层神经元之间的连接权值；θ_i 为隐含层神经元的阀值。

(4) BP 算法的反向误差计算。定义由隐含层神经元与输入层神经元之间的连接权值 W_{ij}、隐含层神经元的阀值 θ_i 和输出层神经元与隐含层神经元之间的连接权值 V_k，组成的向量为网络的连接权向量 W。

设有学习样本 $(x_{1p},x_{2p},\cdots,x_{np};t_{1p},t_{2p},\cdots,t_{qp})$ $(p=1,2,\cdots,P;P$ 为样本数)。对某样本 $(x_{1p},x_{2p},\cdots,x_{np};t_{1p},t_{2p},\cdots,t_{qp})$，给出 W 后可计算出 $(y_{1p},y_{2p};\cdots,y_{np})$。

对于样本 P，输出层第 k 个神经元，网络的输出误差为

$$d_{kp} = t_{kp} - y_{kp} \tag{5-9}$$

为方便计算，定义误差函数（能量函数）：

$$E_p = \sum_{k=1}^{q} \frac{1}{2}(t_{kp} - y_{kp})^2 \tag{5-10}$$

BP 算法是适合于多层神经元的一种学习算法，它是建立在梯度下降法的基础上的。在确定网络结构即 n、m、q 后，通过调整；连接权值向量 W 以逐步降低 d_{kp}，从而提高网络计算精度。反向传播算法是沿着误差函数 E_p 随权值向量 W 变化的负梯度方向对其进行修正的。设 W 的修正值为 ΔW，取

$$\Delta W = -\eta\frac{\partial E}{\partial W} = -\eta\sum_{p=1}^{q}\frac{\partial E_p}{\partial W} \tag{5-11}$$

式中：η 为学习率，取 0～1 之间的数；

其中隐含层各神经元输出 O_{ip} 和网络的输出误差 d_{kp} 在正向计算过程中已求出，用上述公式求得 ΔW 后，采用迭代公式

$$W^{(n)} = W^{(n-1)} + \Delta W \tag{5-12}$$

对原 W 进行修正计算，得到新的连接权值。为加快训练速度，通常加入动量项，权值更新式变为

$$W^{(n)} = W^{(n-1)} - \eta \frac{\partial E}{\partial W} + \alpha [W^{(n-1)} - W^{(n-2)}] \tag{5-13}$$

或写成

$$W^{(n)} = -\eta \frac{\partial E}{\partial W} + \alpha W^{(n-1)} \tag{5-14}$$

式中：$W^{(n)}$ 为第 n 次迭代计算时连接权的修正值；$W^{(n-1)}$ 为第 $n-1$ 次迭代计算时连接权的修正值；α 为动量因子，一般取接近 1 的数值。

对 P 个样本分别进行正向计算，从而求出能量函数值 $E = \sum_{p=1}^{p} E_p$，以此作为更新权值的指标。这样就结束了一个轮次的迭代运算。可以看出，能量函数 E 即为 P 组训练样本输入的所有输出节点的误差平方和。用能量函数 E 来评价网络的计算精度，当 E 值满足某一精度要求时，就停止迭代计算，否则，就要进行新一轮次的迭代计算。

5.4.5 BP 算法的缺陷

BP 算法的理论依据坚实，推导过程严谨，所得公式对称优美，物理概念清楚，通用性强。由于具备这些优点，它至今仍然是多层前向神经网络的最主要的学习算法。但是，人们在使用过程中发现 BP 算法也存在一些不足之处，主要有以下几个方面[28]：

(1) 易陷于局部极小值。BP 算法采用的是梯度下降法，训练是从某一起始点沿误差函数的斜面逐渐达到误差的最小值。对于复杂的网络，其误差函数为多维空间的曲面，表面是凹凸不平的，因而在对其训练过程中，可能陷入某一小谷区，而这一小谷区产生的一个局部极小值，由此点向各方向变化均使误差增加，以至于使训练无法逃出这一局部极小值。避免网络陷于局部极小值的方法主要有模拟退火算法、遗传算法和附加动量法等。

(2) 学习过程收敛速度慢。BP 算法本质上是优化计算中的梯度下降法，利用误差对权值、阀值的一阶导数信息来指导下一步的权值调节方向，以求达到最终误差最小。为保证算法的收敛性，学习率必须小于某一上限。另外，学习过程中有时候会出现假饱和现象。加入动量项、控制各层神经元作用函数的总输入以及动态调整学习率及动量因子对提高网络收敛速度都十分有利。

(3) 隐含层和隐含层节点数难以确定。

5.5 进 化 算 法

进化算法（Evlutionary Algorithms，EA）泛指基于生物进化原理的各种仿真计算方法的总称，它体现了生物进化中繁殖、变异、竞争和自然选择等四个特征，遗传算法即是属于进化算法。

按照达尔文进化论，地球上每一物种从诞生开始就进入了漫长的进化历程，具有较强生存能力的生物个体很容易存活下来，并有较多的机会产生后代；而具有较低生存能力的物种则被淘汰，或者产生后代的机会越来越少，直至消亡。达尔文把这一过程叫做“自然选择，适者生存”。进化论揭示了生物种群从低级到高级、从简单到复杂的进化规律，提出了对物种多样性的动态解释，它是 19 世纪生物学的重大成就，与之有关的生物进化的研究结论已得到广泛的接受和应用。

按照孟德尔和摩根的遗传学理论，遗传物质是作为一种指令密码封装在每个细胞中，并以基因的形式排列在染色体上，每个基因有特殊的位置并控制生物的某些特性，不同基因组合产生的个体对环境的适应性不一样，通过基因杂交和突变可以产生对环境适应性更强的后代。经过优胜劣汰的自然选择，适应能力高的基因结构得以保留下来，从而逐渐形成了经典的遗传学染色体理论，它揭示了遗传和变异的基本规律。在一定的环境影响下，生物物种通过自然选择、基因交换和变异等过程进行繁殖生长，构成了生物的整个进化过程。

遗传物质是细胞核中染色体上的有效基因，其中包含了大量的遗传物质。染色体上携带着关于生物性状的物质元素，生物体表现出来的外在特征是对其染色体构成的一种体现。生物进化的本质体现在染色体的改变和改进上，生物体自身形态的变化是染色体结构变化的表现形式。基因组合的特异性决定了生物体的多样性，基因结构的稳定性保证了生物物种的稳定性，而基因的杂交和变异使生物进化成为可能。生物遗传是通过父代向子代传递基因来实现的，二这种遗传信息的改变决定了生物体的变异。

从上述分析可知，生物进化过程的发生需要四个基本条件：

(1) 存在有多个生物个体组成的种群。

(2) 生物个体之间存在着差异。

(3) 生物能够自我繁殖。

(4) 不同个体具有不同的环境生存能力，具有优良基因结构的个体繁殖能力强，反之则弱。

生物群体的进化机制可以分为以下三种基本形式：

(1) 自然选择。控制生物体群体行为的发展方向，能够适应环境变化的生物个体具有较高的生存能力，使得它们在种群中的数量不断增加，同时，该生物个体所具有的染色体性状特征在自然选择中得以保留。

(2) 杂交。通过杂交随机组合来自父代染色体上的遗传物质，产生不同于它们父代的染色体。

(3) 突变。随机改变父代个体的染色体上的基因结构，产生具有新染色体的子代个体。

自然界的生物进化是一个不断循环的过程，在这一过程中，生物群体的自身也在不断发展和完善。可见，生物进化过程的本质是一种优化过程，这给计算科学提供了直接的借鉴。在计算机技术迅猛发展的时代，可以模拟进化过程，创立新的优化计算方法，并把其应用到复杂的领域中。20 世纪 60 年代以来，生物学的进化论被推广应用于工程领域，形成了一种新型的计算方法——进化算法。进化算法仿效生物学中的进化和遗传过程，遵循

“生存竞争，优胜劣汰”的原则，同时考察多个候选解，淘汰劣质解，鼓励发展优质解，逐步提高解群体的质量，从而逼近所研究问题的最优解。

进化计算包括遗传算法、进化规划和进化策略，它们用不同的进化控制模式模拟了生物进化过程，从而形成了这三种具有普遍影响的模拟进化优化计算方法，它们都是以借鉴自然界中生物的进化过程的自适应全局优化搜索过程，三者之间既有相似之处，也有不同之处，其主要特点见表 5-1。

表 5-1　遗传算法、进化策略、进化规划的主要特点

比较项目	遗传算法	进化策略	进化规划
个体表现形式	离散值	连续值	连续值
参数调整方法	无	标准偏差、协方差	方差
适应度评价方法	变换目标函数值	直接使用目标函数值	变换目标函数
个体变异算子	辅助搜索方法	主要搜索方法	唯一搜索方法
个体杂交算子	主要搜索方法	辅助搜索方法	不使用
选择复制算子	概率的、保存的	确定的、不保存的	概率的、不保存

现有进化计算方法与模型按性质可分为如下几个分支[29]：

(1) 用于优化计算的遗传算法，即遗传计算。

(2) 偏向以程序表现人工智能行为的遗传编程，它是采用动态的树结构对计算机程序进行编码的一种遗传算法。

(3) 基于遗传算法的机器学习，称为遗传学习。目前主要成果是适应动态环境学习的分类器系统，它是指利用遗传算法进行学习和分类（如故障的实时诊断和系统的实时监控等）的一种方法。

(4) 进化神经网络。

(5) 偏向数值分析的进化策略。

(6) 介于数值分析与人工智能之间的进化规划。

(7) 偏向进化的自组织和系统动力学特征的进化动力学。

(8) 用于观察复杂系统互动的各种生态模拟系统。

(9) 研究人工生命的细胞自动机。

(10) 模拟蚂蚁群体行为的蚁元系统。

进化算法是一种基于自然选择和遗传变异等生物进化机制的全局性概率搜索算法，其求解的一般过程包括以下步骤[30]：

(1) 随机给定一组初始解。

(2) 评价当前这组解的性能。

(3) 根据 (2) 的评价结果，从当前解中选择一定数量的解作为基因操作对象。

(4) 对所选择的基因进行操作（交叉、变异），得到一组新的解。

(5) 返回到 (2) 对该组新的解进行评价。

(6) 若当前解满足要求或进化达到一定的代数，计算结束，否则转向 (3) 循环进行。

与其他搜索技术（如梯度搜索技术、随机搜索技术、启发式搜索技术、枚举技术）相比，进化算法具有以下特点：

(1) 进化算法的搜索过程是从一群初始点开始搜索，而不是单一的初始点开始搜索。这样大大提高了获得全局最优解的概率。

(2) 进化算法使用的是目标函数的评价信息，其具有良好的普适性。

(3) 进化算法具有显著的隐式并行性。

(4) 进化算法具有很强的鲁棒性。

目前，进化算法作为一种具有自适应调节功能的寻优技术，其独特的性能已在众多领域内获得了成功的应用，着重用于解决结构性优化、非线性优化、并行计算等复杂问题，其中遗传算法的研究最为深入持久，应用面也最广。

5.6 遗传算法

5.6.1 概述

遗传算法是 20 世纪 70 年代初期由美国 Michigan 大学的 Holland 教授发展起来的[31]。遗传算法主要借用生物进化过程中“适者生存”的规律，即最适合自然环境的群体往往产生了更大的后代群体。遗传算法作为一种借鉴生物界自然选择思想和自然遗传机制的全局随机搜索算法，模拟自然界中生物从低级向高级的进化过程，其主要优点是优化求解过程与梯度信息、问题复杂程度无关，只要目标函数可以计算，遗传算法就可以通过选择、杂交、变异三种运算算子得到优化解。

优化问题的求解过程就是从众多的解中选出最优解，生物进化的适者生存规律使得最具生存能力的染色体以最大的可能性生存下来，遗传算法就是在“优胜劣汰”指导下的随机并行自适应优化方法，所编的码串相当于某群体的个体，目标函数及解变量的约束条件相当于个体所处的环境，遗传算法的运行过程就是基于个体与环境的作用进行的。因此，遗传算法过程充分体现了生物进化的一些特征，主要表现为：

(1) 进化发生在解的编码上。这些编码在生物学上也成染色体。由于对解进行了编码，优化问题的一切性质都通过编码来解决。编码和解码是遗传算法的一个主要途径。

(2) 自然选择规律决定哪些染色体产生超过平均数的后代。在遗传算法中，通过优化问题的目标函数而人为地构造适应函数以达到好的染色体产生超过平均数的后代。自然选择在生物群体进化过程中起主导作用，它决定了群体中适应能力强的个体能够生存下来并传宗接代，体现了“优胜劣汰”的计划规律。

(3) 当染色体（个体）结合时，双亲遗传基因的结合使得生成的子代个体的染色体特征与父代基因有一定的相似性，但也存在着一定的差异，从而大大改变了子代个体对环境的适应能力。

(4) 当染色体结合后，随机的变异会造成子代染色体有别于父代的变化，使子代个体与父代个体之间出现显著的差异，从而大大改变了子代个体对环境的适应能力。

(5) 生物的进化从微观上看是生物个体的染色体特征的不断改善，从宏观看则是生物个体的适应能力的不断提高。

表5-2给出了生物遗传与遗传算法的对应关系[32]。

表5-2　　　　生物遗传与遗传算法的对应关系

生物遗传	遗传算法
基因（Gene）	解中每一分量的特征（如分量的值）
染色体（Chromosome）	解得编码串（字符串、向量等）
基因总集（基因型）（Genetype）	数串空间（String space）
表现型（Phenotype）	解空间（Solution space）
适应性（Adaptability）	适应度函数值
选择（Selection）	选择算子（Selection operator）
杂交（Crossover）	杂交算子（Crossover operator）
变异（Mutation）	变异算子（Mutation operator）
生物个体的进化过程（Process of evolution）	解的优化过程（Process of optimization）

遗传算法就是在"优胜劣汰"指导下的一类随机并行自适应优化方法，所编的码串相当于某群体的个体，目标函数及解变量的约束条件相当于个体所处的环境，运行过程就是基于个体与环境的作用进行的。遗传算法可视为介于确定性优化方法与随机性优化方法之间的一类新的优化方法。其确定性成分表现在，每次选择操作时应用了"优胜劣汰"这一生物进化法则，即那些适应度值越高的个体越有可能"遗传"到下一轮进化迭代过程；其随机性成分则表现在选择、杂交、变异操作时都具有一定的随机性，这正如生物进化过程中的基因遗传、变异和突变也具有随机性一样。同时，它具有很强的鲁棒性、自组织性和本质并行性，比起常规的优化方法，遗传算法采用了许多独特的方法和技术，归纳起来，主要有如下几个方面。

（1）编码性。遗传算法的处理对象不是参数本身，而是对参数集进行了编码的个体。遗传算法通过编码将优化变量转换成与遗传基因类似的数字编码串结构，遗传算法的操作对象就是这些数字编码串，遗传信息储存在其中，可进行各种遗传操作，还有相应的解码过程。基于编码机制的遗传算法可直接对集合、序列、矩阵、树、图、链、信息和表等结构形式的对象进行操作。这一特点，使得遗传算法适于处理各类非线性问题，并能有效地解决传统方法难以解决的某些复杂问题。

（2）多解性。许多常规的优化方法都是单点搜索算法，即通过一些变动规则，使问题的解从搜索空间中的当前解转移到另一解，即是点对点的搜索方法，对于多峰分布的搜索空间常常会陷入局部最优解。遗传算法是采用群体的方式组织搜索，它从多个点出发，通过这些点内部的杂交、变异和重组等遗传操作而得到新的点，因此，遗传算法是一种并行算法。

（3）全局优化性。遗传算法是多点、多途径搜索寻优，并通过杂交算子在各个可行解之间交换信息，能以很大的概率找到全局最优解或近似全局最优解，即使在所定义的适应度函数是不连续的、非规则的或有噪声的情况下，它也可以有效地在整个解空间寻优。因此，遗传算法是一类稳健的全局优化方法。

（4）不确定性。遗传算法在选择、杂交和变异操作时，采用概率规则而不是确定性规则来指导搜索过程向适应度函数值逐步改善的搜索区域方向发展，这就克服了传统的随机优化方法的盲目性，只需要较少的计算量就能找到问题的近似全局最优解。

(5) 自适应性。遗传算法具有潜在的学习能力，利用适应度函数，能把注意力集中于解空间中期望值最高的部分，自动发掘出较好的目标区域，它适用于具有自组织、自适应和自学习性的系统。

(6) 隐含并行性。在遗传算法中尽管每一代只处理 n 个个体，但实际上却是处理 n^3 个以上模式，从而每次只执行与群体规模成比例的计算量，就可以同时收到并行地对大约 $O(n^3)$ 个模式进行有效处理的目的，并且无额外的存储。这使遗传算法能利用较少的群体来搜索可行域中的较大区域，从而只需花较少的代价就能找到问题的全局近似解，遗传算法这种隐含并行性是它优于其他优化算法最主要的因素，它特别适合处理复杂的优化问题。

(7) 统计性。遗传算法的群体方式决定它是一个统计过程。在每一进化子代，都要进行统计排序，以确定子代个体的优劣并推动进化的发展。

(8) 通用性。遗传算法只需要目标函数即可计算，就易于写出一个通用算法。对于任何一个新的优化问题，遗传算法只需要修改目标函数和变量的个数，而编码、解码、选择、杂交和变异等操作都是通用的。

(9) 智能性。应用遗传算法求解问题时，在确定了编码方案、适应能力函数及遗传算子以后，算法将利用进化过程中获得的信息自行组织搜索。根据自然选择策略，适应能力函数值大的个体就具有较高的生存概率，或者说适应能力函数值大的个体具有与环境更适应的基因结构，再通过杂交和基因突变等遗传操作就可能产生与环境更适应的后代。

遗传算法的这种自组织、自适应特征同时也赋予了它具有能根据环境的变化自动发现环境特征和规律的能力，因此，利用遗传算法可以解决那些结构尚无人能了解的复杂问题。

5.6.2　遗传算法的基本结构

遗传算法可以形式化描述为 $GA=(p(0),N,l,s,g,p,f,r)$，这里，$p(0)=(a_1(0),a_2(0),\cdots,a_N(0))\in J^N$，表示初始种群；$l=B^l=(0,1)^l$ 表示长度为 1 的二进制串全体，称为位串空间；N 表示种群中含有个体的个数；l 表示二进制串的长度；s 表示选择策略；g 表示遗传算子，通常包括交叉算子和变异算子；p 表示遗传算子的操作概率，包括交叉概率 p_c 和变异概率 p_m；f 表示适应度函数；r 表示终止准则，一般依据问题的不同，有不同的确定方式。例如，可以采用以下的准则之一作为判断条件：①种群中个体的最大适应度超过预先设定值；②种群中个体的平均适应度超过预先设定值；③世代数超过预先设定值。

5.6.3　遗传算法的操作步骤

1. *编码方法*

使用遗传算必须先对问题的解空间进行编码，以实现解空间到遗传算法搜索空间的映射。编码对于遗传算法性能和效率影响很大。实际应用问题中必须对编码方法、交叉运算方法、变异运算方法、解码方法等统一考虑。概括而言，编码方法可以分为三类：二进制编码方法、实数编码方法、符号编码方法。

（1）二进制编码方法。二进制编码方法是最常用的一种编码方法，它使用二进制符号0和1所组成的二值符号集（0,1），个体基因型是一个二进制符号串。

二进制编码和解码方法操作简单易行，交叉变异等遗传算法操作便于实现。但在连续变量离散化带来的映射误差，以及符号串的长度对问题的求解精度和算法运行效率有很大的影响等问题，尤其在求解高维优化问题时，二进制编码串非常长，扩大了搜索空间，因而降低算法的搜索效率。

（2）实数编码方法。实数编码方法，是指个体的每个基因值用某一范围内的一个实数来表示，个体的编码长度等于其决策变量的个数。实数编码适合于精度要求较高、搜索空间较大、高维复杂约束问题，且便于引入问题的相关信息和其他优化方法的混合使用。但实数编码要求保证交叉、变异等操作的结果必须在基因值给定的区间内，而已交叉运算不能在基因的中间字节分隔处进行。

（3）符号编码方法。符号编码方法是指个体染色体编码串中的基因值取自一个无数值含义、而只有代码含义的符号集。如 {A,B,C,D,…}、 {1,2,3,4,…}、 {A_1,B_1,C_1,D_1,…} 等。

符号编码便于在遗传算法中结合所求解问题的专门知识，而且利于与相关近似算法的混合使用。但符号编码方法的遗传算法，需要认真设计交叉、变异等遗传操作方法，以满足问题各种约束条件，才能提高算法的搜索性能。

2. 适应度函数

遗传算法在进化搜索中以适应度函数为依据，利用种群中每个个体的适应度值来进行搜索。因此适应度函数的选取至关重要，直接影响到收敛速度以及能否找到最优解。一般而言，适应度函数是由目标函数变换而成的。

适应度函数基本上有以下三种：

（1）直接以目标函数的转化为适应度函数，即：

若目标函数为最大化问题

$$F_{it}(f(x))=f(x) \tag{5-15}$$

若目标函数为最小化问题

$$F_{it}(f(x))=-f(x) \tag{5-16}$$

这种适应度函数简单直观，但存在可能不满足常用的轮盘赌选择中的概率非负的要求和某些待求解的函数在函数值分布上相差很大，得到的平均适应度可能不利于体现种群的平均性能，影响算法的性能。

（2）若目标函数为最小问题，则

$$F_{it}(f(x))=\begin{cases} c_{\max}-f(x), & f(x)<c_{\max} \\ 0, & \text{其他} \end{cases} \tag{5-17}$$

式中：$c_{\max}$为 $f(x)$ 的最大值估计。

若目标函数为最大问题，则

$$F_{it}(f(x))=\begin{cases}f(x)-c_{\min}, & f(x)>c_{\min}\\ 0, & \text{其他}\end{cases} \tag{5-18}$$

式中：$c_{\min}$ 为 $f(x)$ 的最小值估计。

这是对第一种方法的改进，可以称为界限构造法，但有时界限值预先估计困难、难以精确。

(3) 若目标函数为最小问题

$$F_{it}(f(x))=\frac{1}{1+c+f(x)},\quad c\geqslant 0, c+f(x)\geqslant 0 \tag{5-19}$$

若目标函数为最大问题

$$F_{it}(f(x))=\frac{1}{1+c-f(x)},\quad c\geqslant 0, c-f(x)\geqslant 0 \tag{5-20}$$

这种方法与第二种方法类似，c 为目标函数界限的保守估计值。

3. 选择算子

操作选择决定如何从当前种群中选取个体作为产生下一代种群的父代个体。不同的选择策略将导致不同的选择压力。较大的选择压力使最优个体具有较高的选中概率，从而使得算法收敛速度较快，但也较容易出现过早收敛的现象。较小的选择压力能使种群保持足够的多样性，从而增大算法收敛到全局最优的概率，但算法收敛速度一般较慢。常用的选择方法有：

(1) 按比例的适应度分配。按比例的适应度分配的选择方法利用比例于各个体适应度的概率决定其子孙的遗留可能性，主要有繁殖池选择、轮盘赌选择等方法。轮盘赌选择方法使用得最多，其思想是先根据下式计算个体的选择概率：

$$P_i=\frac{f_i}{\sum_{i=1}^{M} f},\quad i=1,2,\cdots,M \tag{5-21}$$

式中：f_i 为群体中第 i 个成员的适应度，M 为群体规模。

按照如下的方式进行个体选择：生成一个 $[0,1]$ 内的随机数 r，若 $P_0+P_1+\cdots+P_{i-1}<r\leqslant P_0+P_1+\cdots+P_i$，则选择个体 i，此处假设 $P_0=0$。

(2) 基于排序的适应度分配。在基于排序的适应度分配中，种群按目标值进行排序。适应度取决于个体在种群中的序位，而不是实际的目标值。排序方法比比例方法表现出更好的鲁棒性，因此，不失为一种好的选择方法。

此外，选择方法还有局部选择、截断选择、锦标赛选择、稳态繁殖等。

4. 交叉算子

交叉，即基因重组将两个父代个体的部分结构加以替换重组而生成新个体（子个体），其目的是在下一代获得新优良个体，提高遗传算法的搜索能力。二进制编码的交叉算子包括点式交叉和均匀交叉等。点式交叉分为单点交叉和多点交叉，是在两个父代个体上随机产生一个或多个交叉点，再间断交换两个父代个体的对应片断，从而得到两个子代个体。

多点交叉的思想源于控制个体特定行为的染色体表示信息的部分无须包含于邻近的子串中，多点交叉的破坏性可以促进解空间的搜索，而不是促进过早的收敛，因此搜索更加健壮。

单点和多点交叉的定义使得个体在交叉点处分成片断。均匀交叉更加广义化，将每个点都作为潜在的交叉点。随机的产生与个体等长的0－1掩码，掩码中的片断表明了哪个父代个体向子代个体提供变量值。均匀交叉类似多点交叉，可以减少二进制编码长度与给定参数特殊编码之间的偏差。它的算法与离散重组是等价的。

除了上述交叉方法以外，还有部分匹配交叉、顺序交叉、循环交叉、洗牌交叉、缩小代理交叉等。

5. 变异算子

变异是遗传算法中保持物种多样性的一个重要途径。它以一定概率选择某一基因值，通过改变该基因值来获取新的个体，主要可以采用实值变异和二进制变异。

6. 运行参数设定

遗传算法中有下述4个运行参数需要提前设定：

(1) n：群体大小，即群体中所含个体的数量。

(2) T：遗传算法的终止演化次数。

(3) P_c：杂交概率。

(4) P_m：变异概率。

需要说明的是，这4个运行参数对遗传算法的求解结果和求解效率都有一定的影响，但目前尚无合理选择它们的理论依据。为了使初始群体在解空间均匀分布，n不能取得太小，否则不能保证群体的多样性，易出现早熟收敛；而如果n取得太大，不但增加了计算时间，而且也不能有效地改进进化迭代的解。确定n的大小需要综合考虑全局收敛速度和计算量。同时，n的确定与所求问题的非线性程度和复杂程度有关，非线性越强，问题越复杂，n应取得越大，目前，n还只能靠经验选定。杂交概率P_c越大，优秀个体出现的概率越大，新旧个体替换越快，收敛越快。变异概率越大，标准遗传算法开拓新的搜索区域的能力越强，产生新个体越多，优秀个体出现的概率越大，找到全局最优的可能性也越大。但是标准遗传算法越趋向于随机搜索，算法的收敛性就越差。在标准遗传算法实际应用中，P_m取得太小，个体产生变异的能力不够，会出现整个群体过早地演变成同一个体，但这个个体极有可能是一个局部最优点；P_m取得太大，个体经常在变异，群体的平均适应度值改变很慢，降低了收敛速度。标准遗传算法的这些参数设置对标准遗传算法的优化性能影响很大，但目前对这些参数的设置尚未统一，如Schaffer建议标准遗传算法的最优参数范围是$n=20\sim30$、$P_c=0.75\sim0.95$、$P_m=0.0\sim0.05$；席裕庚等建议标准遗传算法的最优参数范围是$n=20\sim200$、$P_c=0.5\sim1.0$、$P_m=0.0\sim0.05$[33]。

5.7 免疫进化算法

5.7.1 生物免疫系统

免疫系统（Immune Systems）是人类除了神经系统外的第二信号系统，免疫是生物体对外来大分子特别是蛋白质和糖类的一种反应。生物体能够把外来原生质（抗原，Antigen）同自身的原生质区分开来，进而对病原菌、毒素等有害的异物产生抗体（Antibody）和进行中和反应，这是有机体的普遍现象，即免疫现象。它的最大特点是免疫记忆特性、抗体的自我识别能力和免疫的多样性。尽管自然界中的所有微生物都能作为抗原起作用，而免疫能抵御它们，促进白细胞的噬菌作用，这样，即使生物体在受到从未遇到过的新有机物或外来分子的感染时，也可以生存下去。

人体的免疫系统包括免疫器官和免疫细胞。免疫器官有骨髓、胸腺、扁桃体、脾和淋巴系统。免疫细胞有 T 淋巴细胞、B 淋巴细胞、自然杀伤细胞等。T 细胞分泌淋巴活素，B 细胞分泌血清抗体，生物免疫系统对外界入侵的抗原，淋巴细胞活素和血清抗体都可与抗原进行专一性结合产生抗体。抗体是体液免疫中抗感染的主要成分，几乎体内各种组织中都有抗体的分布。抗体上有特定的物质，如可以结合、粘附或消除入侵的微生物；能够增强其他吞噬细胞（如单核细胞、巨噬细胞）吞噬病原体的功能；可以中和微生物感染的毒素；还与机体中的另一种免疫物质（称补体）协同抵抗微生物感染，以维持免疫平衡。此外，为维持免疫平衡，抗体间还有抑制和促进作用[34]。

生物免疫系统虽然十分复杂，但是其所表现出的自然防卫机制确是十分明显和有效的。如果把算法理解为免疫系统，而把外来侵犯的抗原和免疫系统产生的抗体分别对应于实际求解问题的目标函数和问题的解，生物免疫功能的特点对于算法的具体设计奖提供有益的启迪。

在免疫生物机制的启发下，王顺久等提出一种新的进化算法，即免疫进化算法（Immune Evolutionary Algorithm，IEA）[1]。生物免疫系统对免疫进化算法的启迪作用体现在两个方面：

（1）抗体的多样性。通过细胞分裂和分化作用，免疫系统可产生多样性的抗体来抵御各种抗原。这要求在对解空间进行搜索时，免疫进化算法应建立在具备多样性的群体基础上。

（2）自我调节功能。免疫系统具有维持免疫平衡的机制，通过对抗体的抑制和促进作用，能自我调节产生适当数量的必要的抗体。机体免疫细胞对感染的微生物种类不同，反应是不同的，通常病毒感染时，白细胞计数显示淋巴细胞的比例较高，而细菌感染则中性粒细胞比例较高。这意味着生物体对不同的抗原入侵有不同的反应，免疫系统产生的抗体具有很强的目的性。这一特征要求免疫进化算法在进化过程中一旦发现最优个体，在兼顾群体多样性的同时（免疫平衡），类似的个体亦将大量繁殖，在迭代过程中，产生的自带群体的分布应是一个不断进行的动态的调整过程。

5.7.2　免疫进化算法设计思想

免疫进化算法中的最优个体（抗体）即为每代适应度最高的可行解。从概率上说，一方面，最优个体和全局最优解之间的空间距离可能要小于群体中其他个体和全局最优解之间的空间距离；另一方面，和最优个体之间空间距离较小的个体也可能有较高的适应度。因此，最优个体是求解问题特征信息的直接体现。从免疫学的角度而言，当有抗原入侵时，与之相匹配的抗体被激发（免疫应答），使得有用的抗体一旦产生，就能得以保留。从上述分析可见，新算法成功与否的关键在于是否实施了精英保留策略和是否充分利用每代最优个体的信息。借鉴生物免疫机制，免疫进化算法中子代个体的生殖方式为

$$\begin{cases} x_i^{t+1}=x_{i,best}^t+\sigma_i^t N(0,1) \\ \sigma_i^{t+1}=\sigma_\varepsilon+\sigma_i^0 e^{-\frac{At}{T}} \\ i=1,2,\cdots,n \end{cases} \tag{5-22}$$

式中：x_i^{t+1} 为子代个体第 i 个分量；$x_{i,best}^t$ 为父代最优个体第 i 个分量；σ_i^{t+1} 为子代个体第 i 个分量的标准差；σ_i^t 为父代个体第 i 个分量的标准差；A 为标准差动态调整系数；T 为总的进化代数；σ_ε 为收敛技术；t 为进化的代数；$N(0,1)$ 为产生的服从标准正态分布的随机数；σ_i^0 为对应于初始群体第 i 个分量的标准差。

A 和 σ_i^0 具体取值根据被研究的问题来确定，通常 $A\in[1,10]$，$\sigma_i^0\in[1,3]$，收敛基数 σ_ε 应用中可取 0。

根据式（5-22），由正态分布的相关知识不难看出，一旦在某一代群体中确定出最优个体（抗体），那么在下一代群体中类似的个体（抗体）将大量繁殖，这即为免疫应答在算法当中的体现。另外，从进化的角度而言，这里子代个体所表现出的性状不再仅仅视为是对父代个体突变的结果，而被视为是对父代性状遗传和变异的综合体现，免疫进化算法中把子代个体这样的产生方式称为生殖（Reprodction）。

由式（5-22）还可以看出，在免疫进化算法中，子代群体的分布是随迭代而不断进行调整的过程，这是受生物免疫系统自我调节功能启发的结果。通过对标准差的动态调整，在进化的早期和中期，生成的群体在加大对最优个体附近解空间的投点密度的同时，也兼顾了对最优个体附近解空间以外区域的搜索，这样的群体能保持较好的多样性，可有效地避免不成熟收敛这种现象的出现；在进化的后期，随着局部搜索能力的不断加强，从而算法能以更高的精度逼近全局最优解。由上可见，标准差的动态调整是免疫进化算法的重要技术环节，它可以在群体多样性和选择力度之间起到调节的作用，相比于现有的其他进化算法而言，免疫进化算法中的群体只是起搜索引擎的作用，最优个体的进化是基于在一定概率规则引导下的一种统计结果。

综上所述，免疫进化算法的核心在于充分利用最优个体的信息，以最优个体的进化来代替群体的进化，通过标准差的调整把局部搜索和全局搜索在进化过程中有机地结合起来。该算法的实现手段着重体现在最优个体的保留、生殖以及标准差的动态调整上，和现有的其他进化算法相比，它具有搜索效率高和不易陷入局部最优解等特点。

5.7.3 免疫进化算法一般表述

若考虑如下优化问题，即

$$\max\left\{\begin{matrix} f(x) \\ x\in S \end{matrix}\right\} \tag{5-23}$$

设初始群体规模为 N，且群体规模不随进化代数而发生变化。免疫进化算法的运行步骤如下：

（1）初始群体生成。给定 A 和 σ_i^0，生成规模为 N 的初始群体。

（2）适应度计算。根据初始群体计算 $f(x)$，其值越大对应的个体适应度最强，最大值所对应的个体即为最优个体 x_{best}^0。

（3）子代生成。根据式（5-22）进行免疫进化算法的进化原则操作，在解空间内生成子代群体，其群体规模仍然保持为 N。

(4) 最优个体选择。计算各子代个体的适应度，确定最优个体 x_{best}^{t+1}，若 $f(x_{best}^{t+1})>f(x_{best}^{t})$，则选择最优个体为 x_{best}^{t+1}，否则选择最优个体为 x_{best}^{t}。

(5) 反复执行步骤 (3)，直到达到终止条件。选择最后一代的最优个体作为寻优的结果。

5.7.4 免疫进化算法实现技术

免疫进化算法作为一种稳健的优化算法，在实际应用中显示了良好的解决问题的能力，即它能以较大的概率收敛到全局最优解。免疫进化算法性能取决于两个因素，一是算法本身；二是算法中相应的实现技术问题。

1. 生殖方式

免疫进化算法的生殖方式如式 (5-22)，它是在上一代最优个体的基础上叠加一个服从正态分布的随机变量，以此来体现父代最优个体的遗传和变异。为了寻求最优的生殖效果，王顺久等尝试用柯西 (Cauchy) 分布代替正态分布。一维柯西概率密度函数集中在原点附近，其定义为

$$f_t(x)=\frac{t}{\pi(t^2+x^2)},-\infty<x<+\infty \tag{5-24}$$

式中：$t>0$ 为比例系数。

其相应的概率分布函数为

$$F_t(x)=\frac{1}{2}+\frac{1}{\pi}\arctan\left(\frac{x}{t}\right) \tag{5-25}$$

从概率密度函数看[35]，柯西分布类似于正态分布，但在垂直方向上柯西分布较小，而在水平方向上柯西分布愈靠近水平轴变得愈宽。柯西分布的弱点在于其中央部分较小。

在以柯西分布代替正态分布的实际应用中，发现对于解决本身比较复杂（如多模态问题）、变量空间分布较广的这一类问题，在采用免疫进化算法进行寻优时，它能使子代个体的变化更广、更容易跳出局部最优解。

但是，正态分布是大家所熟知并普遍采用的一种分布方式，所以免疫进化算法中的生殖方式建议采用正态分布来产生子代群体。

2. 标准差动态调整

标准差的动态调整是免疫进化算法的重要技术环节，它的变化直接决定了群体的多样性。通过标准差的动态调整，免疫进化算法的流程大致可以粗分为两个阶段：第一阶段主要是侧重于全局搜索；第二阶段主要是侧重于局部搜索。具体而言，标准差的调整方式有以下三种：

(1) 指数调整法。

$$\sigma_i^{t+1}=\sigma_\varepsilon+\sigma_i^0 e^{-\frac{At}{T}} \tag{5-26}$$

式中各参数的含义同式 (5-22)，它是免疫进化算法最早和普遍采用的标准差的调整方式。

(2) 双曲调整法。

$$\sigma_i^{t+1}=\sigma_\varepsilon+\frac{1}{\alpha+\beta t} \tag{5-27}$$

式中 $\alpha>0$、$\beta>0$ 均为系数，其他参数同前。

（3）混合调整法。

$$\sigma_i^{t+1}=\sigma_\varepsilon+\frac{\sigma_i^0 e^{-\frac{\Delta t}{T}}+\frac{1}{\alpha+\beta t}}{2} \tag{5-28}$$

混合调整法实际上是指数调整法和双曲调整法的算术平均。

在使用这三种方法进行标准差调整时，变量中各分量对应的初始标准差应满足

$$\sigma_i^0=\frac{b_i-a_i}{\sqrt{n}},i=1,2,\cdots,n \tag{5-29}$$

其中，当区间 $[a_i,b_i](i=1,2,\cdots,n)$ 的范围不超过某一上限时，可以把此区间内的解视为是隶属于某一抗体群的抗体，根据免疫学的机理，产生的下一代该抗体群的抗体（解）也应落在上述区间内。适应度则体现该抗体群内抗体（解）生存能力的强弱，适应度高的个体易被激活，相反，适应度低的个体则易处于抑制状态。免疫进化算法采用十进制表达问题，由式（5-22）生殖方式产生的子代抗体（解）不能保证一定落在该区域内，这不仅造成了计算的浪费，还会破坏原有的生殖分布。在免疫进化算法的基础上提出了一种区间变换技术，它能确保生殖后得到的抗体（解）满足区间约束，并且可相应的提高计算效率。这即为域约束的优化问题。

实际应用表明，指数调整法的标准差的衰减较快，群体多样性很快丧失，使得免疫进化算法很快陷入局部搜索。而双曲调整法和混合调整法中的标准差的变化较为平缓，它能够较好地平衡全局搜索和局部搜索，因此，在对一些复杂优化问题的处理中，二者的寻优效果要优于指数调整法。

3. 群体的规模

免疫进化算法中群体的作用为搜索引擎，它是最优个体得以收敛到全局最优解的保证，因此，群体性质的变化也就决定了该算法的寻优能力。就群体而言，其多样性和规模是在算法设计时必须考虑的技术问题，群体的多样性主要与标准差的调整有关。

在理论上对任意一种进化算法而言，群体规模越大，群体中个体的多样性越好，算法陷入局部最优解的可能性就越小。但是，群体规模大，个体的适应度计算和评估次数增加，计算量也随之增加，算法的效率会显著降低。实际应用中也发现，免疫进化算法的群体规模随迭代进行做一定程度的减小，不会影响影响算法的寻优效果，相反，该方法能在计算开支和寻优效率之间达到较好的平衡。群体规模 N 的取值是一个比较复杂的问题，它取决于问题的复杂程度和寻优空间的大小，一般群体规模 N 的取值区间为 [50,300]，在此区间内免疫进化算法均取得了良好的效果。

4. 结束条件

免疫进化算法的结束条件一般分为两种：一是当进化达到规定的进化代数 T 时，算法停止，这是目前各种进化算法所普遍采用的终止条件；二是当 t 代标准差 $\sigma_i^t(i=1,2,\cdots,n)$ 均小于某一规定值时，此时的群体多样性从统计意义上来说已基本丧失，算法停止。采用第二种结束条件比第一种条件能够更好地节约计算量。

第 6 章　基于模糊模式识别理论的水资源优化配置模型

水资源优化配置涉及到人-生态环境-社会经济复杂巨系统的不同子系统和不同层面的多维协调关系，是一个典型的半结构化、多层次、多目标的群决策问题，决策和操作上的复杂性使得对水资源优化配置的后效评价研究成为水资源优化配置的重要组成部分。通过对配置方案和结果的综合评价，一方面可以调整已有的配置方案，使其更加合理，保障配置的公平性和高效性；另一方面，通过这种有效的反馈试验，为水资源优化配置理论和实践提供依据。

6.1 模糊模式识别理论

求解模糊模式识别问题是：已知若干个模式或标准样本，识别与计算研究对象属于各个模式的相对隶属度，计算相对状态（或级别）特征值，识别判断研究对象属于哪一个模式或标准样本。

6.1.1 模糊模式识别模型

设有需要对模糊概念或模糊子集 A 进行识别的 n 个样本组成的集合，有 m 个指标（或目标）特征值表示样本的整体特征，则有样本集的指标（或目标）特征值矩阵

$$X=\begin{bmatrix} x_{11} & x_{12} & \cdots & x_{1n} \\ x_{21} & x_{22} & \cdots & x_{2n} \\ \vdots & \vdots & \vdots & \vdots \\ x_{m1} & x_{m2} & \cdots & x_{mn} \end{bmatrix} \tag{6-1}$$

式中：x_{ij} 为样本 j 指标 i 的标准特征值，$i=1，2，\cdots，m$；$j=1，2，\cdots，n$。

为消除 m 个指标特征值量纲不同的影响，需要将矩阵 X 规格化。即分别对越大越优、越小越优指标特征值采用不同的规格化公式，将矩阵 X 转化为指标相对优属度矩阵

$$R=\begin{bmatrix} r_{11} & r_{12} & \cdots & r_{1n} \\ r_{21} & r_{22} & \cdots & r_{2n} \\ \vdots & \vdots & \vdots & \vdots \\ r_{m1} & r_{m2} & \cdots & r_{mn} \end{bmatrix} \tag{6-2}$$

式中：r_{ij} 为样本 j 指标 i 的对优的相对隶属度，简称指标相对优属度。

水资源优化配置评价即是研究两级（优与劣）的模糊识别，则两级模糊模式识别模型为[36]：

$$u_j=\frac{1}{1+\left(\frac{d_{jg}}{d_{jb}}\right)^{\alpha}} \tag{6-3}$$

其中 $$d_{jg}=\left\{\sum_{i=1}^{m}\left[w_i(1-r_{ij})\right]^p\right\}^{\frac{1}{p}}$$

$$d_{jb}=\left[\sum_{i=1}^{m}(w_i r_{ij})^p\right]^{\frac{1}{p}}$$

式中：u_j 为决策集（$j=1,2,\cdots,n$；n 为决策数）综合相对优属度；d_{jg} 为决策 j 对优的距离；d_{jb} 为决策 j 对劣的距离；w_i 为指标 i（$i=1,2,\cdots,m$）的权重；r_{ij} 为样本 j 指标 i 特征值的相对隶属度（$i=1,2,\cdots,m;j=1,2,\cdots,n$）；$\alpha$ 为优化准则，$\alpha=1$ 为最小一乘方准则，$\alpha=2$ 为最小二乘方准则；p 为距离，$p=1$ 为海明距离，$p=2$ 为欧氏距离。

通常情况下，α 和 p 可有以下四种搭配：

$$\alpha=1,p=1;\alpha=1,p=2;\alpha=2,p=1;\alpha=2,p=2$$

（1）$\alpha=1$，$p=1$。式（6-3）变为

$$u_j=\sum_{i=1}^{m}w_i r_{ij} \tag{6-4}$$

此时式（6-4）为模糊综合评判模型，是一个线性模型。

（2）$\alpha=1$，$p=2$。式（6-3）变为

$$u_j=\frac{d_{jb}}{d_{jb}+d_{jg}} \tag{6-5}$$

在 d_{jg} 和 d_{jb} 表达式中，取 $p=2$，即取欧氏距离，此时式（6-5）为理想点模型。

（3）$\alpha=2$，$p=1$。式（6-3）变为

$$u_j=\frac{1}{1+\left(\frac{1-d_{jb}}{d_{jb}}\right)^2}=\frac{1}{1+\left[1-\frac{1}{\sum_{i=1}^{m}w_i r_{ij}}\right]^2} \tag{6-6}$$

此时式（6-6）为 Sigmoid 型即 S 型函数，可用以描述神经网络系统中神经元的非线性特性或激励函数。

（4）$\alpha=2$，$p=2$。式（6-3）变为

$$u_j=\frac{1}{1+\left(\frac{d_{jg}}{d_{jb}}\right)^2}=\frac{1}{1+\frac{\sum_{i=1}^{m}\left[w_i(1-r_{ij})\right]^2}{\sum_{i=1}^{m}(w_i r_{ij})^2}} \tag{6-7}$$

此时式（6-7）为模糊优选模型。

6.1.2 指标的相对优属度

指标分为定量指标和定性指标，对于定量指标，分为越大越优型指标和越小越优型指标。越大越优指标利用 $r_{ij}=\frac{x_{ij}}{x_{i,\max}}$ 和越小越优指标利用 $r_{ij}=\frac{x_{i,\min}}{x_{ij}}$ 分别进行无量纲化计算。

对于定性指标，根据语气算子与定量标度 a_j 之间的对应关系，采用二元定量对比计算其优属度。在“优越”的前面冠以语气算子“同样”，其定量标度为 0.5；或冠以语气算子“无可比拟”，其定量标度为 1。按照我国的语言习惯，可以在“同样”与“无可比拟”之间，插入 9 个语气算子：稍稍、略为、较为、明显、显著、十分、非常、极其、极端，与两个边界的语气算子（同样和无可比拟）共构成 10 个语气算子级差。由于上述 11 个语气算子的语义是逐渐加重的，因此在定量标度 0.5 与 1 之间，以线性增值 0.05，插入 9 个定量标度之间。相对隶属度量化公式为

$$r_j=\frac{1-a_j}{a_j},0.5\leqslant a_j\leqslant 1 \tag{6-8}$$

语气算子、定量标度和相对隶属度的关系见表 6-1。

表 6-1　语气算子与定量标度、相对隶属度关系

语气算子	同样	稍稍	略为	较为	明显	显著
定量标度	0.50	0.55	0.60	0.65	0.70	0.75
相对隶属度	1.0	0.818	0.667	0.538	0.429	0.333
语气算子	十分	非常	极其	极端	无可比拟	
定量标度	0.80	0.85	0.90	0.95	1.0	
相对隶属度	0.250	0.176	0.111	0.053	0	

将定量和定性指标综合，即得到指标的相对优属度矩阵。

6.1.3　指标的权重

指标权重的确定方法较多，如熵权法、二元对比法等，各有其优缺点。

（1）熵权法。在信息论中，熵值反映了信息无序化程度，其值越小，系统无序度越小，故可用信息熵评价所获系统信息的有序度及其效用，即由评价指标值构成的判断矩阵来确定指标权重[37]。

根据熵的定义，对于 m 个指标的 n 个方案，确定评价指标的熵为

$$H_i=-\frac{1}{\ln n}\Big(\sum_{j=1}^{n}f_{ij}\ln f_{ij}\Big),\quad i=1,2,\cdots,m;j=1,2,\cdots,n \tag{6-9}$$

式中

$$f_{ij}=\frac{1+r_{ij}}{\sum\limits_{j=1}^{n}(1+r_{ij})}$$

计算评价指标熵权向量

$$w_i=\frac{1-H_i}{m-\sum\limits_{i=1}^{m}H_i}，且满足\sum_{i=1}^{m}w_i=1 \tag{6-10}$$

优点：熵权法克服了评价结果可能由于人的主观因素而形成的偏差，能尽量消除各项指标权重计算的人为干扰，使评价结果更符合实际。

缺点：熵权法只能用于定量指标权重的确定。

（2）二元对比法。利用语气算子与相对隶属度的关系表（表 6-1）确定每个指标相

对隶属度，归一化后得到指标权向量。

优点：在思维模式更符合我国的语言习惯，得出的结果也比较容易被认可；本方法列举出 11 个语气算子，比较容易进行指标间的两两比较。

缺点：指标之间的比较略带主观性，所谓“仁者见仁，智者见智”，需要综合众多专家的意见确定指标比较的语气算子，从而对权重有一个较为客观的量化。

(3) 基于博弈论的综合权重法。权重的确定方法可以归结为主观赋权法（层次分析法、二元对比法）和客观赋权法（熵权法）两大类。这两类方法各有优缺点：主观赋权法解释性较强，但其决策准确性和客观性较差；客观赋权法确定的权数虽然大多数情况下客观性较强，但有时会与各指标的实际重要程度相悖，而且解释性较差。

博弈论的思想将主观权重和客观权重融合起来，得到一个多方均衡的综合权重。博弈论模型本质上可归结为一个多人的优化问题，在不同的权重之间寻找一致或妥协，即极小化可能的权重跟各个基本权重之间的各自偏差。首先使用 L 种方法对指标进行赋权，由此构造一个基本的权重集 $U=(u_1,u_2,\cdots,u_l)$，将这 L 个向量任意线性组合就构成了一个可能的权重集

$$U=\sum_{k=1}^{l}a_k u_k^{\mathrm{T}},\quad a_k>0 \tag{6-11}$$

u 视为可能的权重集的一种可能的权向量[38]。寻找满意的权向量，可归结为对上式中 L 个线性组合系数 a_k 进行优化，优化的目标是使 u 与各个 u_k 的离差的极小化。如此，导出下面的对策模型：

$$\min\left\|\sum_{j=1}^{l}a_j u_j^{\mathrm{T}}-u_i\right\|_2,\quad i=1,2,\cdots,L \tag{6-12}$$

由矩阵的微分性质可以得出上式的最优化一阶导数条件，即为如下矩阵：

$$\begin{bmatrix} u_1u_1^{\mathrm{T}} & \cdots & u_1u_l^{\mathrm{T}} \\ \vdots & & \vdots \\ u_lu_1^{\mathrm{T}} & \cdots & u_lu_l^{\mathrm{T}} \end{bmatrix}\begin{bmatrix} a_1 \\ a_2 \\ \vdots \\ a_l \end{bmatrix}=\begin{bmatrix} u_1u_1^{\mathrm{T}} \\ u_2u_2^{\mathrm{T}} \\ \vdots \\ u_lu_l^{\mathrm{T}} \end{bmatrix} \tag{6-13}$$

计算求得 $(a_1,a_2,\cdots,a_l)$，然后再对其进行归一化处理，即

$$a_k^*=a_k\Big/\sum_{k=1}^{l}a_k \tag{6-14}$$

因此，综合权重为

$$u^*=\sum_{k=1}^{l}a_k^* u_k^{\mathrm{T}} \tag{6-15}$$

6.2 多目标模糊优选动态规划理论

水资源优化配置与调度问题，常常要求根据被控制过程的有限信息，做出多阶段过程的最优决策。由贝尔曼创立的动态规划理论与技术，是求解此类多阶段优化决策过程的有效途径。但是动态规划只是成功解决了单目标优化问题，将模糊识别模式理论与动态规划最优化原理结合起来的多目标模糊优选动态规划理论，可以进行多目标问题的求解。

设第 t 阶段的 n 个方案之 m 个目标特征值矩阵为

$$ {}_tX=\begin{bmatrix} {}_tx_{11} & {}_tx_{12} & \cdots & {}_tx_{1n} \\ {}_tx_{21} & {}_tx_{22} & \cdots & {}_tx_{2n} \\ \vdots & \vdots & \vdots & \vdots \\ {}_tx_{m1} & {}_tx_{m2} & \cdots & {}_tx_{mn} \end{bmatrix}=({}_tx_{ij}) \tag{6-16}$$

式中：${}_tx_{ij}$ 为阶段 t 方案 j 目标 i 的标准特征值，$t=1$，2，…，T；$i=1$，2，…，m；$j=1$，2，…，n。

对于越大越优型目标，应用规格化公式即目标相对优属度公式

$$ {}_tr_{ij}=\frac{{}_tx_{ij}}{\max\limits_{t,j}x_{ij}} \tag{6-17}$$

对目标进行规格化。

对于越小越优型目标，其目标相对优属度公式为

$$ {}_tr_{ij}=\frac{\min\limits_{t,j}x_{ij}}{{}_tx_{ij}} \tag{6-18}$$

式中：$\max\limits_{t,j}x_{ij}$、$\min\limits_{t,j}x_{ij}$ 为全部阶段全体方案的第 i 个目标特征值的最大、最小值；$t=1$，2，…，T；$i=1$，2，…，m；$j=1$，2，…，n。

因为对递推计算过程中需要对不同阶段决策的目标相对优属度进行累加，故要求用全部阶段全体方案目标 i 特征值的最大、最小值作为统一的相对标准进行目标特征值的规格化处理。这个要求使本解法适用于引用时间阶段概念的“静态”多阶段优化问题，因为在静态多阶段优化问题中，一般地，$\max\limits_{t,j}x_{ij}$ 和 $\min\limits_{t,j}x_{ij}$ 都是已知值。

应用规格化公式（6-17）、式（6-18）将矩阵 ${}_tX$ 变换为目标相对优属度矩阵

$$ {}_tR=\begin{bmatrix} {}_tr_{11} & {}_tr_{12} & \cdots & {}_tr_{1n} \\ {}_tr_{21} & {}_tr_{22} & \cdots & {}_tr_{2n} \\ \vdots & \vdots & \vdots & \vdots \\ {}_tr_{m1} & {}_tr_{m2} & \cdots & {}_tr_{mn} \end{bmatrix}=({}_tr_{ij}) \tag{6-19}$$

设阶段 t 目标的权向量为

$$ {}_tw=({}_tw_1,{}_tw_2,\cdots,{}_tw_m) \tag{6-20}$$

满足

$$ \sum_{i=1}^{m}{}_tw_i=1 \tag{6-21}$$

应用两级模糊模式识别或模糊优选模型，即式（6-3），取优化准则 $\alpha=2$，有

$$ {}_tu_j=\frac{1}{1+\left\{\dfrac{\sum\limits_{i=1}^{m}[{}_tw_i(1-{}_tr_{ij})]^p}{\sum\limits_{i=1}^{m}({}_tw_i\quad{}_tr_{ij})^p}\right\}^{\frac{2}{p}}}=\varphi_t(s_{t-1},d_t) \tag{6-22}$$

式中：${}_tu_j$ 为阶段 t 方案 j 的相对优属度。

这样，通过模型式（6-3）的应用，将多目标动态规划问题变为单目标动态规划问

题，但此时的单目标为方案相对优属度。由此可得以方案优属度为目标的多目标系统模糊优选动态规划后向递推的基本方程为

$$\varphi_t^*(s_{t-1})=F\cdot\underset{d_t}{\mathrm{Opt}}\{\varphi_t(s_{t-1},d_t)\}+\varphi_{t+1}^*(s_t)\}\tag{6-23}$$

式中：$F\cdot\underset{d_t}{\mathrm{Opt}}$为模糊优选决策$d_t$。

根据方程（6-23），应用终点状态s_T为已知的边界条件，可求得在不同的s_{T-1}状态下，第T阶段的决策相对优属度最大值

$$\varphi_T^*(s_{T-1})=F\cdot\underset{d_t}{\mathrm{Opt}}\{\varphi_T(s_{T-1},d_t)\}\tag{6-24}$$

据此，进行第$T-1$阶段后向递推计算，得

$$\varphi_{T-1}^*(s_{T-2})=F\cdot\underset{d_{T-1}}{\mathrm{Opt}}\{\varphi_{T-1}(s_{T-2},d_{T-1})+\varphi_T^*(s_{T-1})\}\tag{6-25}$$

依此递推计算至第1阶段，可得

$$\varphi_1^*(s_0)=F\cdot\underset{d_1}{\mathrm{Opt}}\{\varphi_1(s_0,d_1)+\varphi_2^*(s_1)\}\tag{6-26}$$

根据起点的边界条件，解得第1阶段的最优决策d_1^*。顺序向后面各个阶段回代，可求得多目标系统各个阶段的最优决策序列或最优策略$(d_1^*,d_2^*,\cdots,d_T^*)$。

类似的可给出多目标系统模糊优选动态规划前向递推的基本方程为

$$\varphi_t^*(s_t)=F\cdot\underset{d_t}{\mathrm{Opt}}\{\varphi_t(s_t,d_t)+\varphi_{t-1}^*(s_{t-1})\}\tag{6-27}$$

式中

$$\varphi_t(s_tf,d_t)={}_tu_j=\frac{1}{1+\left\{\dfrac{\sum\limits_{i=1}^{m}[{}_tw_i(1-{}_tr_{ij})]^p}{\sum\limits_{i=1}^{m}({}_tw_i\quad{}_tr_{ij})^p}\right\}^{\frac{2}{p}}}\tag{6-28}$$

按方程（6-27）应用起点状态s_0为已知的边界条件，可解得在不同的s_1状态下，第1阶段的决策d_1相对优属度最大值

$$\varphi_1^*(sM1)=F\cdot\underset{d_1}{\mathrm{Opt}}\{\varphi_1(s_1,d_1)\}\tag{6-29}$$

据此进行第2阶段前向递推计算，得

$$\varphi_2^*(s_2)=F\cdot\underset{d_2}{\mathrm{Opt}}\{\varphi_2(s_2,d_2)+\varphi_1^*(s_1)\}\tag{6-30}$$

依此递推计算至第T阶段，可得

$$\varphi_T^*(s_T)=F\cdot\underset{d_T}{\mathrm{Opt}}\{\varphi_T(s_T,d_T)+\varphi_{T-1}^*(s_{T-1})\}\tag{6-31}$$

根据终点的边界条件，解得第T阶段的最优决策d_T^*。逆序向前面各个阶段回代，可求得最优策略$(d_1^*,d_2^*,\cdots,d_T^*)$。

上述解法称为决策序列相对优属度总和最大法，这是因为以各阶段方案相对优属度最大为目标函数，即

$$f=\max\left\{\sum_{t=1}^{T}{}_tu_j\right\}\tag{6-32}$$

根据动态规划最优化原理与目标函数，即式（6-32）可得方案相对优属度的递推方程表达式为

$$\left.\begin{array}{l} {}_t f^* = \max\{{}_t u_j + {}_{t-1} f^*\} \\ {}_1 f^* = {}_1 u_j \end{array}\right\} \tag{6-33}$$

式中：${}_t u_j$ 为 t 个阶段方案相对优属度总和最大值；${}_t u_j$ 为面临阶段 j 方案相对优属度；${}_{t-1} f^*$ 为余留阶段相对优属度最大值。

6.3　多目标模糊优选动态规划在水资源优化配置中的应用

6.3.1　半结构性多目标有约束水资源优化配置问题

一水源地每年供给 A、B、C 三个地区水量 1.0 亿 m^3。三个地区的供水效益见表 6-2。供水量的多少对三个地区的经济发展、生态环境有不同程度的影响。要求在水量最优配置的决策中进行考虑，并满足约束条件（对每一地区至少供水 $0.1\times10^8 m^3$）。这是一个半结构性有约束多目标决策问题。

表 6-2　　三个地区供水效益与指标相对优属度

地区	评价指标		供水量状态 $y/10^8 m^3$										
			0	0.1	0.2	0.3	0.4	0.5	0.6	0.7	0.8	0.9	1.0
A	供水效益		0	38	47	57	66	74	82	89	94	97	98
	(1) 供水效益	指标优属度	0	0.38	0.47	0.57	0.66	0.74	0.82	0.89	0.94	0.97	0.98
	(2) 经济发展		0	0.05	0.11	0.16	0.22	0.27	0.32	0.38	0.43	0.49	0.54
	(3) 生态环境		0	0.04	0.09	0.13	0.17	0.22	0.26	0.30	0.34	0.38	0.43
B	供水效益		0	37	49	59	68	74	80	86	91	95	99
	(1) 供水效益	指标优属度	0	0.37	0.49	0.59	0.68	0.74	0.80	0.86	0.91	0.95	0.99
	(2) 经济发展		0	0.04	0.09	0.13	0.17	0.22	0.26	0.30	0.34	0.38	0.43
	(3) 生态环境		0	0.10	0.20	0.30	0.40	0.50	0.60	0.70	0.80	0.90	1.0
C	供水效益		0	27	40	52	63	72	81	87	92	96	100
	(1) 供水效益	指标优属度	0	0.27	0.40	0.52	0.63	0.72	0.81	0.87	0.92	0.96	1.0
	(2) 经济发展		0	0.10	0.20	0.30	0.40	0.50	0.60	0.70	0.80	0.90	1.0
	(3) 生态环境		0	0.03	0.05	0.08	0.10	0.13	0.15	0.18	0.20	0.23	0.25

6.3.2　定量与定性目标相对优属度的确定

（1）确定供水效益指标相对优属度。供水效益为越大越优指标，对 A、B、C 三个地区均已给出其量化值。故应用越大越优指标的相对优属度公式

$$r_{1j} = \frac{x_{1j}}{x_{1\max}}$$

式中：$x_{1\max}$ 为三个地区供水效益（指标 1）的最大值。

应该注意：$x_{1\max}$ 不能采用各个地区供水效益的最大值，因为在递推计算指标的相对优属度累加中要求有一个统一的相对标准。在这里 $x_{1\max}=100$ 个效益单位，而不能对地区

A、B 分别采用 $x_{1\max}=98, 99$。指标相对优属度见表 6-2。

(2) 确定经济发展（指标 2）定性指标的相对优属度。经济发展为定性指标，为统一标准，三个地区应一起考虑。供水对三个地区经济的进一步发展的有利性不同。考虑地区 C 比 A 较为有利，C 比 B 明显有利，应用表 6-1 得到三个地区供水对经济发展的有利性的相对优属度（为简化取两位小数）分别为 A 地区 0.54、B 地区 0.43、C 地区 1。

供水量方案为 0、0.10、0.20、0.30、0.40、0.50、0.60、0.70、0.80、0.90、1.0 $\times 10^8\text{m}^3$。各供水方案对地区经济发展的优的程度与供水量成正比，则各供水量方案关于经济发展指标相对优属度（对地区 A、B、C）可表示为

$$
\boldsymbol{R}_2=\begin{bmatrix}0.54 & 0 & 0\\ 0 & 0.43 & 0\\ 0 & 0 & 1\end{bmatrix}\times\begin{bmatrix}0 & 0.1 & 0.2 & 0.3 & 0.4 & 0.5 & 0.6 & 0.7 & 0.8 & 0.9 & 1.0\\ 0 & 0.1 & 0.2 & 0.3 & 0.4 & 0.5 & 0.6 & 0.7 & 0.8 & 0.9 & 1.0\\ 0 & 0.1 & 0.2 & 0.3 & 0.4 & 0.5 & 0.6 & 0.7 & 0.8 & 0.9 & 1.0\end{bmatrix}
$$

$$
=\begin{bmatrix}0 & 0.05 & 0.11 & 0.16 & 0.22 & 0.27 & 0.32 & 0.38 & 0.43 & 0.49 & 0.54\\ 0 & 0.04 & 0.09 & 0.13 & 0.17 & 0.22 & 0.26 & 0.30 & 0.34 & 0.38 & 0.43\\ 0 & 0.10 & 0.20 & 0.30 & 0.40 & 0.50 & 0.60 & 0.70 & 0.80 & 0.90 & 1.0\end{bmatrix}
$$

矩阵 $\boldsymbol{R}_2$ 表示的地区 A、B、C 经济发展指标相对优属度值见表 6-2。

(3) 确定生态环境指标（指标 3）的相对优属度。生态环境指标也是定性指标，其确定方法与经济发展指标类同。考虑地区 B 比 A 明显有利，地区 B 比 C 十分有利，应用表 6-1 得到供水对生态环境有利性的相对隶属度分别为地区 A 为 0.43，地区 B 为 1，地区 C 为 0.25。各供水量方案对地区生态环境优的程度与供水量成正比，于是各供水量方案关于生态环境指标的相对优属度可表示为

$$
\boldsymbol{R}_3=\begin{bmatrix}0.43 & 0 & 0\\ 0 & 1 & 0\\ 0 & 0 & 0.25\end{bmatrix}\times\begin{bmatrix}0 & 0.1 & 0.2 & 0.3 & 0.4 & 0.5 & 0.6 & 0.7 & 0.8 & 0.9 & 1.0\\ 0 & 0.1 & 0.2 & 0.3 & 0.4 & 0.5 & 0.6 & 0.7 & 0.8 & 0.9 & 1.0\\ 0 & 0.1 & 0.2 & 0.3 & 0.4 & 0.5 & 0.6 & 0.7 & 0.8 & 0.9 & 1.0\end{bmatrix}
$$

$$
=\begin{bmatrix}0 & 0.04 & 0.09 & 0.13 & 0.17 & 0.22 & 0.26 & 0.30 & 0.34 & 0.38 & 0.43\\ 0 & 0.10 & 0.20 & 0.30 & 0.40 & 0.50 & 0.60 & 0.70 & 0.80 & 0.90 & 1.0\\ 0 & 0.03 & 0.05 & 0.08 & 0.10 & 0.13 & 0.15 & 0.18 & 0.20 & 0.23 & 0.25\end{bmatrix}
$$

矩阵 $\boldsymbol{R}_3$ 表示的地区 A、B、C 生态环境指标相对优属度值一并见表 6-2。

6.3.3 确定水资源配置各供水量方案的平均相对优属度

根据表 6-2 得地区 A、B、C 的指标相对优属度矩阵分别为

$$
R_A=\begin{bmatrix}0 & 0.38 & 0.47 & 0.57 & 0.66 & 0.74 & 0.82 & 0.89 & 0.94 & 0.97 & 0.98\\ 0 & 0.05 & 0.11 & 0.16 & 0.22 & 0.27 & 0.32 & 0.38 & 0.43 & 0.19 & 0.54\\ 0 & 0.04 & 0.09 & 0.13 & 0.17 & 0.22 & 0.26 & 0.30 & 0.34 & 0.38 & 0.43\end{bmatrix}
$$

$$
R_B=\begin{bmatrix}0 & 0.37 & 0.49 & 0.59 & 0.68 & 0.74 & 0.80 & 0.86 & 0.91 & 0.95 & 0.99\\ 0 & 0.04 & 0.09 & 0.13 & 0.17 & 0.22 & 0.26 & 0.30 & 0.34 & 0.38 & 0.43\\ 0 & 0.10 & 0.20 & 0.30 & 0.40 & 0.50 & 0.60 & 0.70 & 0.80 & 0.90 & 1.0\end{bmatrix}
$$

$$
R_C=\begin{bmatrix}0 & 0.27 & 0.40 & 0.52 & 0.63 & 0.74 & 0.80 & 0.87 & 0.92 & 0.96 & 1.0\\ 0 & 0.10 & 0.20 & 0.30 & 0.40 & 0.50 & 0.60 & 0.70 & 0.80 & 0.90 & 1.0\\ 0 & 0.03 & 0.05 & 0.08 & 0.10 & 0.13 & 0.15 & 0.18 & 0.20 & 0.23 & 0.25\end{bmatrix}
$$

下面确定供水效益、经济发展、生态环境三项指标的权向量。三项指标的重要性排序为：①供水效益；②经济发展；③生态环境。考虑供水效益比经济发展指标略为重要，供水效益比生态环境指标明显重要，应用表 6-1 得到三项指标的非归一化权向量为

$$w'=(1,0.67,0.43)$$

归一化得到三项指标的权向量为

$$w'=(0.48,0.32,0.20)$$

应用式（6-3）计算三个地区每个方案的相对优属度。

令 $p=1$，得到三个地区各方案的相对优属度矩阵为

$$u_1=\begin{bmatrix}0 & 0.063 & 0.130 & 0.226 & 0.346 & 0.471 & 0.595 & 0.708 & 0.786 & 0.843 & 0.879\\0 & 0.066 & 0.160 & 0.281 & 0.422 & 0.551 & 0.669 & 0.773 & 0.852 & 0.907 & 0.950\\0 & 0.039 & 0.116 & 0.243 & 0.402 & 0.582 & 0.703 & 0.815 & 0.888 & 0.938 & 0.970\end{bmatrix}$$

令 $p=2$，得到三个地区各方案的相对优属度矩阵为

$$u_2=\begin{bmatrix}0 & 0.134 & 0.227 & 0.350 & 0.478 & 0.589 & 0.687 & 0.765 & 0.815 & 0.854 & 0.881\\0 & 0.128 & 0.253 & 0.386 & 0.516 & 0.616 & 0.702 & 0.774 & 0.826 & 0.863 & 0.895\\0 & 0.068 & 0.182 & 0.344 & 0.518 & 0.681 & 0.773 & 0.850 & 0.894 & 0.922 & 0.937\end{bmatrix}$$

根据矩阵 u_1、u_2 可得三个地区各方案的平均相对优属度矩阵为

$$\overline{u}=\begin{bmatrix}0 & 0.099 & 0.179 & 0.288 & 0.412 & 0.530 & 0.641 & 0.737 & 0.801 & 0.849 & 0.880\\0 & 0.097 & 0.207 & 0.334 & 0.469 & 0.584 & 0.686 & 0.774 & 0.839 & 0.885 & 0.923\\0 & 0.054 & 0.149 & 0.294 & 0.460 & 0.632 & 0.738 & 0.833 & 0.891 & 0.930 & 0.954\end{bmatrix}$$

矩阵$\overline{u}$是求解三个地区多指标（目标）供水最优配置的依据，可用决策序列相对优属度总和最大、阶段模糊优选模型求解供水最优配置。

6.3.4　确定水资源配置各供水量方案的平均相对优属度

用决策序列相对优属度总和最大法应建立多阶段方案平均相对优属度的递推方程。

设阶段变量 t 为供水给地区 A、B、C 的次序。设 y 为状态变量 $y=0.1\times10^8$，0.2×10^8，…，$1.0\times10^8\text{m}^3$；$x=0.1$，0.2，…，0.8；上面确定的决策变量的离散值满足约束条件；至少供水给任一地区 $0.1\times10^8\text{m}^3$ 的水量。

根据公式（6-33）建立递推方程如下：

$$\left.\begin{aligned}{}_{t}f^*(y)&=\max\{{}_{t}\overline{u}_j(x)+{}_{t-1}f^*(y-x)\}\\{}_{1}f^*(y)&={}_{1}\overline{u}_j(x)\end{aligned}\right\}\qquad(6-34)$$

第 1 阶段，$t=1$，供水给地区 A，本阶段并无优选可言，${}_1f^*(y)$ 即为地区 A 的方案平均相对优属度。

第 2 阶段，$t=2$，供水给地区 A 与 B。应用递推方程（6-34）求得${}_2f^*(y)$ 列入表 6-3。

第 3 阶段，$t=3$，供水给地区 A、B、C。根据递推方程（6-34）求得${}_3f^*(y)$ 一起列入表 6-3。

按目标函数 $f=\max\left\{\sum_{t=1}^{3}{}_{t}\overline{u}_j\right\}$ 与表 6-3 方框中的数据，得到满足约束条件下的最优

配置：地区 A 为 $0.1\times10^8\text{m}^3$、地区 B 为 $0.4\times10^8\text{m}^3$、地区 C 为 $0.5\times10^8\text{m}^3$。

表 6-3　　多阶段求解过程表

阶段与地区的计算状况		供水量状态 $y/10^8\text{m}^3$								
		0.1	0.2	0.3	0.4	0.5	0.6	0.7	0.8	0.9
地区 A 方案平均相对优属度 $t=1,{}_1\overline{u}_j(x)={}_1f^*(y)$		0.099	0.179	0.288	0.412	0.530	0.641	0.737	0.801	0.849
地区 B 方案平均相对优属度 ${}_2\overline{u}_j(x)$		0.097	0.207	0.334	0.469	0.584	0.686	0.774	0.839	0.885
地区 C 方案平均相对优属度 ${}_3\overline{u}_j(x)$		0.054	0.149	0.294	0.460	0.632	0.738	0.833	0.891	0.930
${}_2f^*(y)=\max\left\{\begin{matrix}{}_2\overline{u}_j(x)\\+{}_1f^*(y-x)\end{matrix}\right\}$			0.180	0.290	0.417	0.568	0.667	0.769	0.881	0.999
$t=2$ 局部最优供水分配	地区 A		0.1	0.1	0.1	0.1	0.1	0.1	0.4	0.5
	地区 B		0.1	0.2	0.3	0.4	0.5	0.6	0.4	0.4
${}_3f^*(y)=\max\left\{\begin{matrix}{}_3\overline{u}_j(x)\\+{}_2f^*(y-x)\end{matrix}\right\}$			1.071	1.123	1.162	1.200	0.127	1.063	1.030	1.053
$t=3$ 局部最优供水分配	地区 A		0.2	0.3	0.4	0.5	0.6	0.7	0.8	0.9
	地区 B		0.8	0.7	0.6	0.5	0.4	0.3	0.2	0.1

第 7 章　基于可变模糊集合理论的水资源优化调度模型

水资源优化调度是水资源管理工作的重要内容之一，是水资源管理决策由规划、计划和方案到水资源实施、配置的具体手段，是落实江河流域水量分配方案并配置到具体用水户的管理过程。水资源调度目前没有确切的定义，一般常用的是水量调度或水利调度，有的也以水库调度来代替。

水库防洪调度涉及到自然、社会、经济、技术、生态环境等多个复杂的相互联系但又彼此制约的目标，属于复杂得多目标决策问题。为了进一步提高水库防洪调度决策的可靠性，在多目标模糊优选理论的基础上，建立可变模糊决策理论，提出以对立模糊集概念为基础的可变模糊决策模型与方法，既考虑优选决策模型的变化，也根据权重灵敏度的要求，考虑多目标权重的变化[39]。

7.1　对立模糊集概念与定义

运用自然辩证法关于运动的矛盾原理，陈守煜提出事物运动的源泉和动力就在于矛盾双方的对立性和统一性，据此分别赋予矛盾双方的性质为$\underset{\sim}{A}$（吸引性质）和$\underset{\sim}{A}^c$（排斥性质），将事物 u 关于性质$\underset{\sim}{A}$的相对隶属度表示为$\mu_{\underset{\sim}{A}}(u)$，关于性质$\underset{\sim}{A}^c$的相对隶属度表示为$\mu_{\underset{\sim}{A}^c}(u)$，事物发生渐变式质变的概念为事物 u 对吸引性质$\underset{\sim}{A}$的相对隶属度$\mu_{\underset{\sim}{A}}(u)$与排斥性质$\underset{\sim}{A}^c$的相对隶属度$\mu_{\underset{\sim}{A}^c}(u)$达到动态平衡，即$\mu_{\underset{\sim}{A}}(u)=\mu_{\underset{\sim}{A}^c}(u)$[40]。

当$\mu_{\underset{\sim}{A}}(u)>\mu_{\underset{\sim}{A}^c}(u)$时，事物 u 以吸引性质$\underset{\sim}{A}$为主要特性，排斥性质$\underset{\sim}{A}^c$为次要特性；当$\mu_{\underset{\sim}{A}}(u)<\mu_{\underset{\sim}{A}^c}(u)$时，则相反。当事物 u 从$\mu_{\underset{\sim}{A}}(u)>\mu_{\underset{\sim}{A}^c}(u)$转化为$\mu_{\underset{\sim}{A}}(u)<\mu_{\underset{\sim}{A}^c}(u)$或相反转化，即事物 u 发生质变时，必须通过质变界$\mu_{\underset{\sim}{A}}(u)=\mu_{\underset{\sim}{A}^c}(u)$。事物 u 质变界的数学定义描述如下：

（1）定义 7.1。设论域 U 上的对立模糊概念（事物、现象），以$\underset{\sim}{A}$与$\underset{\sim}{A}^c$表示吸引性质与排斥性质，对 U 中的任意元素 u，满足 $u\in U$，在参考连续统区间 [1,0]（对$\underset{\sim}{A}$）与 [1，0]（对$\underset{\sim}{A}^c$）的任一点上，吸引与排斥的相对隶属度分别为$\mu_{\underset{\sim}{A}}(u)$、$\mu_{\underset{\sim}{A}^c}(u)$，且$\mu_{\underset{\sim}{A}}(u)+\mu_{\underset{\sim}{A}^c}(u)=1$。令

$$\underset{\approx}{A}=\{u,\mu_{\underset{\sim}{A}}(u),\mu_{\underset{\sim}{A}^c}(u)\mid u\in U\} \tag{7-1}$$

满足

$$\mu_{\underset{\sim}{A}}(u)+\mu_{\underset{\sim}{A}^c}(u)=1,0\leqslant\mu_{\underset{\sim}{A}}(u)\leqslant1,0\leqslant\mu_{\underset{\sim}{A}^c}(u)\leqslant1 \tag{7-2}$$

$\underset{\approx}{A}$称为 U 的对立模糊集。左极点 P_l：$\mu_{\underset{\sim}{A}}(u)=1$，$\mu_{\underset{\sim}{A}^c}(u)=0$；右极点 P_r：$\mu_{\underset{\sim}{A}}(u)=0$，

$\mu_{\underset{\sim}{A}^c}(u)=1$，如图 7-1 所示。$M$ 为参考连续统区间 [1,0]（对 $\mu_{\underset{\sim}{A}}(u)$）、[1,0]（对 $\mu_{\underset{\sim}{A}^c}(u)$）的渐变式质变点，即 $\mu_{\underset{\sim}{A}}(u)=\mu_{\underset{\sim}{A}^c}(u)=0.5$。

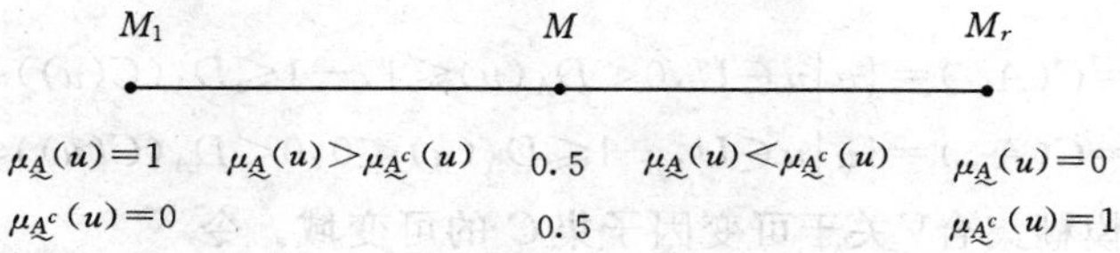

M_1　　　　M　　　　M_r

$\mu_{\underset{\sim}{A}}(u)=1$　$\mu_{\underset{\sim}{A}}(u)>\mu_{\underset{\sim}{A}^c}(u)$　0.5　$\mu_{\underset{\sim}{A}}(u)<\mu_{\underset{\sim}{A}^c}(u)$　$\mu_{\underset{\sim}{A}}(u)=0$

$\mu_{\underset{\sim}{A}^c}(u)=0$　　0.5　　$\mu_{\underset{\sim}{A}^c}(u)=1$

图 7-1　对立模糊集 $\underset{\approx}{A}$ 示意图

（2）定义 7.2。设

$$D_{\underset{\sim}{A}}(u)=\mu_{\underset{\sim}{A}}(u)-\mu_{\underset{\sim}{A}^c}(u) \tag{7-3}$$

当 $\mu_{\underset{\sim}{A}}(u)>\mu_{\underset{\sim}{A}^c}(u)$ 时，$0<D_{\underset{\sim}{A}}(u)\leqslant 1$；当 $\mu_{\underset{\sim}{A}}(u)=\mu_{\underset{\sim}{A}^c}(u)$ 时，$D_{\underset{\sim}{A}}(u)=0$；当 $\mu_{\underset{\sim}{A}}(u)<\mu_{\underset{\sim}{A}^c}(u)$ 时，$-1\leqslant D_{\underset{\sim}{A}}(u)<0$

$D_{\underset{\sim}{A}}(u)$ 称为 u 对 A 的相对差异度。映射

$$D_{\underset{\sim}{A}}: D\rightarrow[-1,1]$$
$$u\mapsto D_{\underset{\sim}{A}}(u)\in[-1,1] \tag{7-4}$$

称为 u 对 $\underset{\sim}{A}$ 的相对差异函数。满足左极点 M_l：$D_{\underset{\sim}{A}}(u)=1$；右极点 M_r：$D_{\underset{\sim}{A}}(u)=-1$；最大值点 M：$D_{\underset{\sim}{A}}(u)=0$，其位置依实际问题的物理意义而定，如图 7-2 所示。

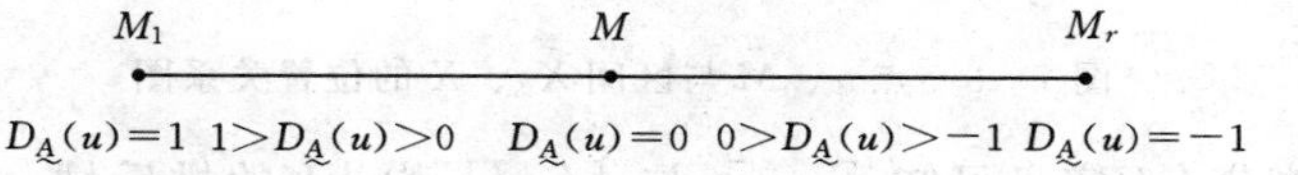

M_1　　　　M　　　　M_r

$D_{\underset{\sim}{A}}(u)=1$　$1>D_{\underset{\sim}{A}}(u)>0$　$D_{\underset{\sim}{A}}(u)=0$　$0>D_{\underset{\sim}{A}}(u)>-1$　$D_{\underset{\sim}{A}}(u)=-1$

图 7-2　相对差异函数示意图

7.2 可变模糊集合概念

（1）定义 7.3。设 U 为论域，u 为 U 中的任意元素，$u\in U$。$\mu_{\underset{\sim}{A}}(u)$ 与 $\mu_{\underset{\sim}{A}^c}(u)$ 分别为事物 u 所具有的表征吸引性质 $\underset{\sim}{A}$ 与排斥性质 $\underset{\sim}{A}^c$ 程度的相对隶属度，满足对立模糊集定义 7.1 中式（7-1）和式（7-2）时，令

$$\underset{\sim}{V}=\{(u,D)\mid u\in U, D_{\underset{\sim}{A}}(u)=\mu_{\underset{\sim}{A}}(u)-\mu_{\underset{\sim}{A}^c}(u), D\in[-1,1]\} \tag{7-5}$$

$\underset{\sim}{V}$ 称为 U 的可变模糊集合。令

$$A_+=\{u\mid u\in U, 0<D_{\underset{\sim}{A}}(u)\leqslant 1\} \tag{7-6}$$
$$A_-=\{u\mid u\in U, -1\leqslant D_{\underset{\sim}{A}}(u)<0\} \tag{7-7}$$
$$A_0=\{u\mid u\in U, D_{\underset{\sim}{A}}(u)=0\} \tag{7-8}$$
$$A_{-1}=\{u\mid u\in U, D_{\underset{\sim}{A}}(u)=-1\} \tag{7-9}$$

式中：A_+、A_-、A_0 和 A_{-1} 分别称为可变模糊集合 $\underset{\sim}{V}$ 的吸引（为主）域、排斥（为主）域、渐变式质变界和突变式质变界。

（2）定义 7.4。设 C 是 $\underset{\sim}{V}$ 的可变因子集，有

$$C=\{C_A,C_B,C_C\} \tag{7-10}$$

式中：C_A 为可变模型集；C_B 为可变模型参数集；C_C 为除模型及其参数外的其他可变因子集。令

$$A^-=C(A_+)=\{u|u\in U,0<D_{\underset{\sim}{A}}(u)\leqslant 1,-1\leqslant D_{\underset{\sim}{A}}(C(u))<0\} \tag{7-11}$$

$$A^+=C(A_-)=\{u|u\in U,-1\leqslant D_{\underset{\sim}{A}}(u)<0,0<D_{\underset{\sim}{A}}(C(u))\leqslant 1\} \tag{7-12}$$

统一称为可变模糊集合$\underset{\sim}{V}$关于可变因子集 C 的可变域。令

$$A_+=C(A_+)=\{u|u\in U,0<D_{\underset{\sim}{A}}(u)<1,0<D_{\underset{\sim}{A}}(C(u))<1\} \tag{7-13}$$

$$A_-=C(A_-)=\{u|u\in U,-1<D_{\underset{\sim}{A}}(u)<0,-1<D_{\underset{\sim}{A}}(C(u))<0\} \tag{7-14}$$

统一称为可变模糊集合$\underset{\sim}{V}$关于可变因子集 C 的量变域。

7.3 相对差异函数模型

设 $X_0=[a,b]$ 为实轴上可变模糊集合$\underset{\sim}{V}$的吸引域，即 $0<D_{\underset{\sim}{A}}(u)\leqslant 1$ 区间，$X=[c,d]$ 为包含 X_0（$X_0\subset X$）的某一上、下界范围域区间，如图 7-3 所示。

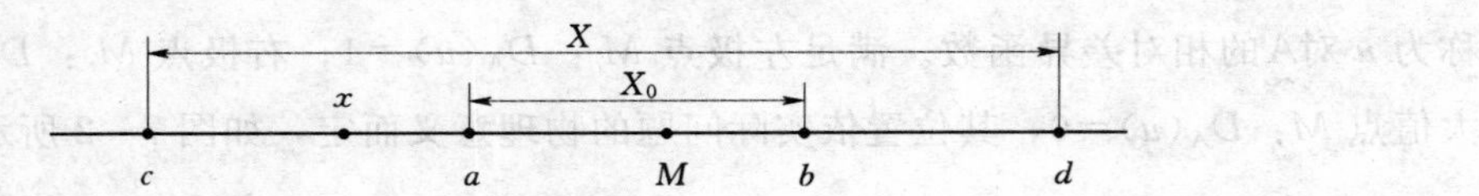

图 7-3　点 x、M 与区间 X_0、X 的位置关系图

根据可变模糊集合$\underset{\sim}{V}$定义可知 $[c,a]$ 与 $[b,d]$ 均为$\underset{\sim}{V}$的排斥域，即 $-1\leqslant D_{\underset{\sim}{A}}(u)<0$ 区间。设 M 为吸引域区间 $[a,b]$ 中 $\mu_{\underset{\sim}{A}}(u)=1$ 的点值，按物理分析确定，M 不一定为区间 $[a,b]$ 的中点值。应用相对差异函数公式，首先必须根据实际问题的性质确定 M 点。x 为 X 区间内的任意点的量值，则当 x 落入 M 点左侧时，相对差异函数模型可为：

$$\begin{cases} D_{\underset{\sim}{A}}(u)=\left(\dfrac{x-a}{M-a}\right)^{\beta}, & x\in[a,M] \\ D_{\underset{\sim}{A}}(u)=-\left(\dfrac{x-a}{c-a}\right)^{\beta}, & x\in[c,a] \end{cases} \tag{7-15}$$

x 落入 M 点右侧时，其相对差异函数模型为：

$$\begin{cases} D_{\underset{\sim}{A}}(u)=\left(\dfrac{x-b}{M-b}\right)^{\beta}, & x\in[M,b] \\ D_{\underset{\sim}{A}}(u)=-\left(\dfrac{x-b}{d-b}\right)^{\beta}, & x\in[b,d] \end{cases} \tag{7-16}$$

x 落入 X 区间外时

$$D_{\underset{\sim}{A}}(u)=0 \quad x\notin[c,d] \tag{7-17}$$

式（7-15）和式（7-16）中 β 为非负指数，通常可取 $\beta=1$，即相对差异函数模型为线性函数。式（7-15）、式（7-16）与式（7-17）满足：①当 $x=a$、$x=b$ 时，$\mu_{\underset{\sim}{A}}(u)=0.5$；②当 $x=M$ 时，$\mu_{\underset{\sim}{A}}(u)=1$；③当 $x=c$、$x=d$ 时，$\mu_{\underset{\sim}{A}}(u)=0$。

符合相对差异函数定义 7.2。

$D_{\underset{\sim}{A}}(u)$ 确定以后，根据式（7－18）可求解得到相对隶属度 $\mu_{\underset{\sim}{A}}(u)$。

$$\mu_{\underset{\sim}{A}}(u)=\frac{1+D_{\underset{\sim}{A}}(u)}{2} \tag{7-18}$$

显然当 $x\notin[c,d]$ 时，满足 $\mu_{\underset{\sim}{A}}(u)=0$。

7.4 可变模糊识别模型

设识别对象 u，根据实际分析确立识别系统中所需考虑的指标数为 m，则其指标特征值向量为

$$\vec{x}=(x_1,x_2,\cdots,x_m)=x_i \tag{7-19}$$

其中 i 为识别指标序号，$i=1$，2，…，m。

根据式（7－15）、式（7－16）或式（7－17）及式（7－18）计算对象 u 关于 m 个指标的相对隶属度，得到关于 u 的相对隶属度向量 $\vec{\mu}_{\underset{\sim}{A}}(u)$ 为

$$\vec{\mu}_{\underset{\sim}{A}}(u)=(\mu_{\underset{\sim}{A}}(u)_1,\mu_{\underset{\sim}{A}}(u)_2,\cdots,\mu_{\underset{\sim}{A}}(u)_m) \tag{7-20}$$

对式（7－20）进行归一化，使之满足 $\sum_{h=1}^{m}\mu_{\underset{\sim}{A}}(u)_i=1$。

根据对立模糊集，相对劣属度和相对优属度矩阵分别为

$$\mathbf{g}=\begin{vmatrix}1 & 1 & \cdots & 1\\ 0 & 0 & \cdots & 0\end{vmatrix} \tag{7-21}$$

$$\mathbf{b}=\begin{vmatrix}0 & 0 & \cdots & 0\\ 1 & 1 & \cdots & 1\end{vmatrix} \tag{7-22}$$

设 m 个指标的权向量为

$$\vec{w}=(w_1,w_2,\cdots,w_m)=w_i \tag{7-23}$$

满足 $\sum_{i=1}^{m}w_i=1$。则参考连续统上任一点 x 指标 i 特征值的相对隶属度 $\mu_{\underset{\sim}{A}}(u)$ 和 $\mu_{\underset{\sim}{A}^c}(u)$关于左、右极点的广义权距离分别为

$$d_g=\left\{\sum_{i=1}^{m}[w_i(1-\mu_{\underset{\sim}{A}}(u)_i)]^p\right\}^{1/p} \tag{7-24}$$

$$d_b=\left\{\sum_{i=1}^{m}[w_i(1-\mu_{\underset{\sim}{A}^c}(u)_i)]^p\right\}^{1/p}=\left\{\sum_{i=1}^{m}(w_i\mu_{\underset{\sim}{A}}(u)_i)^p\right\}^{1/p} \tag{7-25}$$

可变模糊识别模型为：

$$v_{\underset{\sim}{A}}(u)=\frac{1}{1+\left(\frac{d_g}{d_b}\right)^{\alpha}} \tag{7-26}$$

$v_{\underset{\sim}{A}}(u)$ 为识别对象 u 对吸引性质$\underset{\sim}{A}$的相对隶属度。其中 α 为模型优化准则参数，$\alpha=1$ 为最小一乘方准则，$\alpha=2$ 为最小二乘方准则；p 为距离参数，$p=1$ 为海明距离，$p=2$ 为欧氏距离；其中 i 为识别指标序号，$i=1$，2，…，m。

通常情况下式（7－26）中 α 和 p 有 4 种搭配，分别为：

$$\alpha=1,p=\begin{cases}2\\1\end{cases};\alpha=2,p=\begin{cases}2\\1\end{cases} \tag{7-27}$$

$$\alpha=1,p=2;\alpha=1,p=1;\alpha=2,p=1;\alpha=2,p=2$$

1）当$\alpha=1$，$p=2$时，式（7-26）变为

$$v_{\underset{\sim}{A}}(u)=\frac{d_b}{d_b+d_g} \tag{7-28}$$

在式（7-24）和式（7-25）中，取$p=2$，即取欧氏距离，此时式（7-26）为理想点模型，属于可变模糊识别模型的一个特例。

2）当$\alpha=1$，$p=1$时，式（7-26）变为

$$v_{\underset{\sim}{A}}(u)=\sum_{i=1}^{m}w_i\mu_{\underset{\sim}{A}}(u)_i \tag{7-29}$$

式（7-29）为一模糊综合评价模型，是一个线性模型，属于可变模糊识别模型的又一个特例。

3）当$\alpha=2$，$p=1$时，式（7-26）变为

$$v_{\underset{\sim}{A}}(u)=\frac{1}{1+\left(\frac{1-d_b}{d_b}\right)^2} \tag{7-30}$$

$$d_b=\sum_{i=1}^{m}w_i\mu_{\underset{\sim}{A}}(u)_i \tag{7-31}$$

式（7-30）为Sigmoid型函数，可用以描述神经网络系统中神经元的非线性或激励函数。

4）当$\alpha=2$，$p=2$时，式（7-26）变为

$$v_{\underset{\sim}{A}}(u)=\frac{1}{1+\left(\frac{d_g}{d_b}\right)^2} \tag{7-32}$$

$$d_g=\sqrt{\sum_{i=1}^{m}[w_i(1-\mu_{\underset{\sim}{A}}(u)_i)]^2} \tag{7-33}$$

$$d_b=\sqrt{\sum_{i=1}^{m}(w_i\mu_{\underset{\sim}{A}}(u)_i)^2} \tag{7-34}$$

此时可变模糊识别模型变为模糊优选模型。

由此可见，可变模糊识别模型是一个变化模型，在可变模糊集理论中是一个十分重要的模型，可广泛应用于模糊概念的识别问题。通过不同参数组合，可对识别成果的可靠性进行验证。

参 考 文 献

[1] 王顺久，张欣莉，倪长健，等．水资源优化配置原理及方法［M］．北京：中国水利水电出版社，2007.
[2] 钟和平，张淑谦，童忠东．水资源利用与技术［M］．北京：化学工业出版社，2012.
[3] 王浩．中国水资源问题与可持续发展战略研究［M］．北京：中国电力出版社，2010.
[4] 左其亭，陈曦．面向可持续发展的水资源规划与管理［M］．北京：中国水利水电出版社，2003.
[5] 孙金华．水资源管理研究［M］．北京：中国水利水电出版社，2011.
[6] 杜守建，崔振才．区域水资源优化配置与利用［M］．郑州：黄河水利出版社，2009.
[7] 李巍，陈俊旭，于磊，等．中国水资源优化配置研究进展［J］．海河水利，2011，(1)：5-8.
[8] 董增川．水资源规划与管理［M］．北京：中国水利水电出版社，2008.
[9] 左其亭，王树谦，刘延玺．水资源利用与管理［M］．郑州：黄河水利出版社，2009.
[10] 姚汝祥，廖松，张超，等．水资源系统分析及应用［M］．北京：清华大学出版社，1997.
[11] 王其藩．高级系统动力学［M］．北京：清华大学出版社，1995.
[12] 朱永华．流域生态环境承载力分析的理论与方法及在河海流域的应用（博士后出站报告）［R］．北京：中国科学院地理与资源研究所，2004.
[13] 达庆利．大系统理论与方法［M］．北京：科学出版社，1992.
[14] 姚汝祥．水资源系统分析及应用［M］．北京：清华大学出版社，1987.
[15] 尚浩松．水资源系统分析方法及应用［M］．北京：清华大学出版社，2006.
[16] 翁文斌，王忠静，赵建世．现代水资源规划——理论、方法和技术［M］．北京：清华大学出版社，2004.
[17] 松郁东，樊自立，雷志栋，等．中国塔里木河水资源与生态问题研究［M］．乌鲁木齐：新疆人民出版社，2000.
[18] 林锉云，董加礼．多目标优化的方法与理论［M］．长春：吉林教育出版社，1992.
[19] 王来生，杨天行，徐红敏，等．多目标规划在哈尔滨市地下水资源管理中的应用［J］．长春科技大学学报，2001，31 (2)：156-159.
[20] Sadoun B. Applied system simulation：a review study. Information Sciences，124 (1-4)：173-192.
[21] Allen R G，Paes D，Raes D，Smith M. 1998. Crop evapotranspiration - Guidelines for computing crop water requirements. Rome：FAO.
[22] 赵勇，解建仓，马斌．基于仿真理论的南水北调东线水量调度［J］．2002 (11)：38-43.
[23] 金菊良，丁晶．水资源系统工程［M］．成都：四川科学技术出版社，2002.
[24] 张可村．工程优化的算法与分析［M］．西安：西安交通大学出版社，1998.
[25] 杨晓华，沈珍瑶．智能算法及其在资源环境系统建模中的应用［M］．北京：北京师范大学出版社，2005.
[26] 马光文，王黎，Walters G A. 水电站优化调度的FP遗传算法［J］．系统工程理论与实践，1996，16 (11)：77-81，112.
[27] 屈忠义，陈亚新，史海滨，等．基于内蒙古河套灌区节水灌溉工程实施后地下水变化的BP模型预测［J］．农业工程学报，2003，19 (1)：59-62.
[28] 李小雷．人工神经网络在高掺量粉煤灰混凝土配置中的应用研究［M］．北京：煤炭工业出版社，2006.

[29] 刘勇，康立山，陈毓屏．非数值并行算法（第二册）——遗传算法［M］．北京：科学出版社，1997.

[30] 唐立新，杨自厚，王梦光．CIMS中零件分簇的遗传算法［J］．系统工程理论方法应用，1996，5(2)：23-28.

[31] Holland J H. Adaptation in natural and artificial system [M]. Ann Arbor：University of Michigan Press，1975.

[32] 金菊良，丁晶，编著．遗传算法及其在水科学中的应用［M］．成都：四川大学出版社，2000.

[33] 席裕庚，柴天佑，恽为民．遗传算法综述［J］．控制理论与应用，1996，13(6)：697-708.

[34] 陈仁．免疫学基础［M］．北京：人民卫生出版社，1982.

[35] 云庆夏．进化算法［M］．北京：冶金工业出版社，2000.

[36] 陈守煜．工程模糊集理论与应用［M］．北京：国防工业出版社，1998.

[37] 张先起，梁川．基于熵权的模糊物元模型在水质综合评价中的应用［J］．水利学报．2005，36(9)：1057-1061.

[38] 李慧伶，王修贵，等．灌区运行状况综合评价的方法研究［J］．水科学进展，2006，17(4)：543-546.

[39] 陈守煜．可变模糊集理论与模型及其应用［M］．大连：大连理工大学出版社，2009.

[40] 李敏．基于可变模糊集理论的径流预报方法研究［D］．大连：大连理工大学，2008.